C·H·Beck
PAPERBACK

Dieses Buch bietet einen eindrucksvollen Überblick über mehr als 3000 Jahre Weltgeschichte der Meere. Michael North schildert darin die Auseinandersetzung des Menschen mit den Herausforderungen und Gefahren der Ozeane und erhellt die Möglichkeiten, die sie uns eröffnen. Güter zu transportieren und damit reich zu werden oder existenzielle Nöte zu erfahren und alles zu verlieren, neue militärische Optionen zu nutzen und seine Macht über Kontinente auszudehnen – das alles war und ist bis heute mit der Beherrschung der Seefahrt, der Kunst des Schiffsbaus, der Nautik und der Herrschaft über die Seewege verbunden. Nicht zuletzt aber bildet das Meer gleichsam den Naturraum der Globalisierung, wie uns tagtäglich angesichts der Flüchtlingsströme ebenso bewusst wird wie angesichts der skrupellosen Zerstörung dieses einzigartigen Lebensraums – Prozesse, vor denen niemand die Augen verschließen kann! Über diese und viele weitere Themen informiert die neue *Weltgeschichte der Meere*.

Michael North ist Professor für Allgemeine Geschichte der Neuzeit an der Universität Greifswald. Im Verlag C.H.Beck sind von ihm lieferbar: Geschichte der Niederlande (^{4}2013); Geschichte der Ostsee. Handel und Kulturen (2011); Kleine Geschichte des Geldes. Vom Mittelalter bis heute (2009); Deutsche Wirtschaftsgeschichte. Ein Jahrtausend im Überblick (Hg., ^{2}2005).

Michael North

Zwischen Hafen und Horizont

Weltgeschichte der Meere

C.H.Beck

Mit 10 Abbildungen und 19 Karten

Originalausgabe

Satz: Druckerei, C.H.Beck, Nördlingen
Druck und Bindung: CPI – Ebner & Spiegel, Ulm
Umschlaggestaltung: Geviert, Grafik & Typografie, Andrea Hollerieth
Umschlagabbildung: Ankerplatz vor Bremerhaven, Willem Gruyter jr., 1868; © akg-images/Quint & Lox
Printed in Germany
ISBN 978 3 406 69839 2

www.chbeck.de

Für Christopher

Inhalt

Einleitung

«Where are your monuments, your battles, martyrs?
Where is your tribal memory? Sirs,
in that grey vault. The sea. The sea
has locked them up. The sea is History.»[1]

Derek Walcott

In seinem Gedicht *The Sea is History* stellt der karibische Poet Derek Walcott das Meer in den Mittelpunkt der Geschichte. Das Meer birgt und verwahrt Erinnerungen, die wie die Seeleute, Sklaven, Fischer und Reichtümer auf seinem Grund liegen, bis die Menschen sie wieder ans Licht holen. Es ist das Anliegen des Historikers, diese Erinnerungen wiederzubeleben. Das Meer stellt also gleichermaßen Aufgabe und Herausforderung für den Historiker dar.[2]

Drei Viertel der Erdoberfläche sind von Wasser oder Meeren bedeckt. Daher liegt die Bezeichnung Wasser- oder Meerkugel näher als Erdkugel.[3] Viele Disziplinen – gerade historische – haben das Meer neu entdeckt: Die Wissenschaftshistoriker beschäftigen sich beispielsweise mit der Wissenschaft der Navigation, das heißt dem langen Weg zur Bestimmung der Längen- und Breitengrade.[4] Literaturwissenschaftler erörtern die Konzeption und Repräsentation des Meeres.[5] Sozialhistoriker nehmen die Hafenarbeiter, die Seeleute und die Piraten in den Blick,[6] während sich Wirtschaftshistoriker dem globalen Handel und der Schifffahrt zuwenden. Schließlich befasst sich die Umweltgeschichte mit den Meeren, den Tsunamis, den ökologischen Veränderungen wie Verschmutzung und Erwärmung. Angesichts des vermehrten Interesses an der Globalgeschichte sind die Meere und Ozeane ein Thema und es entsteht eine neue historische Meereswissenschaft (*new thalassology*).[7]

Damit erscheinen die von Kunst, Literatur und Philosophie vermittelten Vorstellungen vom Meer in einem anderen Licht. Hier dominiert in der westlich-europäischen Perspektive noch immer das Bild unwillkommener Wildheit, des Schreckens und des Irrationalen,[8] während das Meer in anderen Teilen der Welt, zum Beispiel in den insularen Gesellschaften des Pazifiks oder Südostasiens, als vertrautes Element wahrgenommen wird.[9]

Das Meer fordert den Menschen in vielfältiger Weise heraus. Die Gewalt des Wassers verlangt Anpassung und Reflexion derjenigen, die vom Meer leben, und von denen, die von seiner Natur betroffen sind. Leben am Meer, Leben vom Meer und Leben mit dem Meer generiert eine Fülle von Vorstellungen und Praktiken, deren Untersuchung zu einer veränderten Sichtweise auf die Beziehung zwischen Meer und Land führen könnte.

Vor diesem Hintergrund beschäftigt sich das vorliegende Buch mit den verschiedenen Rollen des Meeres in der Geschichte.[10] Wir denken dabei in erster Linie an den Austausch von materiellen und immateriellen Gütern über das Meer sowie an die Migration von Personengruppen. Hier verbanden die Meere zur selben Zeit wie sie trennten; und die Menschen, die nicht die Meere überquerten, waren von den Folgen des Kontaktes betroffen. Ebenso prägte die Auseinandersetzung mit dem Meer die menschlichen Gesellschaften. Von alters her bot es dem Menschen Ressourcen für den Lebensunterhalt, unabhängig davon, ob diese auf dem Meeresgrund lagen, im Wasser schwammen oder sich in Gestalt von Schiffen auf dem Meer bewegten. Daher versuchten Staaten, sich die Meere anzueignen, indem sie die Reichtümer und Passagen für sich beanspruchten, aber gleichzeitig für deren Sicherheit sorgten.

Entsprechend schreiben Menschen und Gesellschaften dem Meer unterschiedliche Rollen zu: als Lebensgrundlage, als Transportmedium, als Kriegsschauplatz, als Sehnsuchts- und Erinnerungsort.[11] Wie die Meere in Gesellschaft und Kunst wahrgenommen, imaginiert und konstruiert werden, ist ebenfalls Thema dieses Buches.

Bei der Erforschung der Meere wirkt noch immer die Vision Fernand Braudels, der in seinem Werk *La Méditerranée et le monde méditerranéen à l'époque de Philippe II*[12] erstmals eine Meeresregion in ihren naturräumlichen Bedingungen über die Jahrhunderte als Einheit darstellte, in der der Mensch dem Schicksal der Natur ausgeliefert war. Inspiriert durch Braudel haben verschiedene Historiker andere Meere nach dem Modell des Mittelmeeres konstruiert,[13] aber allmählich festgestellt, dass es nicht möglich und nicht sinnvoll ist, entsprechende Paradigmen auf den Atlantik[14] oder den Pazifik anzuwenden.[15] Darüber hinaus lässt eine Sichtweise, die ein Meer als geschlossenes System versteht, die Verbindungen auf globaler wie auf regionaler Ebene außer Acht. Die Netzwerke, die sich auf einem der Meere ausbilden, haben immer auch zur Anbindung an andere Meere geführt. Damit ergeben sich neue Perspektiven der globalen Geschichte.

Ich folge hier John Parry, der in seinem Buch *The Discovery of the Sea* bereits 1974 bemerkte: «Alle Meere der Welt sind ein Einziges. Denn sie sind alle miteinander verbunden. Alle Meere, abgesehen von den Eismeeren, sind schiffbar.»[16] Auch das hat sich inzwischen durch die Erwärmung der Erde geändert, die es ermöglicht, die Eismeere in Richtung Osten oder Westen zu durchfahren.

Wenn man eine Geschichte der Weltmeere schreibt, geht es wie bei der Globalgeschichte um Verbindungen und Vergleiche.[17] Dabei stehen die Menschen, die diese Verbindungen herstellten, im Mittelpunkt ebenso wie die Güter und Ideen, die von einer Welt in die andere Welt verschifft wurden. Der Vorteil einer solchen anderen Perspektive liegt darin, dass wir das Meer nicht länger aus dem nationalen Blickwinkel seiner Anrainer betrachten, sondern die Konnektivität der Meere in den Blick nehmen.

I.
Entdeckung des Meeres

«Sechs Tage speisten darauf die mir geschätzten Gefährten, nachdem sie sich von den Rindern des Sonnengottes die besten herbeigetrieben hatten. Doch als nun Zeus, der Sohn des Kronos, den siebenten Tag heraufgeführt, da legte sich alsdann der Wind, der im Sturme wütende, und wir stiegen alsbald auf das Schiff und fuhren auf die weite See, nachdem wir den Mastbaum aufgestellt und die weißen Segel aufgezogen. Doch als wir die Insel verlassen hatten, und da war kein anderes sichtbar von den Erdenländern, sondern nur Himmel und Meer, da stellte eine schwarzblaue Wolke Kronion über das gewölbte Schiff, und es verfinsterte sich unter ihr das Meer. Doch das lief nicht für gar lange Zeit dahin, denn es kam mit eins sausend der West, mit einem großen Sturmwind wütend, und der Wirbel des Windes zerriß die Vordertaue am Mastbaum beide, und der Mastbaum fiel nach hinten über, und das Takelwerk ergoß sich alles hinunter in das Bodenwasser. Der aber schlug am Heck des Schiffs dem Steuermann auf das Haupt und schmetterte das Gebein des Hauptes zusammen alles miteinander, und er, einem Taucher gleichend, stürzte von dem Verdeck herab, und seine Gebeine verließ der mannhafte Lebensmut. Zeus aber donnerte zugleich und warf in das Schiff hinein den Blitz. Das wurde ganz herumgewirbelt, geschlagen von dem Blitz des Zeus, und es war voll von Schwefeldampf. Da fielen die Gefährten aus dem Schiffe und, Wasserkrähen gleichend, wurden sie rings um das schwarze Schiff getragen von den Wogen, und es raubte ihnen ein Gott die Heimkehr.»[1]

Homer

Homer und seinem Protagonisten Odysseus verdankt die Weltliteratur die früheste Wahrnehmung des Meeres und der Gefahren der Seefahrt. Entdeckt wurde dieses Meer, das Mittelmeer, jedoch einige Jahrtausende zuvor (9. bis 8. Jahrtausend v. Chr.), als Jäger, Sammler und Bauern von Kleinasien aus die Inseln Zypern und Kreta besiedelten.

Von hier aus gelangten die Bauern auch auf das griechische Festland, insbesondere nach Thessalien. Jedoch bleiben die Anhaltspunkte für einen intensiven maritimen Handel begrenzt, wenn man einmal von Obsidianwerkzeugen von der Insel Melos und den als Schmuck populären Muscheln absieht.[2]

1. Die Anfänge: Phönizier und Griechen

Eine Intensivierung des Austausches ist im zweiten vorchristlichen Jahrtausend zu konstatieren, als zwischen den Küsten und den Inseln des (östlichen) Mittelmeeres Menschen freiwillig oder als Gefangene reisten und Waren hin und her bewegt wurden. Herrschaftszentren wie Avaris, das «Venedig am Nil», Ugarit im heutigen Syrien und Knossos auf Kreta kurbelten den Handel über weite Strecken an. So hatte das 1982 entdeckte bronzezeitliche Schiff von Uluburun neben Kupfer und Zinn, Glas aus Ägypten und zahlreichen Preziosen auch Bernstein von der Ostsee an Bord, an dessen magische Wirkung man im Mittelmeer glaubte.[3]

In der Vermittlung eine wichtige Rolle spielten die Bewohner der Kykladen, die mit geruderten Kanus den Kontakt zu anderen Inseln und den Festlandküsten herstellten. Eine Innovation war die Einführung eines – uns von Siegeln her bekannten – Segelschiffes mit tiefer liegendem Kiel, das schneller über größere Entfernungen bewegt werden und mehr Ladung transportieren konnte. Wie ein solches Schiff in See stach, beschreibt Homer in der *Odyssee*:

> «Und Telemachos trieb die Gefährten und hieß sie das Gerät ergreifen. Und sie hörten auf ihn, wie er sie antrieb, und hoben den Mast aus Fichtenholz empor und stellten ihn in die Höhlung des Mittelbalkens und banden ihn mit den Haltetauen unten fest, und zogen die weißen Segel auf an gutgedrehten Lederriemen. Und es fiel der Wind voll mitten in das Segel, und die Woge brauste gewaltig, die purpurne, um den Bug des Schiffes, wie es fuhr. Und es lief über das Gewoge hin, seinen Pfad durchmessend.»[4]

Abb. 1: Schiffsdarstellung am Westhaus von Akrotiri auf Thera (Kykladen), Mitte des 2. Jahrtausends v. Chr.

Lange Zeit stimulierten die neuen Schiffe Seefahrt und Handel ebenso wie die Anlage von Häfen. Im Zentrum dieser Aktivitäten sollte im zweiten vorchristlichen Jahrtausend zunächst das – nach seinem sagenhaften König sogenannte – minoische Kreta stehen, das günstig zwischen der Ägäis, Anatolien und Ägypten gelegen war. An seinen Küsten entstanden Palastsiedlungen wie Knossos, Malia und Phaistos, die aber um 1700 v. Chr. durch ein Erdbeben zerstört wurden. Man baute Knossos wieder auf und gründete zahlreiche neue Hafenstädte. Das archäologisch nachweisbare Warensortiment umfasst Kupfer aus dem heutigen Südrussland, Lapislazuli aus Zentralasien, Silber aus Attika sowie Gold und Elfenbein aus Ägypten. Die Güter wurden auf den traditionellen Routen nach Anatolien oder nach Ägypten und dann nach Kreta verschifft. Im Austausch lieferte Kreta Wollstoffe, Wein, Olivenöl, ätherische Öle sowie Heilkräuter und Holz, die die Ägypter nachfragten.

Eine Schnittstelle zwischen dem westlichen und dem östlichen Mittelmeer bildete die Palaststadt Mykene auf der Peloponnes. Von hier aus hatte man leichten Zugang zum Golf von Argos und nach Kreta; ebenso konnte die Adria über den Golf von Korinth sowie die

Ägäis über den Saronischen Golf erreicht werden. Entsprechend finden wir mykenische Keramik sowohl im Westen wie im Osten. Neben der bemalten Keramik exportierten die Mykener Waffen und importierten dafür Kupfer und Zinn, die Bestandteile des Waffenrohstoffs Bronze. Das Kupfer kam aus Attika, Zinn wurde von der Iberischen Halbinsel auf einer mykenischen Flotte transportiert.[5]

Mit Mykene werden auch die Helden von *Ilias* und *Odyssee* verbunden, die sich rühmen konnten, die damalige bekannte Welt bereist zu haben. So brüstet sich Menelaos nach der Rückkehr von der siegreichen Belagerung Trojas:

> «Freilich, viel habe ich gelitten, und viel bin ich umhergeirrt, [...] und bin im achten Jahr gekommen, nachdem ich nach Kypros und Phoinike und zu den Ägyptern umhergeirrt bin, und bin zu den Aithiopen hingelangt und den Sidoniern und Erembern und nach Libyen [...].»[6]

Den Griechen als Seevolk voran gingen historisch aber die Phönizier (griech. *Phoinikes*), die von Homer wegen ihres Geschäftssinnes verachtet wurden. Sie erhielten ihren Namen von dem Purpur, den man aus der an der Küste des östlichen Mittelmeeres vorkommenden Purpurschnecke gewann und mit dem sie handelten. Phönizien, das in seiner Ausdehnung etwa dem heutigen Libanon entsprach, besaß eine Reihe von Handelszentren, beispielsweise Ugarit im Norden (zerstört um 1190 v. Chr.), Byblos und Sidon. Neben dem Purpur wurden die einheimischen Zedern nachgefragt, die vor allem die Ägypter für den Schiffbau benötigten. So wird etwa in einem in Moskau aufbewahrten Papyrus von der Reise des Priesters Wenamun berichtet, der von dem Tempel des Amun in Theben (Oberägypten) um das Jahr 1075 v. Chr. auf die Reise geschickt wurde, um Zedernholz für das Schiff des Gottes Amun zu beschaffen.

Seine Erzählung und andere ägyptische Quellen geben Aufschluss über den Handel in Byblos sowie über die Waren, mit denen das Zedernholz aufgewogen wurde: goldene und silberne Gefäße, Kleidung aus Leinen, Papyrusrollen, Kuhhäute, Seile, Linsen und Fisch. Von Tyros aus, einem anderen phönizischen Zentrum, wurde Zypern kolonisiert, das insbesondere wegen seiner Kupfervorkommen interessant war. Weitere Handelsstützpunkte der Phönizier folgten auf Sizilien, Sardinien und in Nordafrika, wo sich Karthago als neues Zentrum entwickeln sollte.[7]

Um 800 v. Chr. drangen die Phönizier durch die Straße von Gibraltar in den Atlantik vor und gründeten eine Niederlassung in Gadir (Cádiz) auf einer Insel an der Atlantikküste. Von dort aus breiteten sich phönizische Siedlungen in östlicher Richtung entlang der Küste aus, wobei neben dem Handel Landwirtschaft und Fischerei die Lebensgrundlage der Phönizier bildeten. Zeitweilig konkurrierten sie mit den Etruskern, die von ihrem Zentrum in Mittelitalien aus Wein in das heutige Südfrankreich verschifften.

Südlich der Straße von Gibraltar siedelten die Phönizier an der westafrikanischen Küste, wo Elfenbein, Straußeneier, exotische Tiere und Sklaven lockten. Diese Handelsplätze wurden später in das karthagische Netzwerk einbezogen.[8]

Dokumentiert ist die phönizische Präsenz durch Heiligtümer und kulturelle Gemeinsamkeiten. Verehrt wurde Melkart, der Hauptgott von Tyros, der die Schifffahrt und die Niederlassungen in der Fremde beschützte. So errichteten die Phönizier in der Mittelmeerwelt und in Gadir ebenso wie auf Zypern Melkartheiligtümer. Auch in den Gräbern einheimischer Iberer finden sich phönizische Figurinen, was auf das Vordringen ähnlicher Praktiken oder Glaubensvorstellungen unter den lokalen Eliten schließen lässt.[9] Für eine Beeinflussung der Lebensweise sprechen zudem die geschmückten, metallenen Trinkgefäße, die in verschiedenen «phönizischen» Werkstätten, sei es auf Kreta, in Anatolien oder Iberien, hergestellt wurden.[10]

Daneben vermittelten die Phönizier die Kontakte der «frühen Griechen» zur mediterranen Welt, was sich in den Grabbeigaben niederschlug. Auch das Alphabet, ohne das die Verschriftlichung der alten Erzählungen und Gesänge durch Homer nicht möglich gewesen wäre, wurde von den Phöniziern entwickelt und von den Griechen adaptiert.[11]

Nahezu gleichzeitig, um die Mitte des 8. Jahrhunderts v. Chr., begannen die Griechen in die westliche Mittelmeerwelt vorzudringen. Dieser Kolonisation haben viele Städte wie Ampurias (Emporion),

Marseille (Massalia), Nizza (Nikaia), Antibes (Antipolis), Neapel (Neapolis), Reggio (Rhegion), Syrakus (Syrakusai), Taormina (Tauromenion) und Palermo (Panormos) ihren griechischen Namen zu verdanken.

Vor allem Sizilien und Süditalien wurden in unvergleichlicher Dichte besiedelt und daher als Großgriechenland (*Magna Graecia*) bezeichnet. Politische Institutionen brachten die Einwanderer ebenso mit wie ihre Götter und die jeweiligen Kulte. Eine der ersten und darüber hinaus archäologisch sehr gut erschlossenen Siedlungen ist Pithekussai auf Ischia, wo Eisenerzvorkommen lockten. Um 700 v. Chr. zählte der Ort 4000 Einwohner, die aus Etrurien, Sardinien, Phönizien, Nordafrika und dem griechischen Mutterland stammten.[12]

Schließlich trieb es die Griechen auf der Suche nach Metallen auch an die Südküste des Schwarzen Meeres. Vermutlich erreichten sie bald die großen Flüsse der eurasischen Steppe. In der Schwarzmeerregion lockten Fisch und Schiffbauholz und darüber hinaus die geringere Bevölkerungsdichte.

Mit der Fahrt in das Schwarze Meer überquerte man eine mentale Grenze, hinter der die Amazonen und der Hades nicht weit waren. Auf der Krim lebten die Taurer, die Iphigenie der Artemis geopfert hatten, und im Osten am Kaukasus lag Prometheus am Felsen angekettet, bis er von Herakles gerettet wurde. Dabei waren es vor allem die Stadtstaaten an der ionischen Küste, die, wie Milet, vom Handel (Getreide, Metalle, Fisch) mit dem Raum um das Schwarze Meer profitierten und die Durchfahrt durch Dardanellen und Bosporus kontrollierten. Die Kolonien Sinope an der Südküste, Dioskurias in der Nähe des heutigen Suchumi am Fuße des Kaukasus, Pantikapaion (heutiges Kertsch) am Eingang des Asowschen Meeres und Olbia an der Mündung des Bug eröffneten den Handel mit dem Hinterland. Im 5. Jahrhundert v. Chr. breiteten sich griechische Siedlungen laut Sokrates wie «Ameisen oder Frösche um einen Teich» aus, Segelschiffe fuhren entlang der Küste und Kanus auf den Flüssen. Dabei nahmen die Schwarzmeerkolonien einen wichtigen Platz in der griechischen Ökonomie ein. Bei gutem Wind konnte ein Schiff

Karte 1: Griechische Auswanderung

vom Asowschen Meer bis zur Insel Rhodos in der Ägäis in neun Tagen segeln und die ionischen Städte sowie das griechische Festland mit dem lebensnotwendigen Getreide versorgen – wenn nicht Sparta die Dardanellen blockierte. Fisch war ebenfalls reichlich vorhanden und wurde mit dem lokal gewonnenen Salz konserviert. Im Rom des 1. Jahrhunderts v. Chr. galt gesalzener Fisch vom Schwarzen Meer als Delikatesse. Daneben schätzte man exotische Tiere wie den Fasan, der von dort nach Griechenland und Italien gebracht und gezüchtet wurde.[13]

2. Thalassokratien: Athen, Alexandria, Karthago und Rom

Thalassokratia bedeutet im Griechischen Seeherrschaft. Hierunter versteht man nicht nur die «einfache» Seemacht, sondern die Errichtung eines Reiches, das über die See verstreute Gebiete mit Hilfe der Seefahrt zusammenfügt und damit einen bestimmten Herrschaftsraum schafft. Obwohl Thukydides das Wort nicht gebrauchte, dachte er an den legendären König Minos und sein von Kreta aus regiertes Reich, wohin nach der Legende die Athener regelmäßig als Tribut sieben Jungen und Mädchen schicken mussten, die dem Minotaurus zum Fraß vorgeworfen wurden. Eine Thalassokratie im nichtliterarischen Sinne war natürlich das aus den Perserkriegen aufgestiegene Athen, wo maritime und terrestrische Interessen miteinander Hand in Hand gingen. So weiteten die Athener ihren Landbesitz im 5. Jahrhundert v. Chr. aus, als sie Land in Euboia besetzten und dieses zur Nahrungsmittelversorgung nutzten. Darüber hinaus gab die Herrschaft über die ägäischen Inseln Athener Bürgern und Amtsträgern die Möglichkeit, als Verwaltungsfachleute Karriere zu machen oder zusätzlichen Landbesitz zu erwerben. Im Laufe der Zeit versuchten die Athener sogar vergeblich, sich Syrakus in Sizilien einzuverleiben.[14]

Das athenische Bündnissystem, der sogenannte Attische Seebund, weist gleichfalls auf die starke Bedeutung der Organisation von Politik und Kriegsführung über das Meer hin. Der Seebund war eine Folge der Perserkriege, die mit der Besetzung des Königreiches

Lydien in Kleinasien begannen. Bei diesem Unternehmen konnte sich die persische Flotte für ihre Operationen im Mittelmeer auf phönizische Seeleute und Schiffe stützen. Als die ionischen Städte sich erhoben, kam es erneut zu einer persischen Invasion. Der Aufstand wurde rasch niedergeschlagen und endete mit der Einäscherung Milets (493 v. Chr.). Strafexpeditionen auf das griechische Festland folgten, aber eine Landungsexpedition der persischen Flotte sowie eines kleinen Heeres in Marathon wurden überraschenderweise zurückgeschlagen. Der nächste Einmarsch persischer Truppen im Jahre 480 v. Chr. konnte bei den Thermopylen nur für kurze Zeit aufgehalten werden. Jetzt zeitigte aber die von dem Politiker Themistokles propagierte Aufrüstung der Seestreitkräfte erste Erfolge. Die Athener siegten bei Salamis über die persische Flotte und ein weiteres Mal 479 v. Chr. bei Mykale. Es waren die Athener Kriegsschiffe, die den Ausschlag dafür gaben, dass sich die Perser für längere Zeit zurückzogen.

Athen beanspruchte den Ruhm für sich und gründete den Attischen Seebund als Verteidigungsbündnis, um die griechischen Städte und Inseln in der Ägäis dauerhaft zu schützen. Die Bundesgenossen zahlten einen festen Beitrag – die Ruderer mussten ja schließlich entlohnt werden – und beteiligten sich außerdem direkt mit Kriegsschiffen und Seeleuten an der gemeinsamen Flotte. Waren kleinere Inseln und Städte dazu nicht in der Lage, konnten sie dies mit Geldzahlungen kompensieren. Athen hatte die Führungsrolle inne und nutzte diese dazu, die Bundesgenossen zu disziplinieren und ein Seereich aufzubauen. Ein wesentlicher Punkt dabei war die ökonomische Vereinheitlichung. Diese wurde erreicht, indem man etwa Münzen, Maße und Gewichte nach dem attischen Münzfuß standardisierte. So entstand ein in sich geschlossener Wirtschaftsraum, dem sich aber immer wieder einige Städte bzw. Inseln zu entziehen versuchten. Als die Insel Thasos vom Bund abfiel, wurde sie durch eine Seeblockade 465–463 v. Chr. wieder zur Raison gebracht.

Die athenische Seeherrschaft konnte auch noch während des Peloponnesischen Krieges aufrechterhalten werden, obwohl die Athener ihren Hauptgegnern, den Spartanern, zu Lande unterlegen waren. Neutrale Inseln wie Melos wurden dabei in den Krieg gezogen und von Athen zwangsweise in den Bund integriert. Nach der Athener Niederlage gegen die von Lysander geführte spartanische Flotte bei Aigospotamoi in den Dardanellen folgte auf die athenische Thalassokratie die spartanische.[15] Im Jahre 377 v. Chr. unternahm Athen einen erneuten Versuch, mit Hilfe eines Seebundes seine Seeherrschaft wiederherzustellen. Man gab sich gegenüber den Bundesgenossen zwar partnerschaftlicher, konnte jedoch den Austritt zahlreicher Städte nicht verhindern.[16]

Inzwischen hatte sich die politische und ökonomische Landkarte im östlichen Mittelmeer durch den Aufstieg Makedoniens nachhaltig verändert. Die makedonische Expansion unter König Philipp II. und seinem Sohn Alexander machte am Schwarzen Meer nicht Halt, sondern zielte auf die Eroberung des Perserreiches und führte bis an die Küsten des Indischen Ozeans. Als Alexander auf dem Landweg am Indus angelangt war, ließ er eine Flotte bauen, die einen Teil der Truppen unter der Führung seines Vertrauten Nearchos den Indus hinab und dann über die Arabische See, den Persischen Golf und den Tigris hinauf brachte.

Nach dem Tod Alexanders 323 v. Chr. zerfiel seine Herrschaft in Teilreiche, wie das der Seleukiden in Persien und der Ptolemäer in Ägypten. Alexanders Vertrauter Ptolemaios hatte Ägypten zu einem selbständigen Staatswesen gemacht. Die herrschende Schicht war griechisch, das Heer makedonisch. Als für alle Ethnien attraktiv erwies sich die griechische Kultur in der hellenistischen Ausprägung, welche die Einwohner Ägyptens, Syriens, Karthagos, Etruriens oder der Iberischen Halbinsel ebenso anzog wie die jüdische Bevölkerung. So symbolisiert der als «Siebtes Weltwunder» gerühmte Pharos von Alexandria gleichsam die Rolle der Ptolemäerstadt als «Leuchtturm der mediterranen Kultur».[17]

Die Basis für Alexandrias ökonomische und kulturelle Vormachtstellung war der Handel im Mittelmeer, wobei Karthago im Westen und Rhodos im Osten wichtige Handelspartner darstellten. Rhodos, dessen Hafen mit dem Koloss ein weiteres Weltwunder aufwies, hatte nach dem Niedergang Athens die Chance genutzt, sich als

Schifffahrtszentrum zu etablieren. Schiffe von Rhodos brachten Getreide aus Ägypten in den Norden und lieferten umgekehrt Wein, was aus den unzähligen Amphorenfunden in Alexandria, in der Ägäis und dem Schwarzen Meer bis hin nach Karthago und Sizilien hervorgeht.[18]

Zusätzlich legte Ptolemaios II. nach 275 v. Chr. einen weiteren Hafen an der Westküste des Roten Meeres an, den er nach seiner Mutter Berenike nannte. Über Berenike sollten in erster Linie afrikanische Kriegselefanten nach Ägypten gebracht werden, nachdem das Seleukidenreich die Lieferung indischer Kriegselefanten blockiert hatte.[19]

Die Regionalmacht im westlichen Mittelmeer war Karthago, das das Erbe der Phönizier weiterentwickelt, Niederlassungen in Sizilien gegründet und unter seinen Schutz gestellt hatte. Das lateinische «punisch», mit dem die Römer ihre Rivalen südlich des Meeres bezeichneten, bedeutet so viel wie «phönizisch». Als Karthago jedoch versuchte, eine Thalassokratie zu etablieren und Sizilien zu erobern, prallten die Interessen der nordafrikanischen Stadt auf die griechische und später römische Einflusssphäre. Syrakus und Karthago einigten sich schließlich auf die alte Aufteilung Siziliens, wobei der Westen von Karthago, der Osten von Syrakus kontrolliert wurde. Roms Interessen lagen dagegen zunächst in Etrurien, dessen Städte es in seine römische Einflusssphäre integrierte.

In den Blickwinkel Roms gelangte der Süden Italiens erst durch die Invasion des Königs Pyrrhos I., der sich von der griechischen Stadt Tarent gegen Rom zu Hilfe rufen ließ und Süditalien und Sizilien trotz verlustreicher Siege (sogenannte Pyrrhussiege) unter seine Kontrolle brachte. Obwohl sich Rom und Karthago zeitweise gegen Pyrrhos verbündeten, standen sie sich nur kurze Zeit später wieder auf dem Kriegsschauplatz in Sizilien gegenüber. Hieraus entstand der Erste Punische Krieg (264–241 v. Chr.), in dem die mit den griechischen Städten verbündeten Römer nicht nur zu Lande vorgingen, sondern auch auf dem Meer gegen die karthagischen Schiffe, die sie unter Verzicht auf die griechische Rammtaktik mit den berühmten Enterhaken kaperten. Im Friedensvertrag (241 v. Chr.) verpflichtete sich Karthago zur Zahlung einer Kriegsentschädigung und zur Räumung Siziliens, das 227 v. Chr. römische Provinz wurde. Auch Sardinien und Korsika wurden römisch, so dass Karthago sich in der Folge weiter westlich engagieren musste.

Die Expansion Hannibals auf der Iberischen Halbinsel löste den Zweiten Punischen Krieg (218–201 v. Chr.) aus, in dem Hannibal von Hispanien über die Westalpen bis nach Italien zog, aber trotz spektakulärer militärischer Erfolge sich nicht dauerhaft behaupten konnte. Nach dem Sieg Scipios über das punische Heer bei Zama (202 v. Chr.) wurde durch den Friedensvertrag das militärische Potential und der Aktionsradius Karthagos beschränkt, das fortan nur noch zehn Kriegsschiffe besitzen durfte. Im Folgenden wurden das von Hannibal zwischenzeitlich beherrschte Spanien und nach der Zerstörung Karthagos im Dritten Punischen Krieg (149–146 v. Chr.) auch Nordafrika in das Römische Reich eingegliedert; das griechische Korinth, das sich ebenfalls der römischen Expansion widersetzt hatte, teilte dieses Schicksal.[20] Damit entstand ein römisches bzw. von Rom beherrschtes Mittelmeer. Den Schlusspunkt bildeten in diesem Zusammenhang der Sieg Octavians in der Seeschlacht von Actium (31 v. Chr.) über die von Marcus Antonius geführte ägyptische Flotte und die Integration des Ptolemäerreiches in das Römische Imperium. Octavian etablierte eine ständige Flotte mit Stützpunkten in Misenum am Golf von Neapel und in Ravenna an der Adria. Mit der Zeit entstanden weitere Flotten in Ägypten, Syrien, Nordafrika, auf dem Schwarzen Meer sowie auf den Flüssen Rhein und Donau. Zum ersten und einzigen Mal umfasste eine Thalassokratie das gesamte Mittelmeer, was die Römer mit der Bezeichnung «Mare Nostrum» (unser Meer) zum Ausdruck brachten.[21]

Zwar hatte das Römische Reich seine Existenz nicht allein seiner Seemacht zu verdanken. Aber ohne den Zugang zum Mittelmeer hätte es ein anderes Aussehen und eine andere Gestalt erhalten. Zu der militärischen und politischen Kontrolle kam die ökonomische Erschließung durch den Handel. Mit den Siegen flossen Beute und Geld nach Rom, die die römischen Eliten zum Erwerb von Landgütern (Latifundien) verwendeten. Gleichzeitig hatten die Kriege die Bevölkerungsbasis getroffen, so dass die Arbeitskräfte auf dem Lande knapp wurden. Deshalb wurden die Latifundien mit Sklaven betrieben, die man in Karthago, Griechenland oder an anderen Küsten des Mittelmeeres gefangen genommen hatte. Kapitulierten Städte nicht rechtzeitig, wurde die Bevölkerung versklavt, so beispielsweise 55 000 Personen in Karthago (146 v. Chr.) und sogar 150 000 im griechischen Epirus (167 v. Chr.). Die Kriegszüge Cäsars ließen die Zahl der Sklaven, insbesondere aus Gallien (58–50 v. Chr.), anschwellen. Eine andere Quelle bildeten die Sklavenmärkte in der Ägäis. Nachdem diese durch den erfolgreichen Kampf des Pompeius gegen die Piraterie (67 v. Chr.) ausgetrocknet waren, mussten Sklaven in den Grenzräumen des Römischen Reiches erhandelt werden. Daneben vermehrten sich die Sklaven in den römischen Haushalten und auf den Gütern auf natürliche Weise. Haussklaven konnten dabei durchaus Karriere machen. Sie verwalteten die Güter, brachten den Kindern Griechisch bei oder wurden von ihrem Herrn als Agenten in andere Teile der damaligen Welt geschickt.[22]

Nicht nur die landlose Bevölkerung Italiens begab sich in die Metropole Rom, auch Bewohner der Provinzen versuchten, in der Hauptstadt Karriere zu machen. So entstanden Quartiere, in denen Griechen, Syrer, Afrikaner und Spanier lebten, wobei Griechisch, die dominante Sprache des östlichen Mittelmeeres, ebenfalls in Rom gesprochen wurde.[23]

3. Weizen, Wein und Edelsteine

Der römische Handel konzentrierte sich wie der Mittelmeerhandel insgesamt nicht mehr allein auf Luxusgüter. Im Gegenteil, die Massengüter Weizen und Wein verbanden Rom mit seinen Provinzen. Mit dem Getreide, das zunächst aus Sizilien und Sardinien und schließlich aus Nordafrika und Ägypten kam, stellten die Herrscher die Versorgung Roms sicher, da man seine Untertanen mit Brot und Spielen bei Laune halten musste.

Daneben spielte der Weintransport eine große Rolle, der ohne die

Massenproduktion von Amphoren und Krügen nicht möglich gewesen wäre. Schiffswracks, wie etwa dasjenige aus der Mitte des 1. Jahrhunderts v. Chr. stammende in Madrague de Giens vor der Hafenstadt Hyères, beinhalteten rund 400 Tonnen Last und dabei 6000 bis 7000 Weinamphoren. Man hat geschätzt, dass über das Jahrhundert rund 40 Millionen Amphoren italienischen Weins nach Gallien transportiert wurden, was einem jährlichen Weinimport und -konsum von 100 000 Hektolitern entspräche. Der Weindurst der Gallier war sprichwörtlich und galt als lukratives Geschäft der italienischen Kaufleute. Neben dem Wein weisen andere Schiffsfunde auf Olivenöl aus Apulien und Farbstoffe hin, deren Exporteure teilweise durch die Namen auf den Amphorenscherben zu rekonstruieren sind.[24]

Dabei war die römische Periode des Mittelmeeres durch zahlreiche verschiedene Schiffstypen gekennzeichnet, die man hinsichtlich ihrer Größe, ihrer Ladungen und Segelrouten unterscheiden kann. So gab es kleine Küstenschiffe mit einer Tonnage von 2,5 bis 10 Tonnen, während man für größere Distanzen Schiffe mit einer Kapazität von 50 Tonnen nutzte. Die Bauweise dieser flachbodigen Schiffe spiegelt den Weintransport wider. Größer waren die Schiffe (200 bis 300 Tonnen), die Amphoren und Baumaterial oder sogar Obelisken transportierten (200 bis 500 Tonnen). Der Weizenexport von Ägypten (Alexandria) nach Rom verlangte ebenfalls große Schiffe. Diese hatten zwei Masten, einen für das Hauptsegel und einen für das Vorsegel. Schwerer Ballast senkte den Schwerpunkt des Schiffes. Darüber hinaus versuchte man, durch die Einführung von Bilgenpumpen die Getreideschiffe möglichst trocken zu halten.[25]

Mit dem maritimen Handel war der Landhandel verbunden, zum Beispiel im römischen Germanien, wo Kaufleute beiderseits der Grenze tätig waren. Römische Luxusgüter wurden von den germanischen Stammeseliten geschätzt, umgekehrt kauften römische Kaufleute Sklaven auf. Darüber hinaus bot die Rheinmündung die Möglichkeit, römische Waren entlang der Küsten zu verbreiten. Von hier aus müssen sie über germanische Netzwerke weiter in den Norden gekommen sein. So finden sich im heutigen Norwegen in großer Zahl Bronze- und Glasobjekte römischer Provenienz.[26]

Im Mittelmeer generierte der Ausbau des Imperiums und der Bauboom der römischen Kaiserzeit (1.–3. Jahrhundert) einen Bedarf an Luxuswaren und Dekorationsmaterialien. Griechische Statuen wurden ebenso nachgefragt wie Glas- und Metallarbeiten aus dem östlichen Mittelmeer. Daneben verlangte der Wohlstand der Eliten nach Seide, Parfüm und anderen Gütern von den Küsten des Indischen Ozeans. Hinzu kamen exotische Vögel, Papyrus und Medizin aus Alexandria. Ebenfalls über Alexandria und über Berenike am Roten Meer lief der Import von Pfeffer und Indischer Narde (aromatische Pflanzen). Dies bestätigen Ausgrabungen in Berenike, wo in einer Abfallgrube 7,5 kg Pfefferkörner gefunden wurden. Mit dem Gegenwert dieser Pfeffermenge hätte ein Römer seinen Weizenbedarf für zwei ganze Jahre decken können. Smaragd- und Diamantfunde weisen darüber hinaus auf den Edelsteinhandel hin. Dazu kamen Nahrungsmittel für die einheimische Bevölkerung und die römischen Soldaten in der Region, insbesondere Fisch- und Olivenöl, sowie Schiffsproviant. Kaufleute wie der berühmte Nikanor aus Koptos hatten eine Reihe von Agenten am Roten Meer, die den Handel und die Transporte organisierten.

Wie diese im Einzelnen abliefen, zeigt ein in Wien erhaltener Papyrus aus der Mitte des ersten vorchristlichen Jahrhunderts, der einen Transport indischer Waren zum Gegenstand hat. Das in dem indischen Hafen Muziris in Gujarat vor Anker liegende Schiff «Hermapollon» sollte über die Arabische See und ins Rote Meer nach Berenike oder Myoshormos (nördlich davon gelegen) segeln. Von hier ging die Ladung, die aus Nardenöl, Elfenbein und Textilien bestand, auf dem Rücken von Kamelen weiter nach Koptos am Nil, von wo aus sie wiederum zu Schiff nach Alexandria transportiert werden sollte. In Alexandria mussten die Waren mit 25 % ihres Wertes verzollt werden, erst danach wurden sie weiterverkauft und eventuell nach Rom verschifft.[27]

4. Handbücher und Reiseberichte

Bisher stand bei der Wahrnehmung des Meeres die antike Literatur im Mittelpunkt. Es ging um die Gefahren, denen sich der Mensch aussetzte, wenn er sich auf das Meer begab und die Götter herausforderte. Mit der Zunahme der Seefahrt und ihrer Notwendigkeit wandelte sich das Bild, indem sowohl die Gefahren als auch die Aussichten angesprochen und gegeneinander abgewogen wurden. So trägt der Grabstein eines unbekannten römischen Kaufmanns folgende Inschrift:

> «Wenn es dir nicht zu beschwerlich ist, Fremder, halte an und lies: Ich bin oft mit Schiffen unter vollen Segeln über das große Meer gefahren und habe viele Länder besucht, bis zu meinem Ende hier, das mir einst bei meiner Geburt die Parzen sangen. Hier habe ich alle meine Sorgen und Mühen abgelegt und fürchte weder die Sterne noch die Sturmwolken oder das wütende Meer. Ich fürchte auch nicht, dass mein Aufwand den Ertrag übersteigt. Gütiger Glaube, ich sage dir Dank, allerheilige Göttin, die du mich nach drei Unglücksfällen gerettet hast. Du bist würdig, dass alle Sterblichen dich ersehnen. Fremder, leb wohl, sollen deine Mittel immer deinen Aufwand übersteigen, da du diesen Stein nicht übersehen und ihn für würdig erachtet hast.»[28]

Für ihre Fahrten konnten Kaufleute und Seefahrer die sogenannten *Periploi* nutzen. Diese Schifffahrtshandbücher bzw. Berichte von Schiffsreisen beschrieben Häfen und Landmarken an der Küste, die den Seefahrenden als Orientierung dienen sollten. Mit der Zeit kamen Informationen zur Navigation, auch Angaben über Winde und Untiefen, hinzu. Zur Gattung dieser *Periploi* gehören verschiedene Handbücher, die oftmals nur bruchstückhaft überliefert sind. Ein Beispiel sind die Erlebnisse des Flavius Arrianus[29] im Schwarzen Meer; am meisten zitiert ist der *Periplus Maris Erythraei*. In dieselbe Kategorie gehört der Reisebericht des Griechen Pytheas aus Marseille, der sich im 4. Jahrhundert v. Chr. vom Mittelmeer in den Atlantik begab und seine Reisebeschreibung *Über den Ozean* veröffentlichte.

Leider ist der Papyrus nicht erhalten geblieben, aber Pytheas' Erlebnisse scheinen so wichtig gewesen zu sein, dass antike Geografen wie Plinius und Strabo aus Pytheas zitieren und somit Aufschluss über die Reise geben. Barry Cunliffe hat aus diesen Bruchstücken die Route rekonstruiert. Danach erscheint es plausibel, dass Pytheas nicht über die Meerenge von Gibraltar in den Atlantik gelangte, sondern über Land von Marseille bis zur Garonne-Mündung gewandert ist und sich dann mit den Schiffen der verschiedenen Küstenbewohner weiter in die Nordsee hat bringen lassen. Dabei mag er die Britischen Inseln umrundet haben und möglicherweise bis nach Island gefahren sein, denn er berichtet von einem Land «Ultima Thule», das sechs Tagesreisen von den Britischen Inseln entfernt lag. Strabo allerdings zweifelte seine Glaubwürdigkeit an:

> «Über Thule ist die Kunde noch unsicherer wegen seiner Entlegenheit; ist dies doch die Insel, die man von allen namentlich genannten am nördlichsten ansetzt. Und dass das, was Pytheas über sie und die anderen Örtlichkeiten in dieser Region berichtet, fingiert ist, erhellt aus den Gegenden, die wir kennen: hat er darüber doch größtenteils Lügen erzählt, wie schon früher gesagt wurde; somit ist klar, dass er bei entlegenen Gegenden noch mehr gelogen hat.»[30]

Dagegen scheinen Plinius und andere Pytheas geglaubt und seine Beobachtungen als geografisches Wissen verbreitet zu haben. So schreibt beispielsweise der Astronom Geminus in seiner *Einführung in die Phänomene*:

> «Bis in diese Gegenden scheint auch Pytheas von Massilia gekommen zu sein. Er sagt wenigstens in der von ihm verfassten Abhandlung über das Weltmeer: ‹Es zeigten uns die Eingeborenen den Ort, wo die Sonne zur Rüste geht. Es traf sich nämlich, dass in diesen Gegenden die Nacht ganz kurz war, an manchen Orten zwei, an anderen drei Stunden, sodass die Sonne, nachdem sie untergegangen, nach einer kurzen Zwischenzeit gleich wieder aufging.›»[31]

Möglicherweise bereiste Pytheas auch die Nordseeküste bis hin nach Jütland, zumindest schreibt er über die Bewohner und den dort vor-

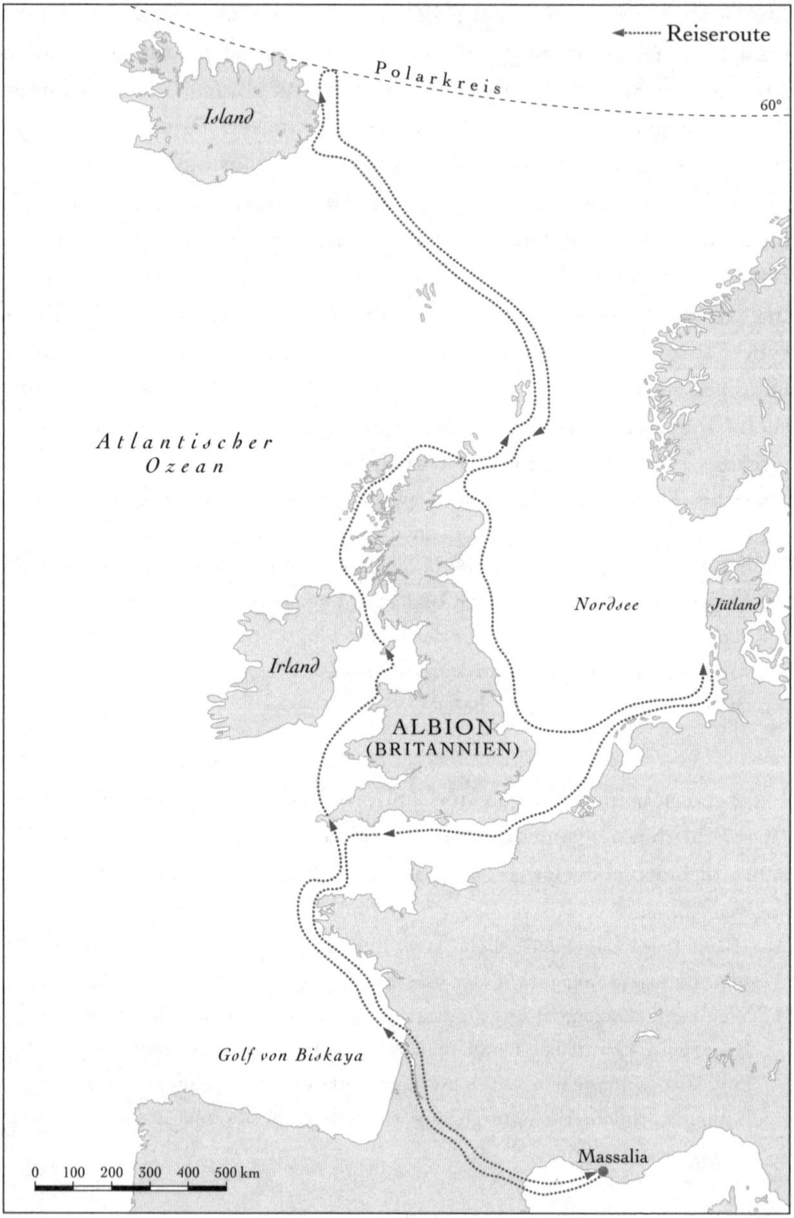

Karte 2: Die Reisen des Pytheas

kommenden Bernstein, der im gesamten Mittelmeerraum geschätzt wurde.[32]

Während Pytheas' Manuskript in den Regalen der Bibliothek von Alexandria verloren ging, hat sich der *Periplus Ponti Euxini* des Flavius Arrianus erhalten. Es handelt sich dabei um einen Teil des Berichtes, den der neue römische Präfekt Kappadokiens im Jahr 131 an Kaiser Hadrian schicken sollte. Die Römer hatten die Schwarzmeerregion lange Zeit sich selbst überlassen und erst nach der Expansion des Pontus-Reiches unter König Mithridates Interesse an der Region entwickelt und sie unter ihren Einfluss gebracht. Arrianus, der aus Bithynien in Kleinasien stammte, hatte sich als einer der wenigen Griechen in der römischen Armee emporgearbeitet. Zu seinen neuen Aufgaben gehörte die Überwachung der römischen Reichsgrenze im östlichen Schwarzen Meer und am Kaukasus. Entsprechend berichtete er von seiner Seereise, die von Trapezunt, dem letzten Hafen im römischen Herrschaftsgebiet, ausging und weiter nach Osten führte. Auf seiner Fahrt geriet er in Stürme, deren Erlebnis er beschrieb:

> «Eine plötzlich aufziehende Wolke brachte einen heftigen Sturm, der unserem Kurs entgegenwehte und dessen fatalen Folgen wir nur knapp entkamen. Er löste fast augenblicklich hohe Wellen aus, die uns begruben. Die Situation war wirklich tragisch, denn so schnell wir das Wasser auspumpten, so schnell brach es wieder über uns herein.»[33]

Von der Unbill des Wetters ließ sich Arrianus jedoch nicht abschrecken und besuchte die alte griechische Kolonie Dioskurias. Hier war er überrascht, einen römischen Posten zu finden. Folgerichtig versuchte er, die römische Präsenz im Kontakt zu einheimischen Fürsten zu verstärken, und zog überall Erkundigungen über die Küsten und ehemaligen Handelszentren ein. Neben eigenen Anschauungen und Informationen aus zweiter Hand gab Arrianus ungeprüft mündlich wie schriftlich kursierende Legenden wieder, die man bereits von Herodot kannte. Über seine Tätigkeit als Administrator hinaus machte sich Arrianus als Historiker einen Namen, der sowohl über Alexander den Großen als auch über die Kriege Trajans schrieb.[34]

Das berühmteste Reisehandbuch ist der *Periplus Maris Erythraei*, der um ca. 50 v. Chr. in Alexandria entstand und von einem unbekannten griechischen Seefahrer verfasst wurde. Mit «erythräischer See» meint der Autor den Indischen Ozean, eine Bezeichnung, die erstmals von Plinius in seinem Werk *Naturalis Historia* (77 n. Chr.) verwendet wurde, der vom «mare Indicum», der indischen See, spricht, darunter aber den westlichen Teil, die heute sogenannte Arabische See, versteht.[35]

Der Periplus vermittelt Einsichten in die Häfen, Güter und Schifffahrtsrouten des Indischen Ozeans und ist damit zusammen mit Plinius eine wichtige Quelle für den expandierenden römischen Handel im ersten nachchristlichen Jahrhundert.

> «1. Von den anerkannten [d. h. gewöhnlich besuchten] Ankerplätzen des Erythräischen Meeres und den an diesem liegenden Handelsplätzen ist Myoshormos [für die Indienfahrer] der erste [nördlichste] Hafen Aegyptens. Nach diesem folgt für die [weiter] Segelnden nach 1800 Stadien zur Rechten Berenike. Beider Häfen liegen in dem äussersten [südöstlichsten] Theile Aegyptens als Busen des Erythräischen Meeres.
> 2. An diese stösst rechts von Berenike die barbarische Gegend, und es gehört die Meeresküste den Ichthyophagen, die in Hürden, in Engpässen [Tiefthälern] errichtet, zerstreut leben, das Binnenland aber den Barbaren und hinter ihnen den Agriophagen und Moschophagen, die von Häuptlingen [Stammhäuptern] beherrscht werden, und ihnen liegt im Rücken im Binnenlande in den nach Westen gelegenen Gegenden die Meroe genannte Metropole.»[36]

Mit den Barbaren (Fremden) meint der Autor die Stämme, die zwischen der Küste des Roten Meeres und dem Niltal lebten, wobei er die Küstenbewohner («Fischesser») von denen des Binnenlandes («Fleisch- und Sprossenesser») unterscheidet. Die Stelle des Manuskriptes, an der möglicherweise über Meroe gesprochen wird, ist unleserlich, aber Meroe war ein in der Nähe des Sechsten Nilkatarakts gelegener Umschlagplatz für den Handel zwischen Ägypten und Zentralafrika.[37]

Darüber hinaus berichtet der Periplus ebenso wie Plinius, dass die griechisch-römischen Seeleute dieser Zeit bereits den Etesios- und den Hippalos-Wind kannten, die unschwer mit dem die Schifffahrt von Juni bis September bestimmenden Südwestmonsun zu identifizieren sind. Auch wenn der Periplus Skythien im Indus-Tal sucht, lassen sich doch seine Bemerkungen zum Warenhandel in bestimmten Häfen mit archäologischen Funden in Einklang bringen. Insbesondere der blühende Luxusgüterverkehr zwischen dem römischen Ägypten und der indischen Westküste wird dabei immer wieder anschaulich.

5. Desintegration oder Reintegration?

Cyprian Broodbank hat in seinem *The Making of the Middle Sea* einen langanhaltenden Integrationsprozess im Mittelmeer festgestellt, der im zweiten vorchristlichen Jahrtausend darin kulminierte, dass gemeinsame Dinge, Praktiken und Identitäten über große Distanzen verbreitet wurden. Sichtbar ist dies vor allem bei den Eliten, wo Wandmalereien im ägäischen Stil, geschnitztes Elfenbein und dekorierte Gold- und Silberschalen sich ebenso ausbreiteten wie die Rituale, Kulte und Kultstätten, die von zahlreichen Bevölkerungsgruppen aufgesucht wurden. Um 600 v. Chr. waren gemeinsame Praktiken, Sichtweisen, Geschmäcker, Gerüche und Klänge überall wahrnehmbar ebenso wie eine ähnliche Organisation des öffentlichen Lebens, der Kriegsführung, des Miteinanders und der Götterverehrung.[38]

Ausgehend von dieser vermeintlichen Integration sieht David Abulafia spätestens ab 400 n. Chr. eine Transformation und Desintegration des Römischen Reiches. Hierfür macht er einerseits das Christentum verantwortlich, das sich neben den alten Götterkulten und dem Judentum behaupten musste, bevor es Ende des 4. Jahrhunderts Staatsreligion wurde. Andererseits veränderte die Völkerwanderung, insbesondere die Züge der Vandalen über Spanien nach Nordafrika und von dort aus ins nördliche Mittelmeer, die Rolle Roms fundamental.

In der Folge übernahm Konstantinopel, das ursprünglich als griechische Kolonie um die Mitte des 7. Jahrhunderts v. Chr. gegründet worden war, die Rolle Roms. Die Einwohner des von den Historikern später so genannten Byzantinischen Reiches bezeichneten sich als *Romaioi* (Römer). Vom alten Rom unterschied sich das Reich dadurch, dass es auf den hellenistischen Traditionen beruhte, die in den Zentren der Ägäis, des Schwarzen Meeres und des östlichen Mittelmeeres gepflegt wurden. Ein weiterer Unterschied bestand darin, dass sich Konstantinopel, an den Grenzen des Imperiums gelegen, immer wieder gegenüber Angriffen aus der Steppe behaupten musste. Das Byzantinische Reich kontrollierte den Bosporus und die Schwarzmeerregion ebenso wie das östliche Mittelmeer und strahlte als Zentrum des griechischen Christentums weit in die slawischen Gebiete im Norden und Westen aus.[39]

Mit der Entstehung des Westfränkischen Reiches in der Mitte des 9. Jahrhunderts kam ein weiterer stabiler christlicher Machtblock hinzu. Das Byzantinische und das Westfränkische Reich reintegrierten bzw. rekonfigurierten das Mittelmeer bzw. dessen Rolle. Während das östliche Mittelmeer und das Schwarze Meer über Byzanz und die russischen Ströme durch die Wikinger (Waräger) an Nord- und Ostsee angeschlossen wurden, war das westliche Mittelmeer über das Rhone-Delta und die Flusssysteme des Frankenreiches ebenfalls mit Atlantik und Nordsee verbunden. Im Süden bildete die Adria die Verbindung zwischen dem Franken- und dem Byzantinischen Reich, wobei Venedig zum Vermittlungszentrum aufstieg und die anderen Häfen Italiens die Kontakte zur muslimischen Welt herstellten.[40]

II.
Nordsee – Ostsee – Schwarzes Meer

«Es sind fast 350 Jahre, dass wir und unsere Väter diese herrliche Heimat bewohnen, und niemals zuvor hat ein solcher Terror Britannien heimgesucht, wie wir ihn jetzt von einem Heidenvolk erfahren haben, noch war daran zu denken, dass dieser von der See ausgehen könnte. Die Kirche des heiligen Cuthbert ist mit dem Blut der Priester Gottes befleckt und von allem Schmuck beraubt; der verehrungswürdigste Ort Britanniens ist den Heiden zur Beute überantwortet.» [1]

Alkuin von Tour

1. Die Wikinger

Nach der Antike waren die Wikinger oder Nordmänner das Bindeglied zwischen Nordsee, Ostsee und Schwarzem Meer; darüber hinaus drangen sie bis in den Nordatlantik vor. Sie tauchen erstmals in den Quellen des ausgehenden 8. Jahrhunderts auf, in denen Überfälle auf Klöster auf den Britischen Inseln und an der Loiremündung geschildert werden. So beklagt der am Hof Karls des Großen wirkende Gelehrte Alkuin die Plünderung des Klosters Lindisfarne (793) in einem Brief an den dortigen König Aethelred von Northumbria.

Für das plötzliche Auftreten der Wikinger gibt es verschiedene Erklärungen. Bevölkerungsdruck und Landknappheit, die die Menschen auf die See zwangen, werden ebenso erwähnt wie die Kampfeslust junger Männer und die Gier nach leichter Beute. Führungspositionen in den Stammesgruppen (Häuptlinge) mussten immer wieder neu gewonnen werden. Hierzu gehörten nicht allein Kriegsglück und Ruhm, sondern auch der Aufbau einer Gefolgschaft, die ein erfolgreicher Krieger nur durch ständige Entlohnung mit Beute an sich binden konnte.

Als lohnendes Ziel bot sich das Frankenreich an, das trotz der Bemühungen Pippins und Karls des Großen innerlich noch nicht gefestigt, geschweige denn überall zu verteidigen war. Voraussetzung waren Schiffe und nautische Kenntnisse, die die Wikinger in besonderem Maße besaßen. Mit ihren hochseetüchtigen Schiffen segelten bzw. ruderten sie über die offene Nord- und Ostsee. Sie orientierten sich bei der Navigation an Sonne und Sternen sowie an Meeresströmungen und Wasserfärbungen. Mit größeren und kleineren Schiffen drangen die Wikinger über die Flussläufe ins Landesinnere vor, wo kaum ein Hafen vor ihnen sicher war.[2]

Dabei profitierten sie von der Expansion des friesischen Handels an der Nordseeküste, dessen Reichtümer leicht abgeschöpft werden konnten. Mit Dorestad an der Rheinmündung und Domburg auf Walcheren waren Handelszentren entstanden, in denen friesische Bauernkaufleute die Schifffahrt nicht mehr im Nebenerwerb betrieben, sondern ausschließlich von Handel und Handwerk lebten. Die Friesen handelten mit Franken, Angelsachsen und Skandinaviern, wobei sie die Nordsee- und Atlantikküste ebenso befuhren wie den Rhein bis nach Köln, Mainz und Worms. Eines ihrer Handelsgüter waren Sklaven, die sie von den Britischen Inseln sowie aus dem Ostseeraum über Verdun in den Süden Europas und in die Mittelmeerregion verkauften. So ist ein friesischer Kaufmann belegt, der in London einen Sklaven erwarb, welcher vermutlich über Dorestad und über die Maas aufwärts nach Verdun – dem wichtigsten Sklavenmarkt – und dann weiter nach Süden gebracht wurde. Dort oder im Mittelmeerraum selbst erwarben die Friesen orientalische Waren, die sie weiter nach Norden verkauften.[3]

Über die Ostsee reichte der friesische Handel bis nach Haithabu und Birka, wo im 11. Jahrhundert sogar eine friesische Gilde[4] existiert haben soll. Ausdruck des intensiven Warenaustauschs sind die (anglo-)friesischen Sceatta-Münzen, die bis nach Skandinavien Verbreitung fanden.[5] In den 830er und 840er Jahren überfielen die Wikinger Dorestad regelmäßig. Dies rief das Frankenreich auf den Plan, dessen Könige versuchten, einerseits ihre Klöster und Handelsplätze zu schützen, andererseits die Herrscher der Wikinger politisch dadurch einzubinden, dass sie einige gegen ihre Rivalen unterstützten.

Nicht nur in Skandinavien, sondern auch in der Nordseeinselwelt bildeten die Invasoren Herrschaften. Insbesondere die dänischen Könige, die von Jütland aus Häuptlinge und Kleinkönige unterworfen hatten, kontrollierten zunächst die benachbarten Inseln sowie die Passage zwischen Ostsee und Nordsee. Sie dehnten ihren Einfluss im Norden bis nach Viken, der Gegend um den Oslofjord, und im Süden bis zur Kanalküste aus. Die Eroberung Englands war dann nur folgerichtig. Um die Mitte des 9. Jahrhunderts nahmen die Dänen die Osthälfte Englands in Besitz, und York wurde das Zentrum der dänischen Wikingerkönige. Sie forderten die Norweger in Irland heraus, wo diese sich ebenso wie auf den Orkneys, Shetlands und Hebriden niedergelassen hatten. Dennoch blieb die dänische Bedrohung des Frankenreiches bestehen. Nach der Reichsteilung von 843 litt insbesondere das Westfrankenreich unter den Wikingereinfällen, die die Flüsse hochsegelten bzw. ruderten und Paris im Jahre 845 nur gegen eine Tributzahlung von 7000 Pfund Silber verschonten. Erst um 870 erwiesen sich Schutz- und Befestigungsmaßnahmen als zunehmend erfolgreich.

Im Folgenden verlagerten sich die Wikingeraktivitäten stärker auf die Britischen Inseln, wo es den angelsächsischen Königen gelungen war, die dänische Herrschaft zeitweise abzuschütteln. Erst um die Wende vom 10. zum 11. Jahrhundert stellten Sven Gabelbart und Knut der Große die dänische Oberherrschaft gegenüber Norwegern und Angelsachsen wieder her, die künftig jährlich einen Edelmetalltribut an Dänemark entrichten mussten. Dieses sogenannte *Danegeld*, das seine Vorläufer in den von Friesland und dem Westfrankenreich eingetriebenen Zahlungen hatte, wurde von 991 bis 1040 in acht großen Tranchen erhoben, die sich zusammen auf 248 647 Pfund Silber, umgerechnet fast 60 Millionen Pennies, beliefen.[6]

Weitere Möglichkeiten zu expandieren und Reichtümer anzuhäufen boten der Osten und der Ostseeraum. Bereits im 8. Jahrhundert bildeten Pelze aus dieser Region ein begehrtes Gut auf den westlichen Märkten. In der Folgezeit sollten dann die Ressourcen des Ostens systematisch erschlossen werden. Dies geschah vor allem von Schweden aus durch die Svear, die in den slawischen Quellen Rus' oder Waräger (*varjagi*) genannt werden. Waräger ließen sich in Staraja Ladoga – ca. 15 km südlich der Mündung des Wolchow in den Ladogasee gelegen –, am Ilmensee und am Oberlauf des Dnjepr nieder, wo sie zusammen mit Slawen, Finno-Ugriern und Balten siedelten.[7] Über Don, Wolga oder das Kaspische Meer erreichten sie die arabische Welt, in der sie große Silbermengen erhandelten oder raubten. Arabische Quellen berichten über die Waräger:

> «Sie unternehmen mit Schiffen Streifzüge gegen die Slawen, bis sie dort ankommen, diese gefangen nehmen und nach der Hauptstadt der Chasaren und nach Bolgar bringen, um sie dort zu verkaufen. Sie besitzen keine Saatfelder, sondern nehmen nur das als Nahrung zu sich, was sie aus dem Land der Slawen ausführen [...] ihre Erwerbstätigkeit besteht aus dem Handel mit Zobeln, Eichhörnchen und sonstigen Pelzen. Sie verkaufen diese Pelze ihren Kunden und erhalten dafür ein stilles Vermögen in Münzgeld, das sie in ihre Gürtel binden.»[8]

Andere arabische Historiker schildern Überfalle auf die Anwohner des Kaspischen Meeres. Bereits im Jahre 860 war eine warägische Flotte vor Konstantinopel aufgetaucht. Byzanz antwortete mit einer Politik der Umarmung und schloss Handelsverträge mit den Warägern. In Kiew am mittleren Dnjepr, einem weiteren Stützpunkt der Skandinavier im Slawenland, gründeten die Byzantiner eine Handelsniederlassung mit Kirche, deren Gottesdienste auf die heidnische nordische und slawische Bevölkerung ausstrahlten. Die Warägerführer umgaben sich mit einer Gefolgschaft aus Skandinaviern, der auch Rurik, der Begründer der altrussischen Dynastie der Rurikiden entstammte. Rurik und sein Sohn Oleg errichteten Stützpunkte, die sie wiederum mit ihren Gefolgsleuten besetzten, um so das Land zu kontrollieren. Hieraus entstanden die (regionalen) Fürstentümer wie Nowgorod, Pskow, Polozk oder Rostow. Die nachfolgenden Herrscher der Kiever Rus', Igor und Olga (Ingvar und Helga), waren ebenso wie ihr Gefolge skandinavischer Herkunft, aber ihr Sohn und Nachfolger Swjatoslaw weist bereits im Namen auf eine slawisierte Dynastie hin. Die Krieger, die von der kaiserlichen Palastgarde in

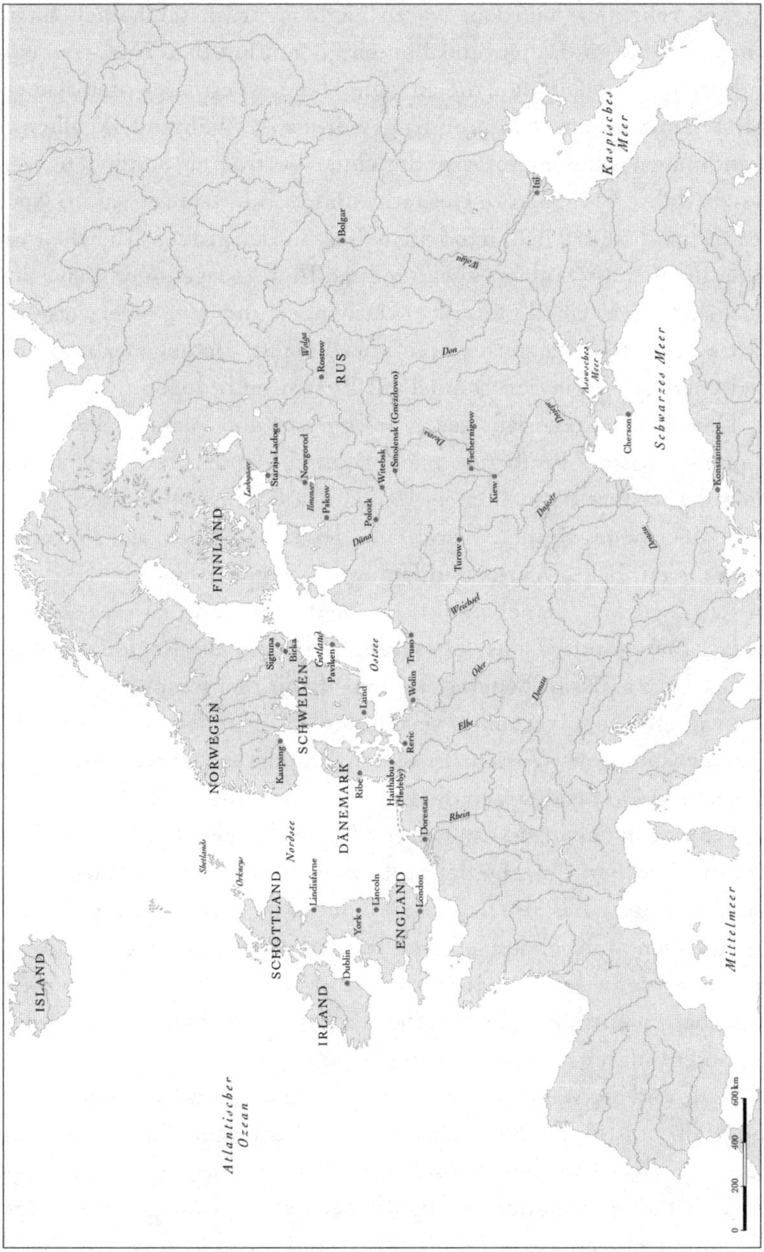

Karte 3: Wege der Wikinger von der Nordsee zum Schwarzen Meer

Byzanz rekrutiert wurden, waren nicht mehr ausschließlich Skandinavier. Slawen, Balten und Finnen gingen mit den Warägern eine Kulturgemeinschaft ein, die in den Handelsverträgen der Kiewer Fürsten mit Byzanz aktenkundig geworden ist. Während 911 allein 15 skandinavischstämmige Gesandte einen Vertrag aushandelten, werden im Jahre 944 schon 26 Gesandte und 28 Kaufleute erwähnt. Nach den Namen zu urteilen, handelte es sich in der großen Mehrheit um Skandinavier (47), aber es waren auch fünf Ostseefinnen bzw. Finnischstämmige, ein (litauischer) Jatwinger und möglicherweise ein Slawe vertreten. Letztere waren vor allem als Bootsbauer und vielleicht als Schiffer in den Handel mit Byzanz einbezogen.[9]

Die Waräger oder Rus beschränkten sich aber nicht allein auf den Handel mit und Raubzüge nach Byzanz, sondern suchten hierzu auch die weitere Schwarzmeerregion, das Kaspische und das Asowsche Meer heim. Zu den Waren, mit denen gehandelt wurde, gehörten Sklaven, Felle, Wachs und Honig, die gegen Silber und Seide getauscht wurden. Daneben flossen Soldgelder aus Byzanz zu den Rus.[10] Insbesondere das Chasarenreich, das die Region von der Wolga bis zur Krim beherrschte und damit das Kaspische mit dem Schwarzen Meer verband, vermittelte im Handel zwischen Zentralasien und dem Westen. In seinen Emporien (Handelsplätze) an Wolga und Don trafen sich die Kaufleute aus Europa und Asien. Wikinger kamen nach Aussage von Ibn Fadlan regelmäßig aus dem Ostseeraum hierher, um Handel zu treiben. Aufgrund des mosaischen Glaubens der Chasaren zogen diese jüdische Kaufleute aus Byzanz und aus den arabischen Gebieten an. Jedoch war das Chasarenreich kurzlebig; denn die Waräger und die Fürstentümer, die aus ihren Gefolgschaften entstanden, expandierten zunehmend auch nach Südosten und drängten die Chasaren weitgehend zurück.[11]

Während die Wikinger im Osten mit Hilfe von Küsten- und Flussschifffahrt bis in das Schwarze und das Kaspische Meer gelangten, waren sie westlich der Britischen Inseln vor die Herausforderung der Fahrt über den offenen Atlantik gestellt. Sowohl die Islandsagas als auch archäologische Funde auf Island, Grönland und in Nordamerika bestätigen dies. Zeitgenössische Chronisten berichten über

Schifffahrtsaktivitäten und Siedlungsbewegungen auf den Inseln im Nordatlantik. Aus der vielfältigen Überlieferung ergibt sich, dass Island nach 870 von «Wikingern» aus Norwegen und von den Britischen Inseln besiedelt wurde. Die Datierung ergibt sich aus einer Vulkaneruption im Jahre 871, finden sich doch direkt auf einer Schicht aus Vulkanasche die Reste der ältesten isländischen Niederlassungen. Die Sagas und die Chronisten berichten, dass Isländer am Ende des 10. Jahrhunderts nach Grönland aufgebrochen seien, um dort zu siedeln. Auch Erzählungen über eine Fahrt nach Nordamerika um das Jahr 1000 sind vorhanden, die durch die archäologischen Funde von L'Anse aux Meadows im nördlichen Neufundland belegt zu sein scheint.[12]

Bereits in der Antike hat man die Insel Thule weit im Norden gesucht und Beda (gest. 735), der sie in seiner englischen Kirchengeschichte erwähnt, hatte vermutlich von Reisen nach Island gehört. Der Gelehrte Dicuil, der um 825 schrieb, berichtet von christlichen Priestern, die auf Thule den Sommer verbracht hätten. Vermutlich suchten irische Mönche bzw. Einsiedler, die sich in der Einsamkeit des Atlantiks besonders wohl fühlten, wirklich Island auf.[13] Die ersten Siedler jedoch waren neben Norwegern auch Siedler gälischer Abstammung aus Irland, Schottland und von den schottischen Inseln. Neben der Landwirtschaft bot offensichtlich der Fischfang eine Lebensgrundlage, denn viele Siedlungen finden sich in der Nähe der reichhaltigsten Lachsgründe.

Unter den Siedlern gab es bereits Christen, obwohl das skandinavische «Heidentum» noch überwog. Erwähnenswert ist das Gesellschaftssystem, an dessen Spitze eine Reihe von sogenannten *Goden* mit religiösen, administrativen und rechtlichen Funktionen sowie die Großbauern standen; ein König aber fehlte. Die Häuptlinge und die größeren Bauern waren häufig mit dem Schiff unterwegs und trieben Handel für ihren eigenen Bedarf. Waffen, Kleidung, Honig, Weizen, Holz, Wachs, Teer und Segeltuch wurden importiert, und mit der Zeit entstanden an den Hauptrouten Häfen und Handelsplätze, von denen der bedeutendste Gasar am Eyjafjörður war.[14]

Von Island aus wurde am Ende des 10. Jahrhunderts Grönland

besiedelt. Der Anführer war Erik der Rote, der in verschiedenen Quellen auftaucht. Danach soll er mit seinem Vater von Norwegen nach Island gekommen sein und aufgrund eines von ihm begangenen Mordes die Insel in westlicher Richtung verlassen haben. Möglicherweise wurden die Siedler durch fantastische Berichte über Länder im Westen und ihre Reichtümer dorthin gelockt. Die Besiedlung Grönlands fiel zusammen mit einer Erwärmung des Klimas, die für die nächsten Jahrhunderte günstige Bedingungen bot.

Die Fahrten nach Nordamerika sind in den sogenannten *Vinland Sagas* beschrieben, die über Reisen von Island und Grönland aus auf den amerikanischen Kontinent um das Jahr 1000 berichten. Die Tatsache, dass diese Sagas erst im Nachhinein und bruchstückhaft von den Reisen erzählen, hat Generationen von Gelehrten zu widersprüchlichen Hypothesen angeregt. Auch Adam von Bremen (gest. nach 1080) hatte von Vinland und dem Reichtum dieser Insel gehört, auf der angeblich Wein und Weizen wuchsen, und erwähnt dies in seiner Hamburger Kirchengeschichte. In einer der *Vinland Sagas*, der Grönländersaga, wird von Leif und Thorvald berichtet, die eine Insel nördlich einer Meerenge besuchten, welche die Insel vom Hauptland trennte:

> «Sie segelten dann zwei Tage bei Nordostwind auf dem Meere und kamen wieder zu einem Lande und zu einer Insel, die nördlich vom Lande lag. Sie bestiegen sie, sahen sich bei gutem Wetter um und fanden, daß Tau auf dem Grase lag. Sie benetzten ihre Hände mit dem Tau und führten sie zum Munde. Sie glaubten, niemals so Süßes gekostet zu haben. Dann fuhren sie zum Schiffe zurück und segelten in die Meerenge zwischen der Insel und der Landspitze, die sich nördlich vom Lande ausstreckte. Sie steuerten westlich der Landspitze vorbei. Es war tiefe Ebbe, und sie stießen auf Grund und ihr Schiff saß fest. […] Sie waren so neugierig, ans Land zu kommen, daß sie nicht warten wollten, bis das Wasser wieder unter ihr Schiff kam. Sie liefen ans Land. […] Dann beschlossen sie, sich für den Winter dort anzubauen und errichteten sich große Häuser. […] Im Frühling rüsteten sie ihr Schiff und segelten fort. Leif gab dem Lande den Namen Weinland, weil Wein dort wuchs.»[15]

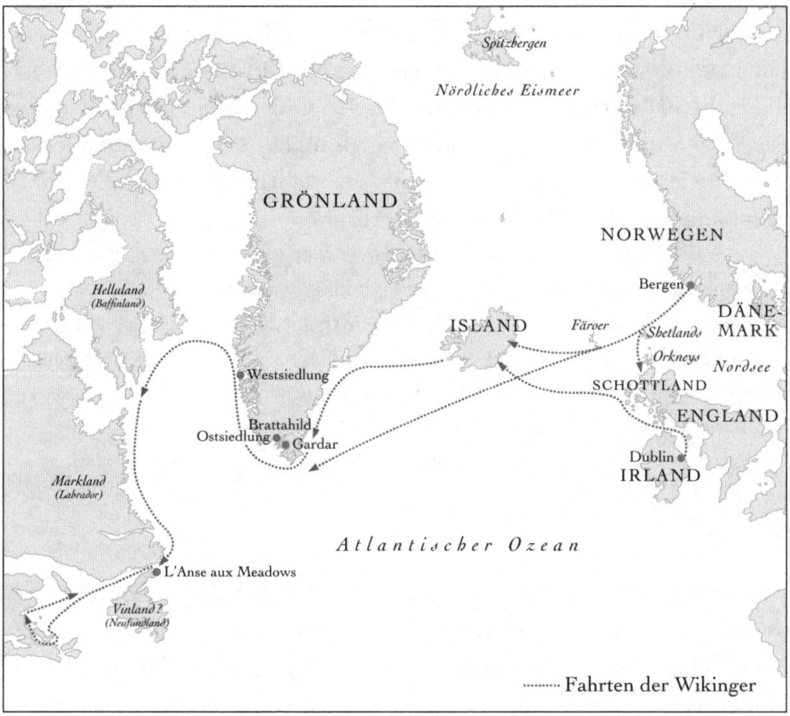

Karte 4: Fahrten der Wikinger im Nordatlantik

Entsprechend dieser und anderer vager Beschreibungen erscheinen Neuengland bzw. Neufundland und die Gegend um den St. Lorenz-Strom als geeignete Plätze für die Lokalisierung dieser sagenhaften Insel. Da die Sagas aber nach der mündlichen Überlieferung lange nach den aktuellen Ereignissen verfasst wurden, sind sie für eine genaue Lokalisierung der Ankerplätze nicht geeignet. Dennoch kann man wohl festhalten, dass um das Jahr 1000 Seefahrer von Grönland oder Island zu mehreren Reisen entlang der Ostküste des nordamerikanischen Kontinents aufbrachen, in den Golf des St. Lorenz-Stroms segelten und weiter nach Süden vordrangen. Sie bauten Lager an verschiedenen Orten, verbrachten dort mehrere Winter bzw. Jahre und kamen auch in Kontakt mit den Einheimischen:

> «Als der Frühling kam, konnten sie eines Morgens früh sehen, daß von Süden her viele Lederkähne um die Halbinsel herum herangerudert wurden, so viele, daß es wie treibende Kohlenstücke aussah [...]. Da schwangen sie [die Wikinger] ihre Schilde, und als sie zusammenkamen, fingen sie an, miteinander zu handeln, und die Leute wollten am liebsten rotes Tuch kaufen. Sie gaben dafür Felle und Grauwerk. Sie wollten auch Schwerter und Spieße kaufen, aber das ließen Thorfinn und Snorri nicht zu.»[16]

Möglicherweise wurden die Grönländer durch spätere Konflikte mit den Eingeborenen oder interne Streitigkeiten dazu bewegt, die Lager aufzugeben. Obwohl es unwahrscheinlich erscheint, dass die Grönländer so weit nach Süden fuhren, wie die Sagas suggerieren, segelten sie doch regelmäßig nach Labrador, um dort Holz zu besorgen, wie wir dank eines isländischen Chronikbelegs für 1347 wissen.[17]

Bestätigt worden zu sein scheinen die Angaben über Fahrten und zeitweilige Siedlungen in Nordamerika durch die Entdeckung der Siedlungsreste von L'Anse aux Meadows in den 1960er Jahren. Anne und Helge Ingstad identifizierten den Platz sogleich mit Leifs Vinland, obwohl dieser unwirtliche Ort kaum Assoziationen mit Wein und Weintrauben zulässt.[18] Eher dürfte es sich dabei um ein Lager bzw. um eine Station zur Ausbesserung der Schiffe und vielleicht zur Verproviantierung nach der Überfahrt von Grönland gehandelt haben, wo man Kraft für weitere Fahrten schöpfte. Eine der dort gefundenen Nadeln ist mit solchen aus Dublin, Island und Dänemark vergleichbar. Dies legt die Vermutung nahe, dass einige der Besucher in L'Anse aux Meadows aus Island stammten. Eine Spindel weist auf weibliche Besucher in L'Anse aux Meadows hin. Obwohl die Archäologen keine dauerhafte Wikingersiedlung belegen können, scheinen die Sagaberichte und die Siedlungsfunde von L'Anse aux Meadows für temporäre Siedlungsversuche zu sprechen, die man nach einiger Zeit – möglicherweise weil das Land bereits von einheimischer Bevölkerung genutzt wurde – wieder aufgab. Die Rückkehrer hätten sich dann mit ihren Abenteuern in einem Land, in dem der Wein fließt, gebrüstet und die Sagas hätten diese Erzählungen weiter überliefert.[19]

In Grönland scheinen sich die Lebensumstände so verändert zu haben, dass die Besiedlung während des späten Mittelalters zurückging und im Laufe des 14. und 15. Jahrhunderts die Bevölkerung vollständig ausstarb, ohne dass es – wie in Norwegen oder anderen Ländern – irgendwelche Anzeichen von Pest oder anderen Krankheiten gab. Die Ursachen müssen also woanders gelegen haben. Da die skandinavischen Siedler Grönlands von Viehzucht, Jagd und Fischfang lebten und all ihr Getreide importieren mussten, scheinen für den Bevölkerungsverlust die Unterbrechung des Handels und die Isolierung vom Mutterland verantwortlich gewesen zu sein sowie der Zusammenbruch der agrarischen Lebensgrundlagen durch eine Verschlechterung des Klimas.[20]

2. Handelsrouten

Seefahrer und Händler konstituierten Nord- und Ostsee als Handelsraum und gaben diesem durch die Anlage multiethnischer Warenumschlagplätze eine Struktur. Alle Anrainer hatten, wenn auch in unterschiedlicher Funktion, Anteil am Fernhandel. So betätigten sich Slawen, Kuren, Semgaller und Esten sowie die Liven als Piraten und Händler und engagierten sich ähnlich wie Wikinger am Warenaustausch zwischen der muslimischen Welt und der Ost- und Nordsee. Insbesondere mit dem Bernstein hatten vor allem die Prußen, die Bewohner der samländischen Ostseeküste, ein überall begehrtes Handelsgut im Angebot. An den Geschäften verdienten außerdem Friesen und Angelsachsen von der Nordsee sowie arabische und jüdische Kaufleute, die – wie Ibrāhīm ibn Ja'qūb – auch darüber berichteten.

Zu den prosperierenden Handelsplätzen gehörten das von den Wikingern beherrschte Haithabu an der Schlei – der Schnittstelle zwischen Nord- und Ostseehandel –, Reric an der Wismarer Bucht, Wolin an der Odermündung, Truso im Weichseldelta, aber auch Birka im Mälarsee, die Insel Gotland sowie Staraja Ladoga in Russland, welches das Scharnier von Ostsee- und Schwarzmeerhandel darstellte. Daneben existierte eine Vielzahl von kleineren, oft nur vorübergehend aktiven Stationen, die wie Menzlin an der Peene oder Ralswiek auf Rügen nur noch archäologisch nachgewiesen werden können. So dokumentieren die Bestattungssitten in Form von Schiffsbeisetzungen im Falle Menzlins die Anwesenheit von Skandinaviern neben der einheimischen slawischen Bevölkerung und damit die Multiethnizität selbst kleinerer Orte.

Haithabu (Hedeby) an der Schlei zeichnete sich durch einen ausgedehnten Siedlungsbereich aus, der sich aus offenen Hallenhäusern, einem Hafen mit Landungsbrücken und Palisade sowie einem halbkreisförmigen Befestigungswall gegenüber Angriffen vom Lande zusammensetzte. Auf den Landungsbrücken oder Stegen fand – wie an anderen Orten – der Handel statt, was archäologische Kleinfunde wie Münzen und Gewichte nahelegen. Handwerker in Haithabu verarbeiteten importierte Rohstoffe und Halbfertigprodukte weiter. Die Reichweite des Handels war immens: Tuche kamen aus Friesland, Keramik, Glas, Waffen aus dem Rheinland; die Mühlsteine aus der Eifel dürften von Dorestad aus verschifft worden sein, während Quecksilber und Zinn vermutlich von der Iberischen Halbinsel bzw. aus England an die Schlei gelangten. Skandinavien lieferte Speckstein, Wetzschiefer und Eisen, Bernstein dagegen stammte aus dem östlichen Ostseeraum. Ähnlich vielfältig war die ethnische Zusammensetzung der Bewohner, die, nach den Begräbnisgewohnheiten zu urteilen, aus Friesen, Sachsen, Slawen und Schweden sowie den dominierenden Dänen bestanden.[21] Eine vergleichbare Stellung im Warenverkehr von Westeuropa über die Ostsee zu den Handelsplätzen am Ladogasee und von dort aus zu den Wolgabulgaren und in die muslimische Welt nahm Birka am Mälarsee ein, wo ein königlicher Amtsträger unter den einheimischen Handwerkern und ausländischen Kaufleuten für Ordnung sorgte. Die Handwerker produzierten für den Fernhandel, aber auch für die direkte Umgebung, weshalb Birka als frühstädtisches Zentrum angesehen werden kann. Es litt allerdings unter den Überfällen dänischer Wikinger. Seine Rolle im Ost-West-Handel übernahm um das Jahr 1000 die Insel Gotland, deren Bauernkaufleute sich nicht wie die Svear oder Waräger in Russland niederließen, sondern saisonal handelten und immer wieder auf ihre Insel zurückkehrten. Hier horteten sie das eingenommene Silbergeld, ca. ein Viertel des im gesamten Ostseeraum und in Russland umlaufenden Silbers, das zunehmend aus Westeuropa, insbesondere aus deutschen Münzstätten stammte.

An der südlichen Ostseeküste lassen die mehr als 800 Grabhügel ebenso wie die hier gefundenen Segelschiffe und ein Schatz von über 2000 arabischen Münzen auf die Bedeutung Ralswieks schließen. Andere Handelsplätze werden darüber hinaus in der Chronistik erwähnt. So erfahren wir über Reric, das wahrscheinlich bei Groß Strömkendorf in der Wismarer Bucht zu lokalisieren ist, dass im ersten Jahrzehnt des 9. Jahrhunderts (808) der Dänenkönig Göttrik (Godofried) die ansässigen Kaufleute von dort nach Haithabu umsiedelte.

Über Wolin, ein anderes Emporium, berichtet Adam von Bremen:

«Es ist wahrlich die größte von allen Städten, die Europa birgt, in ihr wohnen Slawen und andere Stämme, Griechen und Barbaren. Auch die Fremden aus Sachsen haben gleiches Niederlassungsrecht erhalten, wenn sie auch während ihres Aufenthaltes ihr Christentum dort nicht öffentlich bekennen dürfen. Denn noch sind alle in heidnischem Irrglauben befangen; abgesehen davon wird man allerdings kaum ein Volk finden, das in Lebensart und Gastfreiheit ehrenhafter und freundlicher ist.

> Die Stadt ist angefüllt mit Waren aller Völker des Nordens, nichts Begehrenswertes oder Seltenes fehlt. Hier steht ein ‹Vulkanstopf› [Leuchtfeuer], die Einwohner sprechen von griechischem Feuer […].»[22]

Die archäologischen Funde scheinen Adam zu bestätigen: Hausbau, Begräbnissitten und Fundobjekte verweisen auf die Anwesenheit skandinavischer und friesischer Händler. Wolin scheint derart attraktiv gewesen zu sein, dass sowohl der polnische als auch der dänische König unter dem Vorwand der Piratenbekämpfung versuchten, sich dieses Emporium einzuverleiben.

Der Übergang zwischen Handel und Piraterie war fließend, zumal Menschen eine wertvolle Ware darstellten. So raubten vermutlich slawische Händler-Piraten den Goldschmuck, der in Hiddensee und Peenemünde gefunden wurde und den Goldschmiede während des 10. Jahrhunderts in Skandinavien hergestellt hatten. Reguläre Handelsgüter waren dagegen Getreide, Pferde, Honig, Wachs sowie Pelze und Bernstein. Auch Salz wurde gewonnen und gehandelt. Hinzu kam die lokale und regionale gewerbliche Produktion wie etwa die Kammherstellung.

Um quantitative Aussagen über das Handelsvolumen bzw. die Verlagerung von Handelsrouten machen zu können, müssen vor allem datierbare Münzfunde herangezogen werden. Entsprechend haben die riesigen Münzschätze im Ostseeraum das Interesse von Historikern gefunden. So spiegelt beispielsweise der Zufluss arabischer Dirham-Münzen seit dem ausgehenden 8. Jahrhundert den zunehmenden Austausch mit der arabischen Welt wider. Während die meisten Dirham dieser Zeit im prußischen Hinterland des Hafens Truso zu lokalisieren sind, flossen die arabischen Münzen im 9. Jahrhundert vor allem nach Schweden und Gotland, wofür das Vordringen der Waräger in Russland als Ursache anzusehen ist. Silbermünzen aus dem zentralasiatischen Samanidenreich wurden wiederum in größeren Mengen in den nordwestrussischen Handelszentren wie Staraja Ladoga, Nowgorod, Polozk und Pskow sowie im Gebiet der Wolgabulgaren gehortet.

Bei den Funden handelt es sich oft um Hacksilber, das zusammen mit den manchmal vorkommenden Waagen und Gewichten auf eine Wertfestsetzung nach Gewicht, auf eine Gewichtsgeldwirtschaft schließen lässt, die möglicherweise auf arabischen Einfluss zurückging.[23] Weniger intensiv war der Zustrom orientalischen Geldes nach Westeuropa, selbst in Jütland sind nur wenige Dirham-Funde bekannt. Dies könnte auf eine positive Handelsbilanz des Ostseeraums mit der Nordseeregion hinweisen. Möglicherweise wurde das arabische Silber in Haithabu oder anderswo umgeprägt. Aber auch in der Ostseeregion floss das arabische Silber im ausgehenden 10. Jahrhundert spärlicher, und in Russland versiegte der Strom nach 1015 ganz.[24] Gleichzeitig kehrten sich die Silberbewegungen um.

Aufgrund von Handel und Tributerhebungen wurden englische Pennies in größeren Mengen von der Nordseeregion in den Ostseeraum verschifft. Darüber hinaus bildete die Erschließung neuer Silberlagerstätten im Harz und im Schwarzwald, insbesondere das Silber des Rammelsberges bei Goslar, die Grundlage für eine massenhafte Denarprägung. Die hier geschlagenen sogenannten Otto-Adelheid-Pfennige wanderten ebenso wie die anderen Denare im Austausch gegen Pelze, Wachs, Honig und Sklaven nach Böhmen, Ungarn, Polen, Estland, Russland und vor allem über das Meer nach Skandinavien, wo sie vielfach gehortet, aber vermutlich auch als Zahlungsmittel benutzt wurden. So legen die schwedischen Schatzfunde der Wikingerzeit, die ca. 80 000 arabische, 45 000 englische und 85 000 deutsche Münzen aufweisen, Zeugnis von einer regelmäßigen Einfuhr ab. Da diese Münzen in den Münzfunden des Binnenlandes nur vergleichsweise selten vorkommen, hat man sie nach ihrer Funktion als Fernhandelsdenare bezeichnet.[25]

Die Epoche der Fernhandelsdenare und damit der Zustrom dieser Münzen nach Norden und Osten ging zu Ende, als im 12. und 13. Jahrhundert mit den Städtegründungen und der Münzprägung der Stadtherren der Geldbedarf im Binnenland zunahm. Die Denare wurden leichter und galten nicht mehr überall, sondern nur noch an dem Ort, an dem sie geprägt worden waren. Dies fand seine Entsprechung im Ostseeraum, wo die multiethnischen Umschlagplätze von den an Macht gewinnenden Territorialfürsten in die politischadministrativen Zentren verlegt und in die regionale Wirtschaft integriert wurden. Aus den Handelsplätzen (Haithabu, Paviken, Staraja Ladoga, Truso, Wolin) entstanden Handelsstädte (Schleswig, Visby, Nowgorod, Danzig, Stettin), an denen sich die Stadtentwicklung an der Ostsee ablesen lässt.[26]

3. Schwerter, Schmuck und Runensteine

Zur gesellschaftlichen Organisation der Wikinger liegen nur vereinzelt Quellen vor. Die großen Grundbesitzer waren nicht nur die Häuptlinge, sondern nahmen auch Priesteraufgaben in ihren Bezirken wahr. Hierzu gehörte beispielsweise die Leitung der Thingversammlungen und das Amt des Richters, der dann auf Rat des Thing nach Gewohnheit Recht sprach. Diese Häuptlinge besaßen ihre eigene Kriegergefolgschaft, mit der sie auf Fahrt gingen. Untereinander kämpften sie um Einfluss und damit um die Stellung als Kleinkönig oder König. In Skandinavien, Island und Grönland rangierten unterhalb der Häuptlinge die freien Bauern, die Ackerbau und Viehzucht betrieben und Sklaven hielten.[27]

Die soziale Schichtung spiegelt sich in der materiellen Kultur wider. Sowohl bei den Wikingern als auch bei den Slawen stechen die Häuptlingsgräber heraus. Unter den Grabbeigaben der Krieger der Oberschicht fallen vor allem die Schwerter ins Auge, die oft aus dem Rheinland stammten. Die Schwertklingen bestanden aus damasziertem Stahl und die kunstvoll gestalteten Griffe oder Knäufe weisen auf ihre Urheber hin, so zum Beispiel bei dem Schwert von Liepe (bei Eberswalde) der Name «Hiltipreht» oder in anderen Fällen auf den Schmied «Ulfberth». Doch gab es auch im Ostseeraum Metallverarbeitung und Schmiedegemeinschaften.[28] An die Schwerter knüpfen sich Heldensagen, die in der nordischen Dichtung und auf den Runensteinen weitergegeben wurden. Aber nicht nur die Schwerter vermitteln eine Ideologie, die Krieger der Oberschicht waren nämlich zudem beritten und trugen Helm und Panzerhemd, was sie im Kampf dem Fußvolk überlegen machte.[29]

Ein Bestandteil des gesellschaftlichen Lebens war die Musik, die in Rasseln, Pfeifen und Flöten (aus Holz und Knochen) archäologisch nachzuweisen sind. Saiteninstrumente und Schalmeien kamen wohl aus Byzanz und den arabischen Gebieten.[30]

Die Glaubensvorstellungen von Wikingern, Slawen und Balten waren ähnlich. Die meisten Stämme hatten jeweils einen Hauptgott, dem Nebengötter oder gar eine Götterfamilie zur Seite standen. Für die Wikinger war Odin der große Gottvater, eine Rolle, die Swantewit bei den Slawen spielte. Beide Götter waren beritten und traten mit Gefolge auf. Während Odin der Legende nach den achtfüßigen Hengst Sleipnir ritt, pflegten die Swantewit-Priester den göttlichen Wunderschimmel und leiteten von seinen Huftritten den Willen des Gottes als Orakel ab. Daneben kannten die Wikinger Njörðr als Gott des Meeres, der in Nóatún, dem Schiffsplatz, hauste.[31]

Zeugnisse der Wikingermythologie sind die Runensteine, die zumeist aber erst aus der Zeit der Christianisierung stammen. Einige Inschriften beinhalten eine mündlich überlieferte Dichtung, wie sie später in Island niedergeschrieben wurde, die von Göttern und Helden handelt. So reitet Odin auf dem berühmten Bildstein von Ardre (Nr. VIII) auf Gotland mit einem gefallenen Krieger gen Walhall. Neben der Mythenwelt der Wikinger wird auf den Runensteinen auch ihr kulturelles und soziales Leben sichtbar, waren es doch Grundbesitzer, meist Familien mit hohem gesellschaftlichem Status, die die Steine in Auftrag gaben. Die Chronologie der Runensteine beginnt mit Bildsteinen des 5. und 6. Jahrhunderts, die Rosetten, Wirbelräder, Langschiffe mit Ruderern, Schlangen und Drachen zeigen. Größere Steine des 8. bis 10. Jahrhunderts sind in horizontale Felder gegliedert, die Szenen aus dem Leben der Wikinger und ihrer Götter zeigen, so dass sich Darstellungen von bemannten Wikingerschiffen mit Bildern von Fabelwesen und Kampfhandlungen abwechseln.

Häufig handelt es sich hier um Gedenksteine für Gefallene, unter anderem auch von Frauen gestiftet, die in diesen ihren verstorbenen Männern gewidmeten Inschriften ihre Erbansprüche festhielten. Die späteren Runensteine mit dekorativen Zeichnungen spiegeln das

Abb. 2: Bildstein Ardre VIII, Gotland, 8. Jahrhundert

heidnische Heldenleben, manchmal in der Konfrontation von nordischen Legenden und Christentum wider, wobei oft nur das Kreuz als christliches Motiv mit dekorativ ineinander verschlungenen Schmuckbändern erscheint. In diesem Labyrinthmotiv glaubt man Anlehnungen an die Epen Homers erkannt zu haben. Verbreitet sind die Runensteine von Grönland, England und den Faröern im Westen bis hin an den Dnjepr im Südosten und dokumentieren damit die räumliche Ausdehnung der Wikingerseefahrt. Die Bedeutung der Fahrt über die Meere bei den Wikingern wird in den zahlreichen Schiffsgräbern und -setzungen deutlich, die den Glauben an eine Weiterreise des Verstorbenen untermauern.[32]

Sie sind wichtige Quellen für den kulturellen Austausch im Nord- und Ostseeraum. Insbesondere die Archäologen haben in der zweiten Hälfte des 20. Jahrhunderts vielfältiges Material zusammengetragen, das die Beziehungen der Ostseegebiete zur anglo-irischen Welt, zum Orient, zu den Reichen der Bulgaren und Chasaren an der Wolga sowie zum spätantiken Mittelmeerraum aufzeigt. Gesamteuropäische Dekorationsmuster wie Flechtwerk, Ranke oder Tierelemente erfuhren auf diese Weise ihre regionalen Ausprägungen. Während der sogenannte Wikingerstil Anregungen aus den Kulturen Irlands, Englands und des Frankenreiches empfing, lassen sich im slawischen Gebiet skandinavische und byzantinische Anleihen feststellen. Schlangen- und Tiermotive spielten hier eine größere Rolle und hielten sich bei den Balten und finnougrischen Stämmen noch lange als Applikationen der Kleidung.[33]

Vielfach ist aufgrund ähnlicher Machart und Dekoration in der Schmuckherstellung (Armreifen) die landschaftliche Provenienz nicht nachzuweisen. In anderen Fällen dokumentieren die von slawischen Silberschmieden in Pommern gefertigten Ohrringe Anregungen aus Byzanz, was für eine Vermittlung über die Donauregion und das Großmährische Reich nach Norden spricht. Auch dort finden wir diesen Ohrringtyp, der über das Meer weiter nach Bornholm und Gotland verbreitet wurde. Arabische Schmuckvorbilder gelangten über Bolgar, das Zentrum der Wolgabulgaren, in den Ostseeraum und wurden lokal nachgeahmt. Andere Schmuckgegenstände wie die (slawischen) Schläfenringe blieben auf die slawische Welt der südlichen Ostseeküste beschränkt. Ansonsten wurden die Ringe wegen ihres Silbergehalts geschätzt, was ihr Auftreten in den Schatzfunden erklärt. Dagegen finden sich die skandinavischen Fibeln, die die Kleidung gleichermaßen schmückten und zusammenhielten, an der südlichen Ostseeküste in Gräbern von Skandinaviern.[34]

Die Nutzung und Verbreitung von Kämmen ist ebenfalls ein Zeichen des kulturellen Austausches, in diesem Falle zwischen den Gebieten an der Nord- und Ostsee. Beeinflusst von antiken Vorbildern hatten sich Kammmacher im Rheinland und in Friesland auf die Herstellung von Schmuckkämmen aus Geweih zur Haarpflege spezialisiert. Sie wurden zunächst von friesischen Kaufleuten in den Ostseeraum gebracht, bald aber schon an den Wikingerhandelsplätzen wie Haithabu, Birka und Staraja Ladoga sowie an der südlichen Ostseeküste produziert, so dass der Kammimport versiegte. Es wird vermutet, dass sich friesische Kammmacher zusammen mit den Kaufleuten in den Emporien niederließen.[35]

III.
Rotes Meer – Arabische See – Südchinesisches Meer

«Aden war das nächste Ziel, eine große Stadt am Meer, wo man keine Landwirtschaft betreibt und wo es weder Wasserquellen noch Bäume gibt. [...] Sehr begüterte Kaufleute leben dort, und Schiffe aus Indien steuern den Hafen an. [...] Von Aden reiste ich vier Tage lang auf dem Meer nach Zaila [...]. Nach 25 Tagen Seereise traf ich in Mogadischu ein, einer sehr großen Stadt. Man pflegt dort die folgende Sitte: Wenn ein Schiff anlegt, kommen die jungen Leute auf Booten, und jeder von ihnen nimmt einen der Kaufleute an Bord als Gast bei sich zu Hause auf.»[1]

Ibn Battuta

Dies berichtet Ibn Battuta, der im Jahre 1331 in Aden Station machte und von dort aus die ostafrikanische Küste entlang segeln sollte. Aden war das Zentrum, in dem Handel und Schifffahrt zwischen dem Roten Meer und dem Indischen Ozean zusammenliefen. Die geschützte Lage bot einen geeigneten Ankerplatz für größere Schiffe, die aus allen Richtungen kamen. Neben indischen und ägyptischen Kaufleuten waren auch jüdische, persische und äthiopische Händler in Aden präsent, wie aus anderen zeitgenössischen Quellen hervorgeht.

Nach dem Siegeszug des Islams in der ersten Hälfte des 7. Jahrhunderts und seiner Expansion nach Ägypten und Persien drangen die muslimischen Heere unter den Umayyaden (661–750) in westlicher Richtung bis zur Iberischen Halbinsel und im Osten bis zum Indus vor. Im ausgehenden 10. Jahrhundert begannen die Fatimiden, von Ägypten aus eine Handelsverbindung zwischen Rotem Meer, Mittelmeer und dem Indischen Ozean zu schaffen.

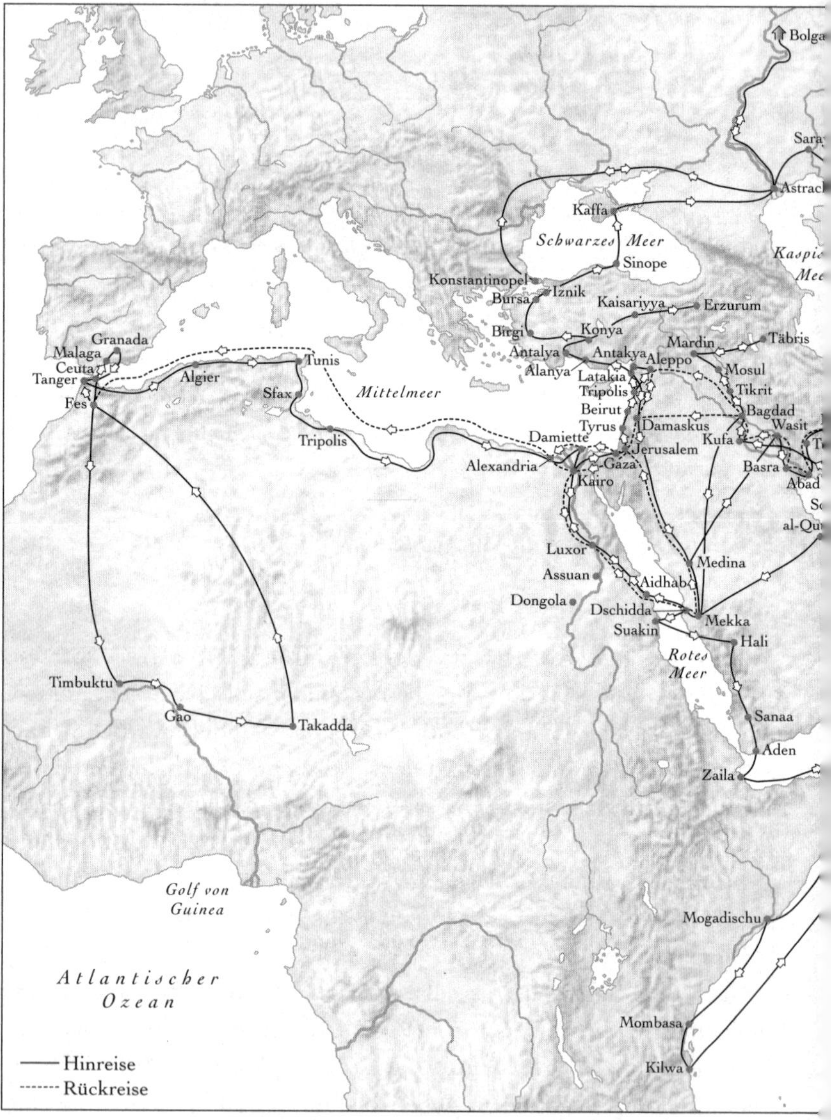

Karte 5: Die Reisen des Ibn Battuta

Karakorum
Buchara
Samarkand
Balch
Kundus
Kabul
Multan
Delhi
Lahari
Cambay
Daulat Abad
Arabisches Meer
Sandapur
Calicut
Quilon
Ceylon
Colombo
Malediven
Indischer Ozean
Peking
Hangzhou
Zaitun
Sina as-Sin (Kanton)
Süd-chinesisches Meer
Tawalisi
Samudra
Sumatra
Borneo
Java

Auf der Suche nach Luxuswaren begaben sich muslimische Kaufleute weiter nach Süden und nach Osten.[2] Sie konnten sich hierbei auf den Propheten Mohammed berufen, der selbst als Kaufmannslehrling in Karawanen von Mekka nach Damaskus mitgereist war. Mit dem Handel verbunden war auch die Haddsch, die Pilgerreise nach Mekka, die die Schifffahrt über die Arabische See und das Rote Meer beflügelte.

Schließlich erreichten muslimische Kaufleute auch Indien und Südostasien, das Jahrhunderte zuvor indisiert worden war. Im Srivijaya-Reich (auf Sumatra und an den Küsten der Malaiischen Halbinsel), aber auch auf Java sowie in Pagan (im heutigen Burma), in Angkor (in Kambodscha) sowie in Ayutthaya hatte der Hinduismus den Buddhismus verdrängt. Der unter chinesischem Einfluss stehende Norden des heutigen Vietnam konnte sich diesem Prozess entziehen. Für die Cham-Königreiche im Süden belegen Sanskritinschriften und Tempelstiftungen die Präsenz indischer Kaufleute. Lokale Herrscher erlangten Legitimation, indem sie die hinduistische Religion übernahmen und sich mythologische Stammbäume zulegten. Die Religion strahlte bis nach China aus, da chinesische Händler und Pilger in Java und Srivijaya Station machten und Indien aufsuchten. Schließlich sah sich Srivijaya gezwungen, in eine tributäre Beziehung mit dem China der späten Tang- und der Songdynastie einzutreten.[3] In diese hinduistische Welt drangen im 13. und 14. Jahrhundert immer mehr islamische Kaufleute ein, die lokale Gemeinden gründeten und sich mit der dort ansässigen Bevölkerung verschwägerten. Der Islam wurde von einheimischen Fürsten gefördert, wobei angemerkt werden muss, dass alle Weltreligionen in Südostasien eine Symbiose mit lokalen (See-)Gottheiten eingingen bzw. diese in ihre Glaubenssysteme integrierten. Denn das Leben auf See mit Gefahren wie Stürmen, versteckten Riffen, Sandbänken, Strömungen und Wasserwirbeln stellte erfahrene Seeleute und Fischer immer wieder vor neue Herausforderungen, die man nur durch die Besänftigung der verschiedenen Seegeister meinte bewältigen zu können. Während Buddhisten die Seegöttin Manimekhala verehrten, opferten die Chinesen der Göttin Tian Fei, allgemein als Mazu bekannt. Muslimische Seefahrer wiederum glaubten an die Hilfe mythischer Sufimeister wie Chidr, dem Herrn der Meere und Flüsse.[4]

Arabisch wurde zur *Lingua franca* an den Küsten des Indischen Ozeans und das islamische Recht regelte die Handelsgeschäfte.[5] So musste Ibn Battuta auf seinen Reisen, die ihn bis nach China führten, das Netzwerk muslimischer Kaufmannsniederlassungen nicht verlassen.

1. Die Voraussetzungen: Winde, Schiffe und Navigation

Die Schifffahrt und damit auch der Handel im Indischen Ozean wurden vom Monsun geprägt. Das Wort leitet sich aus dem arabischen *mausim* her, was so viel wie Saison oder saisonaler Wind bedeutet. Dabei handelt es sich um Zonen hohen Luftdrucks, die die Luft in Tiefdruckzonen fließen lassen und so die Monsunwinde erzeugen. Da die Luftdruckzonen und Winde im Jahresverlauf vorhersehbar waren, konnten sich die Schiffer, nachdem sie das System im ersten vorchristlichen Jahrtausend erkannt hatten, darauf einstellen und es ausnutzen. Von November bis Januar bildet sich regelmäßig ein hoher Luftdruck über dem kontinentalen Asien, so dass die Winde, der sogenannte Nordostmonsun, von Südasien in den Indischen Ozean in Richtung Afrika und von China in Richtung Südostasien wehen. Von April bis August bläst der Sommer- oder Südwestmonsun in umgekehrter Richtung und beschleunigte die Segelschifffahrt von Ostafrika und Arabien nach Indien, der Malaiischen Halbinsel und weiter über das Südchinesische Meer bis nach China. Dabei bot die Malaiische Halbinsel mit ihren geschützten Küsten den Schiffen die Möglichkeit des Überwinterns bzw. des Wartens auf die nächsten «günstigen» Winde.[6]

Die Schiffe, die zu jener Zeit auf dem Indischen Ozean unterwegs waren, wurden ohne Nägel gebaut und nicht mit Pech und Teer abgedichtet. Stattdessen hielten allein Taue aus Kokosfasern die Schiffsplanken zusammen. Dementsprechend waren Kokosfasern ein wichtiges Handelsgut in dieser Region. Ein Problem stellte die Be-

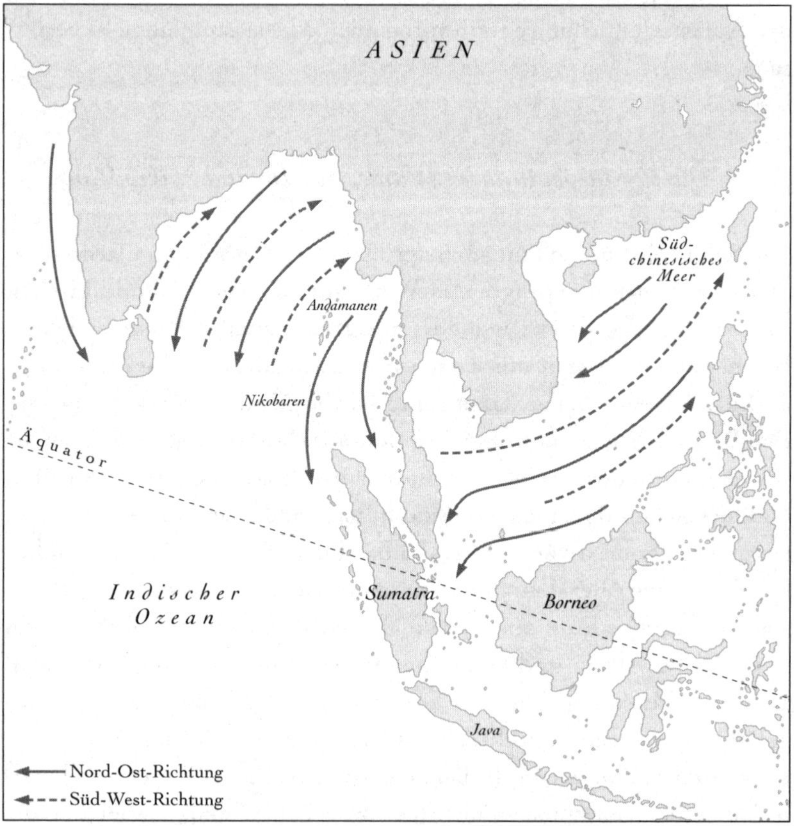

Karte 6: Monsunwinde im Indischen Ozean

schaffung von Holz dar, das am Roten Meer und an der Arabischen See immer knapp war und meist aus Indien herantransportiert werden musste. Damit verbreiteten sich indische Schiffbautechniken. Die Schiffe wurden mit einem Heckruder gesteuert und besaßen Rahsegel, die man je nach Windstärke hisste. Der Luxus auf diesen bis zu 30 Meter langen Schiffen hielt sich in Grenzen, obwohl bereits im 12. und 13. Jahrhundert Kabinen für Kaufleute erwähnt werden, die allerdings weniger aufwendig ausgestattet waren als diejenigen auf chinesischen Dschunken.

Aber bei diesen gab es ebenfalls Unterschiede, wie Ibn Battuta zu Beginn des 14. Jahrhunderts beobachtete. Die größten Dschunken hatten bis zu 1000 Mann Besatzung und verfügten über drei bis zwölf Segel sowie über vier Decks. Anders als bei den arabischen *Daus* befestigte man die Segel mit Ringen an den Masten, so dass die Segelfläche bei Bedarf vergrößert oder verkleinert werden konnte. Dementsprechend war es möglich, höher am Wind zu segeln als mit den Rahsegeln. Die Beschaffung des Schiffbaumaterials erwies sich nicht als Problem, da Holz sowie die Materialien für Segel, Taue und Kalfaterung in China vorhanden waren. In Südostasien verkehrten schlankere Schiffe mit Auslegern, wie sie auf Reliefs am Tempel von Borobodur verewigt sind. Sie transportierten gleichermaßen Reis von Java nach Sumatra wie sie als Kriegsschiffe genutzt werden konnten.[7]

Der wichtigste Mann an Bord eines arabischen Schiffes war neben dem Kapitän der *mu'allim*, der Navigator, wie uns das Schifffahrtshandbuch von Ibn Madschid suggeriert. Ibn Madschid war selbst ein erfolgreicher *mu'allim* gewesen, der in seinem *Fawā'id*[8] stolz seine dichterischen Fähigkeiten unter Beweis stellte und es mit poetischen Einsprengseln schmückte. Der *mu'allim* hatte die Verantwortung für den Kurs des Schiffes und die Besatzungsmitglieder, die entweder mit Hilfe von Rudern oder Segeln das Schiff bewegten und regelmäßig das in das Schiff eindringende Wasser ausschöpften. Der Navigator musste die Veränderungen der Monsunwinde erkennen, um zur richtigen Zeit mit seinem Schiff aufzubrechen bzw. den Kurs zu ändern. Auch war rechtzeitig an einen sicheren Hafen zu denken.

Abb. 3: Schiffsdarstellung am Tempel von Borobodur, Java, um 800

Tödlich konnte es werden, wenn man zu spät in See stach und die Monsunstürme auf ihrem Höhepunkt auf dem Meer erlebte.[9] Die Navigation erleichterten dabei das Astrolabium, das die Bestimmung der geografischen Breite ermöglichte, und der von den Chinesen übernommene Kompass. Während der Nacht machten Leuchtfeuer an den Küsten und im Meer die Fahrt sicherer.[10]

2. Von Ibn Battuta zu Marco Polo: Kaufleute und Häfen

Seine Anweisungen erhielt der Kapitän vom Schiffsbesitzer, der in der Regel ein Kaufmann war. Im Sanskrit gab es sogar die Bezeichnung *nauvittaka*, die eine Person beschrieb, deren Reichtum (*vitta*) auf seinen Schiffen (*nau*) beruhte.[11] Die meisten dieser Kaufmannsreeder kennen wir aus den jüdischen Briefen, die man 1890 in der Geniza, einem Hohlraum zur Aufbewahrung von Schriften, in der Ben-Esra-Synagoge in Kairo entdeckte. Die Genizabriefe spiegeln den Handel und die Kommunikation der Kaufleute wider, die über das Mittelmeer, die Arabische See und den Indischen Ozean verteilt waren und diese zu einer maritimem Großregion zusammenschlossen. So schrieb 1130 beispielsweise der jüdische Kaufmann Madmum Ben Hassan, der den Händlern in Aden vorstand und ein enger Freund von Abraham Ben Yiju, einem tunesischen jüdischen Kaufmann in Mangalore, war, dass er ein Schiff gebucht habe, um für ihn Waren und Personen von Aden nach Ceylon zu bringen. Das Schiff, das später als Schiff von Madmum bezeichnet wurde, taucht in den Quellen noch mehrfach auf. Der bereits erwähnte Ben Yiju berichtete seinem Bruder in Fustat (Altkairo), dass er ihm Geschenke mit diesem Schiff geschickt habe. Vermutlich ist dieses Schiff für längere Zeit zwischen Aden und der indischen Küste und möglicherweise auch weiter westlich gesegelt.[12]

Neben den jüdischen Schiffsbesitzern traten in diesem Geschäft zunehmend muslimische Kaufleute auf. Ein Problem bestand nämlich darin, dass sich die Seefahrt mit der Beachtung des Sabbats und dem damit verbundenen Arbeitsverbot kaum verbinden ließ. Daher war die Schifffahrt für streng religiöse Juden keine Option, und sie versuchten, die Geschäfte von den Hafenstädten aus zu lenken. Einen Teil der Transaktionen übernahmen die muslimischen Karimi-Kaufleute, die Konvois von Schiffen unterhielten und Personen wie Waren beförderten. Persische und arabische Händler hatten sich an der Westküste Indiens niedergelassen und zum Aufschwung von Handelszentren, beispielsweise in Gujarat, beigetragen. Hier standen die kleinen Häfen untereinander in regelmäßigem Kontakt. An der südlichen Malabarküste lebten sowohl ausländische muslimische Kaufleute als auch Muslime, die sich in die lokalen Gesellschaften durch Heirat integriert hatten. Indische Schiffsbesitzer konzentrierten sich vor allem auf die Küstenrouten und Kaufleute aus Gujarat traten ebenfalls als Reeder auf. Die Genizabriefe zeigen uns eine Vielzahl von Handelsoperationen, die vom Indischen Ozean bis ins Mittelmeer über verschiedene Häfen und Mittelsmänner liefen. Dass die Frauen der Kaufleute mit ihren Männern korrespondierten, ist ebenfalls bekannt, obwohl wir in der Regel nur die Briefe der Männer an ihre Ehefrauen überliefert finden. So wurden die familiären Beziehungen aufrechterhalten, auch wenn sich die Eheleute über mehrere Jahre nicht sahen – wie zum Beispiel im Falle eines Kaufmanns, der von Fustat über Aden nach Indien gekommen war und auf der Route Aden–Malabarküste handelte. Seine Frau blieb in Fustat und wartete vergeblich. Um sie zu trösten, schrieb er ihr im Jahre 1204 – möglicherweise hatte sie mit Scheidung gedroht:

> «Wenn das denn dein Wunsch ist, kann ich dich nicht tadeln. Denn das Warten war lange und ich weiß nicht, ob der Schöpfer mir eine Pause gönnt, so dass ich nach Hause kommen kann, oder ob die Angelegenheit weiter Zeit in Anspruch nehmen wird, denn ich kann nicht mit nichts nach Hause kommen. [...] Es ist jetzt deine Entscheidung, wenn du eine Trennung möchtest, nimm das Zeugnis der Zurückweisung und du bist frei. Aber wenn das nicht deine Entscheidung und dein Wunsch ist, ertrage diese langen Jahre des Wartens.»[13]

Der Kaufmann versuchte, die Stimmung seiner Frau zu verbessern, indem er zwar zugab, viel Alkohol zu trinken, um seine Einsamkeit zu erleichtern, aber ihr gleichzeitig versicherte, dass er keine Sklavinnen hielt oder Bordelle besuchte. Er fühle sich einsam und leide unter der Trennung.

Literarische indische Quellen berichten ebenfalls über die verschiedenen Gruppen an der Malabarküste und ihre Handelsaktivitäten. Zu den Gütern, die von den politischen und militärischen Eliten nachgefragt wurden, gehörten sowohl arabische Pferde als auch Elefanten. Während Elefanten eher ein Ausnahmehandelsgut darstellten, waren Pferde und Kampfer wichtige Objekte im indischen Handel auf dem Indischen Ozean. Pferde wurden von den Häfen am Persischen Golf und am Roten Meer zur indischen Westküste transportiert. Kampfer – aus dem gleichnamigen Baum gewonnene ätherische Öle – gelangte aus Südostasien und China auf den indischen Subkontinent. Ein Teil des Kampfers floss über die Arabische See nach Aden, um von dort weiter nach Westen transportiert zu werden.

Die wichtigsten Produkte waren aber Textilien, insbesondere Baumwollstoffe, mit denen indische Weber die Märkte versorgten. Die Kaufleute des Subkontinents kannten die Geschmackspräferenzen der verschiedenen Regionen Südostasiens, wo die Oberschichten die teuren Seiden aus Gujarat wünschten, die Mehrheit aber preiswertere bedruckte Baumwollstoffe bevorzugte. Im Austausch erhielten sie Gewürze und aromatische Hölzer. Über etliche Knotenpunkte wie Calicut oder Aden erreichten zudem chinesische Keramik und Münzen die arabische Welt. Calicut und Quilon versorgten darüber hinaus den Nordwesten Indiens (Gujarat) und die arabische Welt mit Pfeffer von der Malabarküste sowie mit Gewürznelken und Muskatnüssen. Der Schwarze Pfeffer, der über Aden auf die ägyptischen Märkte gelangte, wurde wie die anderen Gewürze von dort aus weiter Richtung Mittelmeer, in die italienischen Häfen und Städte, verteilt. Vom Subkontinent kamen weiterhin das aromatische Adlerholz (aus Kamrup, Assam) und Rhinozeroshorn. Als Schiffbaumaterialien wurden Teakholz und Kokosfasern am Persischen Golf und am Roten Meer nachgefragt, wo diese Pflanzen nicht gediehen. Selbst der andalusische Reisende Ibn Dschubair berichtet über die große Menge von Kokosfasern, die in die Region des Roten Meeres verschifft wurde. Ein ebenfalls wichtiger Rohstoff war das Eisen, das in verschiedenen Formen in Indien gewonnen und von der Malabarküste nach Aden und weiter nach Westen transportiert wurde. Aber nicht nur Luxuswaren und Rohstoffe flossen im Austausch über das Arabische Meer, auch ungeheure Mengen von Kaurimuscheln wurden von den Malediven im Indischen Ozean nach Bengalen eingeführt, wo sie ein wichtiges Zahlungsmittel waren. Im Gegenzug erhielten die Malediven Reis aus Bengalen.[14]

An der afrikanischen Küste lockten vor allem Gold, Elfenbein und Sklaven sowie Holz für den Schiff- und Hausbau. Denn die *Daus*, die die Mehrheit der Schiffe auf dem Indischen Ozean ausmachten, wurden aus afrikanischem Holz gebaut. Dadurch, dass sich Muslime an der afrikanischen Küste niederließen und einheimische Frauen heirateten, entstand eine islamisch-afrikanische Gesellschaft, deren Vertreter in Kilwa Zugang zu den innerafrikanischen Goldminen gewannen und das Edelmetall in die Hafenstädte transportierten.[15] Deshalb liefen die Schiffe, die von Aden kamen, Mogadischu, Mombasa oder Kilwa an.

Als wichtigster Hafen galt das bereits von Ibn Battuta erwähnte Calicut, in dem Kaufleute aus China, Sumatra, Ceylon, den Malediven und dem Jemen handelten. In Ceylon und an der südlichen Koromandelküste waren ebenfalls muslimische Händler präsent, die dort mit Kollegen aus Srivijaya und China sowie den überall anwesenden jüdischen Kaufleuten zusammentrafen. Obwohl Südasien vom Hinduismus und Buddhismus geprägt war, wurde der islamische Einfluss durch den Handel verstärkt. Außerdem stützten die einheimischen Fürsten oftmals die lokalen bzw. fremden muslimischen Geschäftsleute, auch wenn diese die Differenzierung des Kastensystems unterliefen.

Aber nicht nur der Handel über den Seeweg erfuhr eine Stabilisierung. Aufgrund der Unterwerfung weiter Teile Asiens und Europas durch die Mongolen, der sogenannten *Pax mongolica* (ca. 1200–1350), waren zu dieser Zeit die Landrouten relativ sicher. Dieser Umstand ermöglichte den europäischen Herrschern, Reisenden und Händlern die Aufnahme von Kontakten und Geschäften mit den von der Goldenen Horde besetzten Ländern und sogar mit China.

Unter einer Vielzahl oberitalienischer China- und Asienkaufleute sind die Reisenden der Polo-Familie heute die bekanntesten. Marco Polos Vater Nicolò und sein Onkel Matteo hatten zwischen 1250 und 1269 bereits mehrmals China besucht, bevor Marco Polo 1271 zu seiner Reise aufbrach, die ihn durch das seldschukische Kleinasien, das Reich der persischen Ilchane, über die Seidenstraße bis hin zur Residenz Kublai Khans in China führen sollte. Während er selbst in den Dienst des Khans trat, betätigten sich seine Verwandten als Kaufleute und verließen 1292 das Reich der Mitte wieder.[16] Marco Polo aber kehrte über den Indischen Ozean, den Persischen Golf und das Schwarze Meer zurück und erreichte im Jahr 1295 Venedig. Dort diente er im Krieg mit Genua als Kapitän eines Schiffes und wurde gefangen genommen. In der Gefangenschaft diktierte er seinen fantastischen Reisebericht einem Mitgefangenen, der ihn literarisch so ausschmückte, dass bereits die Zeitgenossen an seiner Authentizität zweifelten. Die Zweifel haben sich auf manche Historiker übertragen, jedoch ist die Mehrheit der Meinung, dass sich Polo das Detailwissen nicht allein vom Hörensagen erworben haben kann und die beschriebenen Reisen auch unternommen hat.

Wie eng das Netzwerk zwischen Land- und Seerouten war und wie intensiv diese genutzt wurden, zeigt die Ausbreitung der Pest. Die Seuche begann 1331/32 in Zentralasien und verbreitete sich von der genuesischen Niederlassung Kaffa auf der Krim über Handel und Schifffahrt im Schwarzen und im Mittelmeer aus. Nach Konstantinopel und Kairo brach die Pest im Oktober 1347 in der sizilianischen Hafenstadt Messina aus, von wo 1348 Pisa, Genua, Venedig, Marseille, Barcelona und Florenz die Krankheit gebracht bekamen. Von der Südwestküste Englands aus nahm die Seuche bereits 1349 über die Britischen Inseln bis nach Schottland ihren Weg, über die hansische Schifffahrt wurden Calais, Bergen, Köln, Kopenhagen, Lübeck und Nowgorod infiziert.[17]

3. Maritime Seidenstraße

Das Südchinesische Meer wird oft als «Anhängsel» des Indischen Ozeans betrachtet, mit dem es durch die Straßen von Malakka und Singapur sowie die Sunda-Straße verbunden ist. Es wird im Nordosten von den Japanischen Inseln, im Süden von dem Indonesischen Archipel abgeschlossen und bildet sozusagen ein Binnenmeer.

Chinesische Fischer und Händler segelten in der Regel auf zwei Routen: Die eine führte über die Philippinen und die Molukken nach Java. Auf der anderen Route passierten die Schiffe die Küste Südchinas Richtung Vietnam und fuhren dann entweder weiter in den Golf von Thailand oder südwärts über die Malaiische Halbinsel und Sumatra nach Java.[18] Im 14. Jahrhundert waren Chinas Handel und Schifffahrt dreigeteilt. Es gab einen (illegalen) privaten Handel, einen staatlichen, der mit offiziellen Missionen und Gesandtschaften verbunden war, sowie einen Tributhandel mit benachbarten Ländern. Der chinesische Staat versuchte vergeblich, Schmuggel und andere illegale kaufmännische Aktivitäten zu verhindern, konnte er doch noch nicht einmal seine Seeleute und Fischer vor den Angriffen der

Wokou genannten japanischen Piraten schützen. Eine neue Qualität erhielt der Handel mit dem Westen dadurch, dass sich die chinesischen Kaufleute in die bestehenden maritimen Netzwerke integrierten. Insbesondere muslimische Chinesen hatten bereits gegen Ende der zusammenbrechenden mongolischen Herrschaft China (Fujian, Guangdong und Yunnan) verlassen und die Invasion der Ming-Truppen hatte diese Migration noch beschleunigt. In dieser Situation erschienen der Indonesische Archipel und die Malaiische Halbinsel, wo der Islam bereits weit vorgedrungen war, als natürliche Anlaufstelle für die chinesischen Muslime.[19]

Für den Handel nach Westen in den Indischen Ozean bedeutete die Ankunft der Emigranten aus China einen Aufschwung, da sie von Südostasien aus mit den islamischen Kaufleuten des Indischen Ozeans und der Arabischen See handelten und Kontakte knüpften. So hatte der aus Fujian stammende Wang Dayuan sowohl den Indischen Ozean als auch die Malaiische Halbinsel bereist und berichtete darüber:

> «Die Meerenge wird von zwei Hügeln, die wie Drachenzähne aussehen, begrenzt. Der Boden ist arm und es gibt nur wenige Reisfelder. Das Klima ist heiß und im vierten und fünften Monat fällt starker Regen. Die Leute hängen der Piraterie an. Die Produkte des Landes sind einfaches Lakaholz und Zinn. Die Waren, die hier [von den Chinesen] gehandelt werden, sind Rotgold, blauer Satin und bedruckte Baumwollstoffe, Porzellan, Eisenkessel und andere Dinge. Weder feine Produkte noch seltene Objekte kommen von hier; alles, was sie haben, stammt vom Plündern anderer Händler. Wenn Dschunken nach Westen fahren, lassen diese Leute sie unbehelligt, aber wenn sie auf dem Weg zurück die Insel Karimon erreichen, holen die Dschunkenbesatzungen ihre Rüstungen und ihre Schilde gegen die Pfeile heraus, um sich zu schützen. Denn mit Gewissheit werden zwei- oder dreihundert Piratenschiffe kommen, um sie zu attackieren. Manchmal mögen sie Glück haben und günstige Winde und die Piraten können sie nicht einholen. Falls das nicht der Fall ist, werden die Mannschaften abgeschlachtet und die Handelsgüter in kurzer Zeit verkauft.»[20]

Mit diesen Zeilen beschreibt Wang Dayuan wahrscheinlich Malakka, das entstehende Zentrum des Handels zwischen West und

Ost. Es könnte sich aber auch um das präkoloniale Singapur gehandelt haben, das von chinesischen und kambodschanischen Kaufleuten angelaufen wurde. Wo sich das erwähnte Drachenzahntor wirklich befunden hat, ist nicht klar. Immerhin wissen wir, dass chinesische Seeleute und Reisende sich durch Wangs Beschreibungen auf ihrem Weg nach Westen leiten ließen.[21]

Während chinesische Kaufleute schon lange nach Westen gefahren waren und dabei die Monsunwinde im Golf von Bengalen und in den chinesischen Meeren ausgenutzt hatten, bildete sich um das Jahr 1000 die maritime Seidenstraße heraus, die das Süd- und Ostchinesische Meer mit dem Westen verband. Aus der Vielzahl der importierten Produkte ragten aromatische Stoffe und «Drogen» heraus, die unter dem Namen *xiangyao* zusammengefasst werden. Hierzu zählten nicht nur Blumen, Myrrhen, Nelken, Muskatnüsse und -blüten sowie Sandelholz, sondern auch Moschus, Ambra und Kampfer.

Besonders Ambra, eine der vielen Kostbarkeiten aus Südostasien, stieß in China auf eine rege Nachfrage. Es ist eine Ausscheidung der Wale, die auf dem Meer schwamm und an den Küsten angeschwemmt wurde, wenn man sie nicht in den Körpern toter Wale fand. In China wurde Ambra zu hohen Preisen gehandelt und zur Herstellung von Medizin und Parfüm verwendet. Ebenfalls in großer Vielfalt kamen Seeschildkröten vor, deren Panzer zu Schildpatt verarbeitet wurden. Auf dem chinesischen Speisezettel standen außerdem Algen und Seeschnecken. Darüber hinaus waren es vor allem die Perlen, die Chinesen anzogen. Wang Dayuan hob die hohe Qualität der Perlen beispielsweise von Sulu (Philippinen) hervor, die sich durch ihre weiße Farbe und ihre runde Form auszeichneten. Perlen symbolisierten Reichtum, Schönheit und übernatürliche Kräfte und wurden von chinesischen Literaten besungen. Entsprechend machten sich regelmäßig Perlenhändler aus dem Reich der Mitte auf den Weg, um mit den einheimischen Perlenfischern zu handeln. Überdies waren Vogelfedern beliebt, etwa vom Eisvogel, den einheimische Stämme im Kambodscha fingen, während die kulinarisch geschätzten Vogelnester aus Sumatra und Borneo stammten.[22]

Seide war sicherlich über Jahrhunderte der wichtigste chinesische Exportartikel, auf den die Herrscher am Südchinesischen Meer ebenso begierig waren wie die Konsumenten weiter westlich. In China selbst versorgten die Küstenregionen viele andere Gebiete mit Seide. Chinesische Seide, die mehr geschätzt wurde als die lokalen Textilprodukte, kam aber auch über das Tributsystem nach Südostasien, wo sie die einheimischen Herrscher im Austausch für Präsente und ihre Huldigungen gegenüber den chinesischen Kaisern erhielten.

Malakka, ursprünglich eine Siedlung an der gleichnamigen Straße, die dem Königreich Siam tributpflichtig war bzw. zu diesem gehörte, entwickelte sich im frühen 15. Jahrhundert zum sagenhaften Emporium. Neben seiner günstigen Lage an der gleichnamigen Seehandelsstraße scheint die Konversion der Herrscherfamilie und der Eliten zum Islam im verstärkten Maße muslimische Kaufleute und Schiffer angezogen zu haben.

Da – von den Reisen Zheng Hes abgesehen – die wenigsten chinesischen Schiffe westlich der Straße von Malakka segelten und der Indische Ozean für die «normalen» chinesischen Dschunken (Schiffe) eine natürliche und mentale Barriere darstellte, bot sich Malakka als Warenumschlagplatz an, um mit den «westlichen» Kaufleuten zu handeln. Darüber hinaus liegt Malakka an einem Schnittpunkt der Monsunsysteme, weshalb die Kaufleute nicht auf einen Umschwung der Monsunwinde zu warten brauchten, um vom Golf von Bengalen in das Südchinesische Meer zu segeln. Aus diesem Grund machten sich die arabischen, indischen und chinesischen Kaufleute Malakka zunutze, um die Umschlagszeit ihrer Waren zu verkürzen. Kunde über das sagenhafte Emporium gelangte bereits im 15. Jahrhundert nach Europa, wird es doch von Girolamo da Santo Stefano (Genua) und Ludovico de Varthema (Bologna) in ihren Berichten erwähnt. Auch die Portugiesen hörten, nachdem sie Calicut erreicht hatten, von dem berühmten Handelsplatz, den der Gouverneur von Portugiesisch-Indien Afonso de Albuquerque 1511 schließlich eroberte, woraufhin der Sultan ins Exil getrieben wurde. Damit begann für die Europäer eine neue Epoche.

China begann im späten 13. Jahrhundert mit der Expansion zur See. Nachdem die Mongolen ihre Herrschaft im Reich der Mitte etabliert hatten, kamen sie mit der Seefahrt in Berührung, mit der Folge, dass Kublai Khan seinen Einfluss mit zwei Invasionen übers Meer nach Japan auszudehnen versuchte. Dagegen verfolgten die ersten Ming-Herrscher seit 1368 eine andere Strategie. Da man den privaten Handel als Einfallstor für Feinde an der Küste ansah, wurde dieser verboten und stattdessen der staatliche Tributhandel ausgebaut.

So schickten die Kaiser offizielle Delegationen nach Südostasien und erhielten im Gegenzug Tribute von Gesandten aus Java, Champa, Siam und Kambodscha. Besonders Pfeffer und Sappanholz wurden gebracht. Der Pfeffer stammte vorrangig von der indischen Malabarküste und die Mengen, die China importierte, übertrafen die Einfuhr der Mittelmeerhäfen (Venedig oder Barcelona).[23] Das Zentrum für die Tributeinfuhren war Guangzhou (Kanton) am Perlfluss, das damit nicht nur Beamte, sondern auch Kaufleute anzog.

Einen Höhepunkt erlebte das staatliche Engagement Chinas in Handel und Schifffahrt im 15. Jahrhundert. Die maritime Expansion ist mit dem Namen des Kaisers Yongle verbunden und diente vor allem der Festigung des Tributsystems und damit der Macht und dem Prestige des Reiches der Mitte. Zu diesem Zweck ließ der Kaiser mehrere hundert Schiffe bauen. Zwischen 1405 und 1433 schickten Yongle und sein Nachfolger zahlreiche Schiffsexpeditionen sowohl in den westlichen Indischen Ozean zwischen Malakka und Ostafrika als auch nach Südosten in die Gewässer zwischen den Philippinen und Timor. Die Leitung dieser Expeditionen lag in der Hand der Hofeunuchen, von denen Zheng He heute der berühmteste ist.[24]

Zheng He wurde 1371 in Kunyang in der Provinz Yunnan geboren. Sein Vater – der wie sein Großvater, die Haddsch, die Pilgerreise nach Mekka, gemacht hatte – stand im Dienst der Yuan-Dynastie, die Yunnan immer noch regierte, als die Ming-Dynastie die Oberhand gewann. Da er sich der Ming-Eroberung widersetzte, wurde er getötet, sein Sohn gefangen genommen und für den Dienst als Hofeunuch kastriert. In seiner Zeit am Hof unter den Ming-Kaisern Hongwu und Yongle fiel die Erweiterung des chinesischen Machtbereiches sowohl zu Wasser als auch zu Lande. Die Expansion zu Wasser wurde Zheng He anvertraut, der auf alten Spuren die

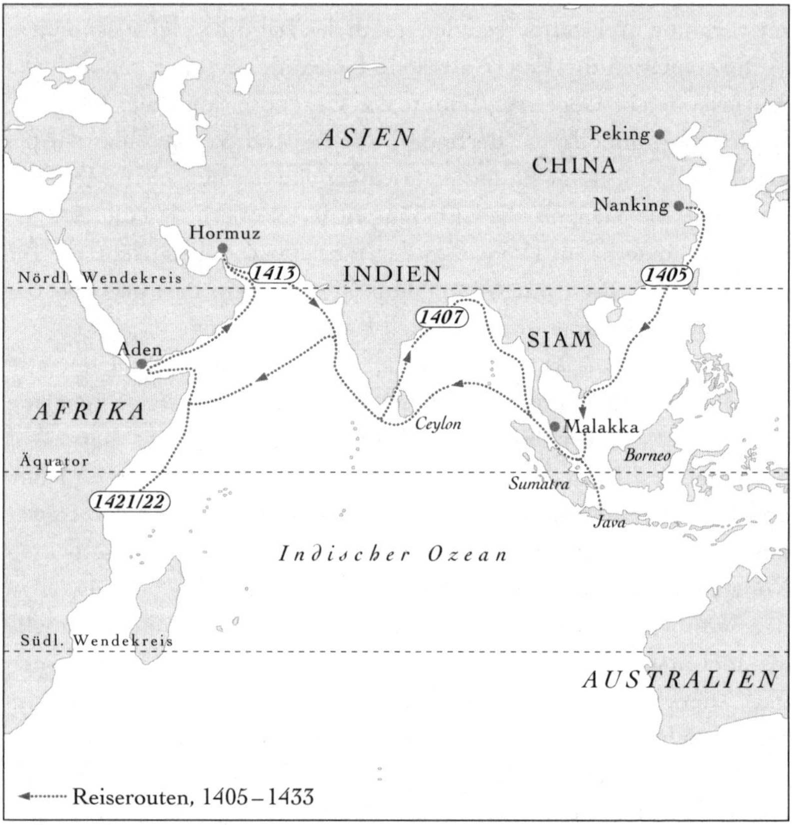

Karte 7: Die Reisen des Zheng He

chinesische Position zunächst im Südchinesischen Meer und dann im Golf von Bengalen und in der Arabischen See voranbringen sollte.[25]

Die ersten drei Reisen (1405–1407, 1407–1409 und 1409–1411) folgten den bekannten, schon bei Marco Polo beschriebenen Routen über das Südchinesische Meer, der Straße von Malakka über den Indischen Ozean nach Ceylon und an die Malabarküste, während die vierte Reise (1413–1415) über das Arabische Meer nach Hormuz und weiter an die Ostküste Afrikas führte. Neben der Tributeinforderung sollte seine Armada mit 27 000 Soldaten militärische Präsenz (im Indischen Ozean) zeigen; so wurden die Piratenflotten in Palembang bekämpft und Krieg gegen Ceylon geführt.

Wie eine der Reisen im Detail ablief, zeigt die fünfte Reise (1417–1419) Zeng Hes: Ziel der Unternehmung war es zunächst, die Botschafter fremder Länder, die dem Kaiser mit wertvollen Gaben – wie Pferden, Nashörnern und Elefanten – ihre Aufwartung gemacht hatten, zurück in ihre Heimat zu bringen. Die Gesandten hatten vom Kaiser nicht nur Seidenroben erhalten, sondern auch andere Stoffe, die als Geschenke für die verschiedenen Könige gedacht waren. Auf der Liste der anzulaufenden Orte standen unter anderem Champa, Pahang an der Ostküste der Malaiischen Halbinsel, Java, Palembang auf Sumatra, Malakka sowie Calicut und Ceylon. Darüber hinaus werden «Lasa» und Aden auf der Arabischen Halbinsel sowie Mogadischu, Brava und Malindi in Ostafrika erwähnt. Bis auf Lasa existieren die Orte noch heute. Lasa soll 20 Tage und Nächte von Calicut entfernt gewesen sein, so dass es möglicherweise in der Nähe von Aden lag. Von dort sollen Kamele, Ambra (*Ambergis*) sowie Weihrauch (*Frankincense*) gekommen sein. Als Präsente wurden von Afrika und von Aden Giraffen angeboten, wobei die Adener Giraffen vermutlich ebenfalls aus Afrika stammten. Möglicherweise waren die in den Quellen genannten Gesandten mit ihren Geschenken in Wirklichkeit Händler, die verschiedene Tätigkeiten miteinander verbanden.[26]

1421 wurden weitere Expeditionen kurzfristig vom Kaiser suspendiert und 1424 dauerhaft verboten. Es kam noch zu einer kurzen sechsten Reise (1421–1422) und einer letzten siebten (1431–1433), die Zheng He möglicherweise mit einer kleineren Gruppe bis nach Mekka führte.

Die Einschätzungen über Zweck und Erfolg der Reisen gehen auseinander. Einerseits zeigen die Unternehmungen, dass China in der Lage war, vom Südchinesischen Meer über den Indischen Ozean bis in die Arabische See in großem Stil Fernhandel zu betreiben und immer mehr Länder in das Tributsystem zu integrieren. Entsprechend bewerten einige Historiker die Reisen als profitabel und vorteilhaft für den Handel, da China genügend Silber und Münzen zum Tausch gegen westliche Waren zur Verfügung hatte. Andere glauben an eine Verschleuderung wertvoller Ressourcen für den Import westlicher Luxusgüter. Während der Kaiser zahlreiche Projekte und Kriege initiierte, ohne nach den Kosten zu fragen, sah die Hofbürokratie diese Unternehmungen kritischer. Immerhin setzten die Reisen Zheng Hes die Entscheidung des Kaisers um, das Tributsystem Chinas in westlicher Richtung auszudehnen. Es war jedoch nicht dazu angetan und geeignet, den chinesischen Handel zu fördern, denn in dieser Zeit veränderten sich die Handelsmuster. Kaufleute verschiedener Herkunft agierten individuell und nicht nach zentralen staatlichen Plänen, so dass der dauerhafte Einfluss der chinesischen Flotten gering blieb.

Über die offizielle Abwendung Chinas vom Meer rätselt die Forschung bis heute, zumal sie nicht von außen erzwungen wurde.[27] Vielfältige mögliche Ursachen werden hierfür ins Feld geführt. Eine ist die Verlagerung der Hauptstadt von Nanking nach Peking und die Errichtung eines neuen Zentrums im Norden, eine weitere die verstärkte Präsenz an der Landgrenze zu den Mongolen anstelle der maritimen Expansion. Auch der wachsende Einfluss der zivilen Bürokratie wird hierfür verantwortlich gemacht. 1436 wurde der Bau größerer Seeschiffe verboten und die Zahl der zu bauenden kleinen Schiffe reduziert. Um 1500 waren nur noch ein bis zwei Kriegsschiffe von ehemals zehn übriggeblieben.[28]

Erst die Portugiesen und später die Niederländer sollten wieder versuchen, den Handelsaustausch in Südostasien geplant zu übernehmen. Möglicherweise war aber die verstärkte Präsenz der chinesischen Kaufleute im entstehenden Emporium Malakka ein weiteres Resultat der Expeditionen Zheng Hes, der Handel und Schifffahrt in das öffentliche Bewusstsein gerückt hatte.[29]

IV.
Mittelmeer

«Das Meer ist schön in den Augen Gottes, da es die Inseln umspült, die es gleichermaßen schmückt und schützt. Es bringt die entferntesten Kontinente zusammen und ermöglicht den Seeleuten ungehinderten Verkehr. Durch diese bringt es uns die Kenntnis von bisher Unbekanntem. Es bestimmt das Schicksal der Kaufleute im Ausland. Es verbessert leicht die Dinge des Lebens, weil die Wohlhabenden ihren Überfluss exportieren, die Armen sich mit dem Notwendigsten versorgen können.» [1]

Basilius von Caesarea

Das Mittelmeer gilt bis heute als das Paradebeispiel der Meere. Diesen Ausnahmecharakter verdankt es Fernand Braudel und seinem Werk *La Méditerranée*, das erstmals eine Meeresregion in ihren naturräumlichen Bedingungen über die Jahrhunderte darstellte und eine Einheit konstruierte, in der der Mensch diesen Bedingungen ausgeliefert war. Braudel und seine Nachfolger sahen zwar Mittelmeere überall auf der Welt, beispielsweise die Ostsee als nördliches Mittelmeer, aber es kam keiner auf die Idee, das Mittelmeer etwa als südliche Ostsee zu verstehen. Vor Braudel waren es die antiken Schriftsteller wie Herodot und Thukydides, die die Idee der «Meeresherrschaft», der Thalassokratie, entwickelten. Die öffentliche Meinung verbindet mit dem Mittelmeer die Entstehung der Zivilisation in Griechenland, Rom oder im Italien der Renaissance. Dass man dabei sowohl den Osten des Mittelmeeres und damit das Osmanische Reich als auch Nordafrika ausschloss, wurde erst in jüngster Zeit als Defizit empfunden. Gegenwärtig stehen die Verbindungen über das Meer sowie deren Waren und Protagonisten ebenso im Mittelpunkt wie die ökonomische Nutzung und topografische Fragmentierung.[2]

Das obige Zitat des Basilius von Caesarea, der im 4. Jahrhundert lebte und der Elite der gleichnamigen Stadt im östlichen Mittelmeerraum entstammte, illustriert die Geschichte des Mittelmeeres und seiner Verbindungen in einer Zeit des Übergangs. Während aus Basilius noch die spätantike Sicht einer vermeintlichen «Einheit des Mittelmeeres» spricht, zeichneten sich zur gleichen Zeit grundlegende Umbrüche ab. Der Niedergang des Römischen Reiches und die Völkerwanderung bewirkten Verlagerungen von Handel und Schifffahrt. Während das Weströmische Reich zusammenschmolz, stiegen an seiner Peripherie neue Handelszentren wie Venedig auf. Das östliche Mittelmeer wurde von Byzanz beansprucht. Mit dem Siegeszug der Muslime in Nordafrika und im Nahen Osten, wo Alexandria oder Tyros neue Funktionen übernahmen, bildete sich mit Kairo (Fustat) ein Handelsknotenpunkt heraus, dessen Verbindungen bis nach Damaskus und Bagdad im Osten, nach Aden und in den Indischen Ozean im Süden und zu den wichtigen Häfen Kairouan und Córdoba im Westen reichten.

Mit der Eroberung der Inseln Sizilien und Kreta kamen weitere Stützpunkte dazu. Das byzantinische Mittelmeer beschränkte sich danach auf das östliche Bassin und das Schwarze Meer, wobei es den Kaisern gelang, Zypern und Kreta wieder zu gewinnen.

Die muslimischen Eroberungen brachten also den Mittelmeerhandel nicht zum Erliegen, sondern gaben ihm eine neue Struktur. Insbesondere die Nord-Süd-Achse, die in der Antike große Bedeutung gehabt hatte – Nordafrika versorgte Rom mit Getreide – wurde geschwächt, da weder Rom noch Konstantinopel die südlichen Küsten des Mittelmeeres noch kontrollierten. Gleichzeitig dehnte sich das byzantinische Handelsnetz vom Schwarzen Meer über die Ägäis bis zur Adria aus, wo Venedig eine Mittlerrolle zwischen der muslimischen und der christlichen bzw. byzantinischen Welt einnehmen sollte – eine Rolle, die außerdem den Aufstieg Amalfis begründete. Seit dem Jahr 1000 veränderte sich die Situation einmal mehr, da zunehmend lateinische Kaufleute aus Norditalien, der Provence und aus den Ländern der Krone von Aragón den Handel in ihre Hände nahmen. Mit der Eroberung Siziliens, mit der Reconquista und den

Kreuzzügen setzte ein Prozess ein, in dem Städte und Staaten im westlichen Mittelmeer die Schifffahrt übernahmen und bald in den Osten vordrangen. Dabei profitierten die Seefahrer von neuen Navigationstechniken und -hilfsmitteln (Kompass, Portolane) ebenso wie von Veränderungen im Schiffbau (Segel, Ruder, größere Schiffe). Insbesondere die neuen Galeeren konnten, da sie gleichermaßen gerudert wie gesegelt wurden, lange unterwegs sein und größere Warenmengen laden. Sie wurden sogar für die Atlantikroute entwickelt, um für die Winde und Strömungen im Golf von Biskaya besser gerüstet zu sein.[3]

1. Der Aufstieg der Seerepubliken

Protagonisten des Wandels waren die Seerepubliken, die das Mittelmeer in den folgenden Jahrhunderten prägen sollten. Genua und Pisa setzten sich zu Beginn des 11. Jahrhunderts sowohl auf Sizilien als auch auf Sardinien fest. Als republikanische Gemeinwesen waren sie oligarchisch geführt, wobei Handelsfamilien wie die Doria und die Spinola in Genua oder die Visconti in Pisa die Geschicke der Stadt bestimmten. Besonders die Kreuzzüge boten den Seerepubliken die Gelegenheit, durch Truppentransporter und Kriegsschiffe am Austausch mit der Levante zu profitieren. So segelte 1097 während des Ersten Kreuzzuges eine genuesische Flotte nach Osten, um die Belagerung von Antiochia zu unterstützen. Nach der Eroberung der Stadt erhielten die Genuesen von den neuen lateinischen Herrschern Handelsprivilegien hier ebenso wie in Tyros und Akkon, das zu ihrem Hauptsitz wurde. Die Pisaner, die ähnliche Dienstleistungen anbieten konnten, ließen sich in Akkon nieder, um einen Fuß im Orienthandel zu haben.

Am erfolgreichsten waren die Venezianer, die nach bescheidenen Anfängen mit Fischfang und Salzgewinnung ihre Lagune zum kommerziellen Zentrum entwickelt hatten. Zu den Aktivitäten gehörte ebenfalls der Kreuzfahrer- und Pilgertransport in das Heilige Land, für den am Vorabend des Vierten Kreuzzugs rund 40 000 Mark Silber gezahlt wurden. Nachdem Byzanz im Zuge dieses Kreuzzugs 1204 erobert und geplündert worden war, landeten in der Schatzkammer des Markusdoms juwelenbesetzte Kelche, vergoldete und emaillierte Bucheinbände, Reliquien und andere Beutestücke aus dem Kaiserpalast und den Kirchen Konstantinopels.[4] Durch die Eroberung der Stadt und eines Teils des Byzantinischen Reiches, den die Kreuzfahrer unter sich aufteilten, erhielten die Venezianer Zugang zum Schwarzmeerhandel, mussten sich aber gleichzeitig gegen die Bedrohungen aus dem Osten verteidigen und den Widerstand in Kleinasien und auf dem Balkan bekämpfen. Genua versuchte einige Zeit, Venedig seine Besitzungen im östlichen Mittelmeer streitig zu machen, konzentrierte sich dann aber zunehmend auf das westliche Mittelmeer.

Hier hatten im Zuge der Reconquista im 12. Jahrhundert die christlichen Königreiche von Navarra, Aragón und Kastilien-Léon an Einfluss gewonnen. Insbesondere Barcelona baute seine Position im Mittelmeerhandel aus, denn das Haus Aragón war daran interessiert, mit fremden Handwerkern und Kaufleuten die Lücke zu schließen, die die Muslime hinterlassen hatten. Über das Meer kamen Pisaner und Genuesen sowie im 14. Jahrhundert auch Venezianer, Lombarden und Florentiner, die dort Kaufmannsgesellschaften gründeten. Dabei boten die Inseln Mallorca, Menorca und Ibiza, die vom Haus Aragón von den Muslimen erobert wurden, eine ebenso wichtige Basis wie Valencia bzw. die Städte nördlich der Pyrenäen (Montpellier). Katalanische Händler integrierten sich in den Handel im Mittelmeer und bauten diesen im 13. Jahrhundert bis nach Tunis und Alexandria aus. In diesem Zusammenhang spielte der Sklavenhandel, insbesondere mit nordafrikanischen Sklavinnen für die europäischen Märkte, eine wichtige Rolle. Die Mallorquiner handelten regelmäßig mit England und Flandern, so dass Wolle und flämische Tuche direkt in den Mittelmeerraum gebracht werden konnten, wo sie in Werkstätten in Florenz, Barcelona und anderen Städten weiterverarbeitet wurden. Gleichzeitig transportierten die Katalanen und Italiener Alaun, das man für die Textilverarbeitung benötigte und das in Phokaia an der Küste Kleinasiens gewonnen wurde, über Mittelmeer, Atlantik und Nordsee in die flämischen Tuchzentren Brügge, Gent und Ypern.[5]

Die Voraussetzung für die Handelsexpansion bildete die sogenannte kommerzielle Revolution des 12. und 13. Jahrhunderts. Dieser Begriff bezeichnet die grundlegenden Veränderungen der Geschäftsmethoden und der Handelsorganisation, mit denen italienische Kaufleute im 13. Jahrhundert den kaufmännischen Betrieb rationalisierten und damit effektiver gestalteten. So kauften sie nicht länger flämisches Tuch auf den Messen der Champagne, sondern ließen sich in dessen Produktionsgebieten, insbesondere in Brügge, dauerhaft nieder. Der Grund für dieses Vorgehen lag in einem Wachstum des südeuropäischen Luxusgüterhandels, der eine Arbeitsteilung im Handel notwendig und lukrativ machte. Jetzt musste der Fernhandelskaufmann seine Waren nicht mehr per Schiff selbst zu den Messen begleiten, sondern dirigierte von seinem Kontor in Genua, Florenz oder Pisa aus die Handelsgeschäfte seiner Firma. In den Produktionsgebieten und Absatzmärkten der damaligen Handelswelt saßen Faktoren, die vor Ort kauften und verkauften, während Schiffer und Fuhrleute die Güter beförderten. So unterhielt eine Firma wie das Florentiner Handelshaus der Bardi im 14. Jahrhundert ein Netz von Filialen, das sich von Zypern im Osten bis Flandern und England im Westen erstreckte. Neue Formen der Geschäftspartnerschaft, der Buchführung, des bargeldlosen Zahlungsverkehrs und der Versicherung folgten der Handelsexpansion.[6]

Die Seeversicherung ist erstmals im 14. Jahrhundert in Florenz durch den Kaufmann Francesco del Bene bezeugt, der einen Transport von Tuchen nach Florenz versicherte. Pisaner Kaufleute minimierten ebenfalls das Risiko der Tuchverschiffung nach Salerno mit Hilfe von Versicherungen. Aber auch für schwangere Sklavinnen wurden vor dem Antritt einer Seereise Versicherungen abgeschlossen. Hieraus sollte sich im 15. Jahrhundert ein neues Geschäftsmodell entwickeln.[7]

Ein Beispiel für die Integration des Handels im Mittelmeer sind die Gold- und Silberströme, die gleichfalls andere europäische Regionen an das Mittelmeer anschlossen. Denn das Silber stammte aus den

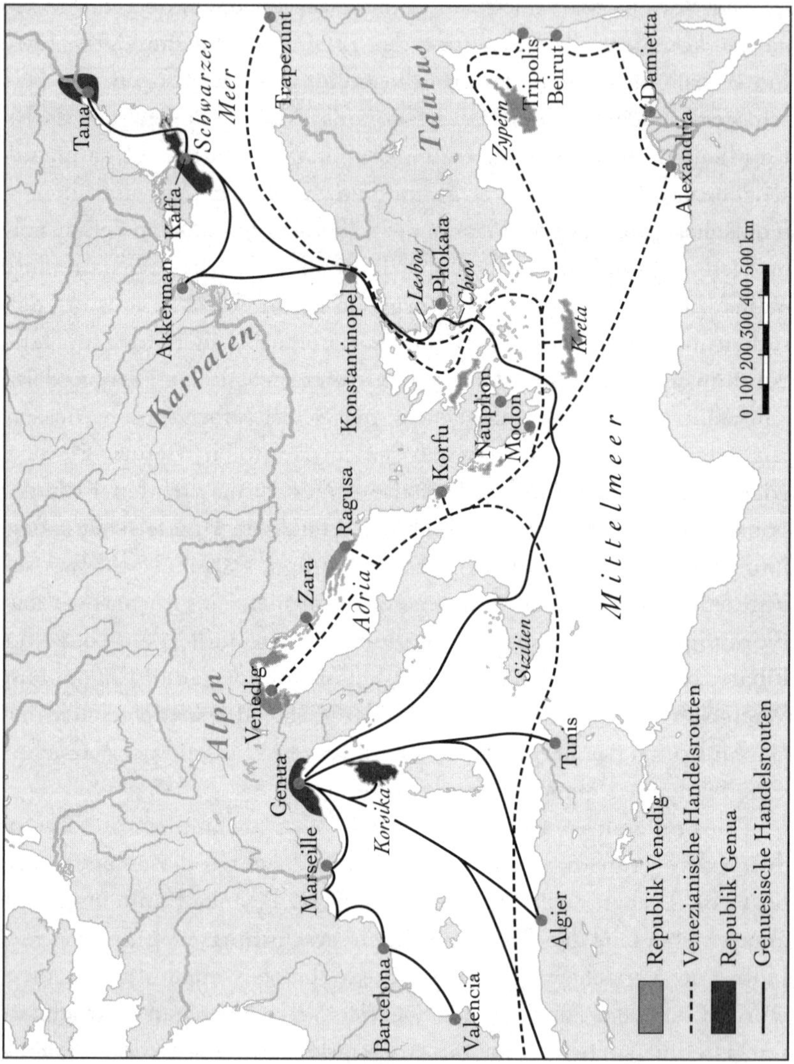

Karte 8: Schifffahrts- und Handelsrouten Venedigs und Genuas im Mittelmeer

Bergbaugebieten Mitteleuropas und floss im Handel nach Westen und Süden. Die Genuesen und Pisaner zahlten wiederum mit Silber in Sizilien und Süditalien, und schließlich zog der expandierende genuesische und venezianische Levantehandel einen wachsenden Silberstrom nach sich. Hatten Genuesen und Venezianer im 12. und 13. Jahrhundert vor allem Baumwoll- und Leinengewebe, raffinierten Zucker und Glas in Syrien eingekauft und indische Gewürze erworben, die auf dem Karawanenweg durch die Levante transportiert worden waren, so richtete sich das Interesse der Italiener im ausgehenden 13. und im 14. Jahrhundert immer mehr auf die syrischen Rohstoffe. Rohbaumwolle wurde nun im großen Stil importiert und in der Lombardei verarbeitet, Rohzucker in Venedig raffiniert und in Murano eine venezianische Glasindustrie aufgebaut, deren Produkte sowohl im Nahen Osten als auch nördlich der Alpen Absatz fanden. Insbesondere auf einer neuen Nordroute entlang des Schwarzen Meeres wurden deshalb seit der Mitte des 13. Jahrhunderts über Konstantinopel, Kaffa auf der Krim und Tana am Asowschen Meer immer mehr Silberbarren nach Vorderasien gebracht, die zum Teil weiter nach Indien und China flossen.

Während das christliche Europa in wachsenden Mengen Silber förderte, vermünzte und exportierte, dominierte in der islamischen Welt bis zur Ankunft des mitteleuropäischen Silbers das Gold als Währungsmetall. Dieses wurde im damaligen Westsudan an den Oberläufen des Senegal und des Niger gewonnen, von wo es auf verschiedenen Routen durch die Sahara nach Norden und nach Osten gelangte: in das maurische Spanien, nach Tunis und Mahdia im heutigen Tunesien sowie nach Ägypten. Hier lockte das Gold Sizilianer, Pisaner und Genuesen, die sich aktiv am afrikanischen Handel beteiligten.

Da Goldmünzen im Handel mit Süditalien, Sizilien und Spanien unentbehrlich waren und außerdem der genuesische Mittelmeerhandel zwischen dem Maghreb und der Levante zunehmend Gold abwarf, führte die Seerepublik 1252 eine erste eigene Goldmünze, den Genovino, ein. Florenz, das ebenfalls für seine Getreidekäufe in Sizilien Goldgeld benötigte, folgte noch im selben Jahr mit dem

Fiorino, der als Floren oder Gulden europäische Geldgeschichte machen sollte.[8]

2. Die neue Handelsmacht in der Levante

Seit der zweiten Hälfte des 14. Jahrhunderts zeichneten sich im Bereich des östlichen Mittelmeeres durch das Vordringen der Mameluken und Osmanen Strukturveränderungen ab, die den westlichen Mittelmeerraum veränderten. Die Eroberung Akkons 1291 durch die Mameluken sowie das päpstliche Verbot, mit den Sarazenen Handel zu treiben, ließen die Genuesen, die sowohl den Handel im westlichen Mittelmeer als auch im Schwarzen Meer dominierten, erstmals an die Erkundung eines Seewegs um Afrika herum denken. Obwohl die Expedition der Gebrüder Vivaldi im 13. Jahrhundert wahrscheinlich nicht viel weiter als bis nach Nordafrika gelangte, war der Kontinent den Genuesen nicht ganz unbekannt. Im 14. Jahrhundert drangen dann Genuesen, Katalanen und Mallorquiner in den Atlantik vor, wo sie wahrscheinlich schon vor 1350 die Kanaren, möglicherweise die Madeira-Gruppe und sogar die Azoren entdeckten.[9] So zeigt der Katalanische Weltatlas von 1375 mit einer Karte des Schwarzen Meeres, des Mittelmeeres und der Atlantikküste bereits genaue Entfernungen und Küstenverläufe, an denen man sich beim Steuern eines Schiffes orientieren konnte.[10]

Das Osmanische Reich hatte zunächst keine maritimen Ambitionen. Von einem kleinen Emirat in Nordwestanatolien aus eroberten die Osmanen zunächst Bursa sowie die letzten byzantinischen Besitzungen in Anatolien. In den 1350er Jahren folgten Vorstöße auf den Balkan und bald schon wurde die Hauptstadt von Bursa nach Adrianopel (Edirne) verlegt. Nach der Einnahme weiterer Städte wie Sofia, Nisch und Thessaloniki kam es 1389 zu der berühmten Schlacht auf dem Amselfeld, die das Ende der serbischen Herrschaft bedeutete. Allein das Handelszentrum Ragusa, das ungarische Kroatien und die Inseln im östlichen Mittelmeer konnten sich ebenso wie die dalmatinischen Küstenstädte aufgrund der venezianischen Stellung behaupten. Stattdessen drangen die Osmanen nach der endgültigen Eroberung von Byzanz 1453 in den Schwarzmeerraum vor, wo der vor allem von den Genuesen frequentierte Hafen Akkerman besetzt wurde. Das Schwarze Meer avancierte zu einer Domäne islamischer Kaufleute, bald aber auch sephardischer Juden, die aus dem westlichen Mittelmeer vertrieben worden waren.[11]

Die Genuesen litten zwar unter dieser Entwicklung, machten hieraus aber das Beste, indem sie etwa die Zuckerproduktion zunächst in das westliche Mittelmeergebiet und später in den Atlantikraum verlagerten. Selbst der Verlust der Alaunquellen in Phokaia wurde durch die Entdeckung der Alaunvorkommen in Tolfa in Italien kompensiert. Gleichzeitig handelten die Kaufleute weiterhin mit der Levante, wobei neben Venedig vor allem Aragón als neuer Akteur auf den Plan trat. Hierbei ermöglichte die Eroberung Neapels den Aragonesen nicht nur die Kontrolle des Handels mit Süditalien, sondern verhalf auch Valencia, dem Sitz der See- und Handelsgerichtsbarkeit, zu weiterer Bedeutung. Auf der Iberischen Halbinsel spielte der Warenverkehr mit den verbliebenen muslimischen Gebieten (Granada) in der Folge eine bedeutende Rolle. Dort trafen sich Genuesen, Florentiner und katalanische Kaufleute mit Muslimen und Juden, um Seide, getrocknete Früchte und Keramik zu erwerben.[12]

Nach der Eroberung Granadas 1492 brach dieser Handel zusammen, zumal Muslime und Juden zur Konversion gezwungen oder vertrieben wurden. Die Juden fanden zunächst in Süditalien und Portugal und nach ihrer dortigen Vertreibung in Nordafrika und im östlichen Mittelmeer Aufnahme. Insbesondere im Osmanischen Reich sollten die Sepharden als Kaufleute und Handwerker eine wichtige Bereicherung der ökonomischen Infrastruktur darstellen.

Durch die osmanische Eroberung Syriens und Ägyptens (1516/17) entstand ein osmanisches Mittelmeer, befanden sich jetzt doch insgesamt drei Viertel der Küstenlinie unter Istanbuls Kontrolle.[13]

Die Osmanen kurbelten Wirtschaft und Handel in den von ihnen besetzten Gebieten an. So entstand in Bursa ein Handelszentrum für Gewürze und Farbstoffe aus dem Osten, Güter, die, ebenso wie Pilger, auf Kamelkarawanen von Mekka nach Bursa transportiert wurden. Obwohl die Portugiesen im 16. Jahrhundert den Seehandel, insbesondere den Handel mit Gold und afrikanischen Sklaven, über den Atlantik umlenkten, öffnete der Siegeszug der Osmanen das westliche Mittelmeer aufs Neue für die Waren des Ostens. So wurde zum Beispiel Baumwolle aus Anatolien über Izmir nach Westen verschifft. Daneben handelte das Osmanische Reich über seine Vasallenstaaten Moldau und Walachei mit Russland und Polen-Litauen, auf deren Märkten die Nachfrage nach orientalischen Waren wuchs. Bereits im ausgehenden 15. Jahrhundert hatte ein Kaufmann aus Bursa Seife und Ingwer aus Arabien im Austausch gegen Messer aus der Walachei geliefert, von denen er bei seinem Tode über 11 000 besaß.[14]

Auch in anderen Hafenstädten waren Kaufleute aus dem Osmanischen Reich auf dem Vormarsch. Mit der Eroberung Istanbuls und dem Ausbau zur Hauptstadt verlagerten sich die Handelsströme erneut: weg von den von den Italienern betriebenen internationalen Handelsrouten, hin zur Versorgung der Hauptstadt. Entsprechend dominierte bis ins 18. Jahrhundert der Handel innerhalb des Osmanischen Reiches den Außenhandel. Man kann sogar sagen, dass die Osmanen das Byzantinische Reich, was die Handelsausprägung betraf, wiederherstellten, wobei einheimische christliche Kaufleute, insbesondere Griechen und Armenier, mehr von dem Rückzug der Italiener profitierten, als ihre muslimischen Kollegen.[15]

Die ökonomische und kulturelle Versorgung Istanbuls erfolgte von verschiedenen Seiten. Bewohner der Dodekanes-Inseln übernahmen den Schiffsverkehr zwischen Alexandria und Istanbul, und osmanische Kaufleute ließen sich im 17. und 18. Jahrhundert in den ägyptischen Hafenstädten nieder. Thessaloniki war ein wichtiger Importhafen für Waren aus Ägypten, woher man vor allem Kaffee bezog. Mit italienischen Kaufleuten trafen sich die osmanischen Händler in Ancona, wo sie ihnen Textilien verkauften. Daran änderte auch die Integration von Ancona in den Kirchenstaat (1532) nichts. Das Schwarze Meer war eine weitere Domäne osmanischer, insbesondere griechischer, Geschäftsleute, die von dort aus den Pelzhandel mit Russland betrieben. Mit der habsburgischen Zurückdrängung der Türken seit dem späten 17. Jahrhundert blühte der Handel mit dem

Balkan, wo griechische Kaufleute Getreide, Häute, Fleisch, Öl, Wachs, Baumwolle, Tabak und Holz vertrieben. Unabhängig davon handelten französische, niederländische und englische Kaufleute mit dem Osmanischen Reich, erhielten Handelsprivilegien – sogenannte Kapitulationen – und eröffneten Konsulate in Izmir, Thessaloniki und an den Dardanellen.

Ein Beispiel, wie die westeuropäischen Seemächte das Mittelmeergebiet mit anderen Handelsregionen der Welt verbanden, stellen die Niederlande dar, deren Präsenz im Mittelmeerraum Fernand Braudel als «Northern Invasion» diffamiert hat. Im ausgehenden 16. Jahrhundert, als Missernten West- und Südeuropa heimsuchten, konnten die Holländer ihr Getreidemonopol für Ostseegetreide ausspielen und den Handel mit Südeuropa intensivieren. Niederländische Kaufleute ließen sich in Venedig nieder und verbanden das Mittelmeer mit Nord- und Ostsee.[16] Damit änderte sich allmählich das Warensortiment im niederländischen Ostseehandel. Nicht mehr allein Salz, Hering und Wein wurden in diese Region exportiert, sondern auch hochwertige Waren wie Gewürze, Zucker, Südfrüchte und Textilien.

Zur selben Zeit begann der niederländische Handel mit der Levante. 1595 ankerte ein erstes holländisches Schiff an der syrischen Küste. Es hatte Silber im Wert von 100 000 Dukaten an Bord, um damit Gewürze und Seide in Aleppo zu kaufen. Die venezianischen, französischen und englischen Kaufleute in der Levante waren irritiert ob der neuen Konkurrenz, obwohl der alte Zwischenhandel Venedigs noch nicht bedroht war.

Mit der Zeit übernahmen niederländische Schiffe Transportdienste: Sie beförderten Salz und Wolle aus Spanien nach Italien und versorgten andererseits den Mittelmeerraum über die Kaproute mit ostindischem Pfeffer und Gewürzen, die bisher aus der Levante bezogen worden waren. Außerdem kauften sie Baumwolle und persische Rohseide ein. Nach dem Westfälischen Frieden 1648 brachten die Niederländer sowohl den Handel mit spanischer Wolle als auch mit türkischem Kamel- und Ziegenhaar in ihre Hand und sicherten sich so die Rohstoffe für die Leidener Laken- und Kamelottefabrikation. Deren Produkte wurden dann im Mittelmeerraum, auch im

Osmanischen Reich, abgesetzt. Jedoch währte die holländische ökonomische Vorherrschaft in diesem Raum nur so lange, bis im ausgehenden 17. Jahrhundert französische Produkte die Märkte des Osmanischen Reiches eroberten.[17]

Der Personenverkehr auf dem Mittelmeer erfolgte großenteils auf westeuropäischen Schiffen. So erfahren wir aus dem Reisebericht des Emirs Fakhr-al-Din II. aus Chouf im heutigen Libanon, dass seine Reise auf einem flämischen Schiff nach Italien von zwei Galeonen Malteser Korsaren unterbrochen wurde.[18]

Im 18. Jahrhundert kam mit Russland ein weiterer maritimer Akteur hinzu. Während alle westeuropäischen Seemächte mit dem Osmanischen Reich Handel zu treiben versuchten, drängte das Zarenreich außerdem auf die Öffnung des Schwarzen Meeres und die freie Passage durch die Dardanellen. Katharina die Große hatte zu diesem Zweck um 1770 die russische Ostseeflotte um Gibraltar herum mit dem Auftrag in das Mittelmeer geschickt, die Dardanellen zu blockieren und Konstantinopel aus westlicher Richtung zu erreichen. Das osmanische Schifffahrtsmonopol durch die Dardanellen und im Schwarzen Meer bröckelte und der Frieden von Küçük Kaynarca (1774) besiegelte dann die freie und ungehinderte Schifffahrt für Handelsschiffe Russlands und des Osmanischen Reiches. Andere europäische Mächte folgten und erhielten wie Österreich (1784), England (1799), Frankreich (1802) und Preußen (1806) freien Zugang für ihre Handelsschiffe.

Für die europäischen Mächte besaß der Warenverkehr im östlichen Mittelmeer- und im Schwarzmeerraum weiterhin eine erhebliche Bedeutung. Dies verdeutlichen die Handelsstatistiken Großbritanniens und der Niederlande, denen zufolge erst im ausgehenden 18. Jahrhundert die Einfuhren aus dem Mittelmeergebiet wertmäßig von denen aus Asien verdrängt wurden.[19] Obwohl Frankreich das Mittelmeer, insbesondere im Westen, zunehmend als seine Handels- und Schifffahrtsdomäne ansah, spielten griechische Kaufleute und Kapitäne aus dem Osmanischen Reich nach wie vor eine wichtige Rolle.

Während des Siebenjährigen Krieges waren sie als Freibeuter für die verschiedenen europäischen Mächte, insbesondere die Briten, tätig und auch die russisch-osmanischen Auseinandersetzungen boten vergleichbare Möglichkeiten. In den 1780er Jahren operierten 400 griechische Schiffe im Mittelmeer. Gleichzeitig lebten griechische und armenische Kaufleute in Amsterdam, Livorno, Venedig, Wien, Triest u. a., wo sie Handel und Finanzverkehr zwischen dem Osmanischen Reich und Westeuropa dominierten.[20]

3. Ein sicheres, aber teures Transportmittel: Die Galeeren

Das Arsenal in Venedig, das vielen Waffen- und Munitionslagern im frühneuzeitlichen Europa seinen Namen gab, war im Mittelalter die größte europäische Schiffswerft. Der Name leitet sich vom arabischen *dar al-sina'a* ab, was so viel wie «Werkstatt» bedeutet. Von der Werkstatt unterschied sich das Arsenal durch seine Arbeitsteilung, in der, vergleichbar einer modernen Fließbandfertigung, die Schiffe aus vorfabrizierten standardisierten Teilen zusammengesetzt wurden. Diese Art der Fertigung, die wir später (17. Jahrhundert) wieder bei den niederländischen *fluyten* antreffen, erstaunte die Zeitgenossen wie den Kastilier Pero Tafur, der im 15. Jahrhundert mehrfach Venedig besuchte:

> «Es gibt ein Arsenal in Venedig, das ist das beste der Welt, sowohl für die Artillerie als auch für alle in der Schifffahrt benötigten Dinge. Das Meer fließt dort hinein und die Schiffe können es direkt anlaufen, nachdem sie die Befestigungen passiert haben. Man hat mir gesagt, dass einschließlich der Kriegsgaleeren, der Kaufmannsschiffe und der Schiffe, die sich im Wasser und auf den Docks befanden, es sich insgesamt um 80 Galeeren handelte – ohne die anderen Schiffe. Als ich eines Tages von der Messe in St. Markus kam, sah ich rund 20 Leute den Platz betreten. Einige trugen Bänke, andere Tische und Stühle, und noch andere große Säcke mit Geld. Daraufhin ertönte eine Trompete und die große Glocke, die sie Ratsglocke nennen, schlug und innerhalb einer Stunde war der Platz voll von Männern, die ihren Lohn erhielten und in das Arsenal gingen. Wenn man dort das Tor betritt, befindet sich eine große Straße auf jeder Seite mit dem Meer in der Mitte. Auf beiden Seiten öffneten sich die Fenster

> der Häuser des Arsenals und heraus kam eine Galeere, gezogen von einem Boot. Von einem Fenster händigte man die Takelage aus, von einem anderen Brot, von einem anderen Waffen, von einem weiteren Kugeln und Mörser und so von allen Seiten das, was benötigt wurde. Als die Galeere das Ende der Straße erreicht hatte, waren alle Männer, die man benötigte, an Bord und das Schiff war zusammen mit den Rudern von vorne bis hinten ausgestattet. Auf diese Weise kamen zehn Galeeren voll bewaffnet zwischen der dritten und neunten Stunde aus dem Arsenal. Ich weiß nicht, wie ich das beschreiben soll, was ich dort sah, weder in Bezug auf die Konstruktion noch in Bezug auf die Organisation der Arbeit, und ich glaube nicht, dass es etwas Besseres in der Welt gibt.»[21]

In dieser Zeit erlebten die venezianischen Handelsgaleeren ihren letzten Höhepunkt. Nach den Schätzungen des Dogen Tommaso Mocenigo unterhielt Venedig im Jahre 1423 45 Galeeren mit 11 000 Seeleuten, wozu noch 300 Rundschiffe[22] und 3000 kleinere Schiffe mit zusammen 25 000 Mann Besatzung kamen. Nach dieser Schätzung waren rund ein Viertel der 150 000 Bewohner der Lagune (der venezianischen Bevölkerung) als Seeleute tätig. Die Zahl der Galeeren nahm im Laufe des 15. Jahrhunderts sogar noch weiter zu, so dass bis zu 180 von ihnen im Einsatz waren. Die größten trugen eine Last von 250 bis 300 Tonnen und ihr Einsatz wurde vom venezianischen Senat genau geregelt. Galeeren waren aufgrund ihrer Bewaffnung ein sicheres, aber teures Transportmittel. Entsprechend sollten sie wertvoller Ladung vorbehalten sein, mit der man sie finanzieren konnte. Insbesondere die Galeeren nach Alexandria, die in der ägyptischen Hafenstadt Gewürzladungen aus dem Osten aufnahmen, lohnten den Einsatz. Die Ladungen, die auf dem Hinweg nach Osten weitgehend aus Silberbarren, Gold- und Silbermünzen bestanden und pro Galeere bis zu 100 000[23] Dukaten ausmachen konnten, dokumentieren den Wert dieses Transportgeschäfts. Entsprechend war der Gewürztransport diesem Schiffstyp vorbehalten, während Rundschiffe Gewürze nur transportieren durften, wenn nicht genügend Schiffsraum auf den Galeeren zur Verfügung stand. Um den schnellen Umschlag zu sichern, legte der Senat zudem fest, dass die Galeeren in Alexandria nicht länger als 20 Tage nach ihrer

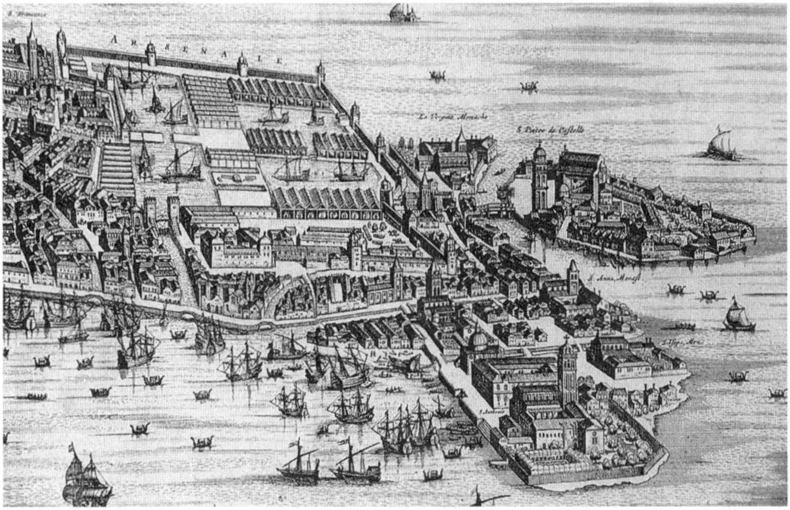

Abb. 4: Arsenal von Venedig auf einer Karte aus dem Jahre 1724

Ankunft und nicht später als am 20. November Waren in Alexandria laden durften. Auf diese Weise sollten sie zur Weihnachtsmesse wieder in Venedig sein. Die großen Schiffe wurden von der Regierung für bestimmte Reiserouten versteigert und der höchste Bieter erhielt, wenn ihn der Senat akzeptierte, im Auftrag einer Gruppe von Investoren einen Charter zur Operation der Galeere.[24] Als Meister der Galeere war er dann gleichzeitig der Verantwortliche für die Ladung, für den sicheren Einsatz der Galeere und für die Entlohnung der Mannschaften. Darüber hinaus legte der Senat die Frachtraten fest. Während die Fahrt nach Osten so profitabel war, dass die Bieterkonsortien darum konkurrierten, mussten für die westlichen Fahrten, etwa nach Flandern, vom Senat attraktive Angebote gemacht werden. Die Festlegung der Frachtraten schuf Transparenz und verhinderte, dass die Galeerenmeister ihre Finanziers betrügen konnten. An Bord kontrollierte nämlich der Kapitän, der das Schiff kommandierte, auch die aufgenommene Ladung im Detail.[25]

Obwohl der venezianische Schiffsverkehr im Mittelmeer und nach Westeuropa als Erfolgsgeschichte erscheint, sollten die Gefahren von Schiffbruch nicht unterschätzt werden. Denn es herrschten unterschiedliche Witterungs- und Strömungsbedingungen im Mittelmeer und im Atlantik, so dass die Schiffe, selbst wenn sie daraufhin angepasst worden waren, leicht Schiffbruch erleiden konnten. Besonders gut ist hier das Desaster der Karacke *Querina* des mitreisenden Venezianers Pietro Querini dokumentiert, die am 25. April 1431 den Hafen von Kreta verließ, um Wein und Zypressenholz nach Brügge zu bringen. Bereits vor Cádiz lief das Schiff am 2. Juni auf Grund, was einen längeren Reparaturaufenthalt zur Folge hatte. Um kriegerischen Auseinandersetzungen mit Genua aus dem Weg zu gehen, verließ man die Küste und erreichte Ende August 1431 Lissabon und Ende Oktober Muros. Im November verlor das Schiff im Atlantik schließlich die Dollen (Ruderlager), so dass es im Sturm kaum mehr steuerbar war und weit vom Kurs abgetrieben wurde. Die Unwetter im Nordatlantik machten mit dem Boot, was sie wollten, und alle Gebete schienen zunächst keine Hilfe zu bringen. Da das Schiff zu kentern und zu sinken drohte, begab sich die Besatzung in zwei Rettungsboote, die gerudert wurden. Während das eine mit 21 Insassen nicht mehr auftauchte, versuchte Querini das größere Boot mit 47 Mann Besatzung durch Rudern auf Kurs zu halten. Nachdem man zum Jahresende bereits alle Hoffnung aufgegeben hatte, gelangte das Schiff im Januar 1432 in Küstennähe und landete auf einer schneebedeckten Schäreninsel in Nordnorwegen. Nur noch 16 Männer sollten sich in den nächsten Wochen mit Schiffszwieback und Muscheln am Leben halten. Nach weiteren Todesfällen erreichten die Überlebenden eine Fischerhütte, in der sie Feuer machten. Auf die Rauchschwaden aufmerksam geworden, nahmen einige Fischer der Insel Røst einen Teil der halbverhungerten Besatzung auf. Bis zum Mai 1433 konnten sich die Venezianer erholen und innerhalb der von ihnen mit Staunen wahrgenommenen christlichen Gemeinschaft für die Rückreise stärken. Diese führte per Schiff nach Trondheim und dann zu Fuß über Vadstena an die schwedische Ostseeküste, von wo aus einige über Rostock, andere über Lödöse, London und dann auf dem Kontinent zu Pferde nach Venedig reisten. Kennengelernt hatten die Venezianer in Norwegen den Stockfisch, dessen Import nach Italien sie in den nächsten Jahren anregten.[26]

Um 1500 ging die Zeit der Galeeren zu Ende, wofür verschiedene Faktoren verantwortlich waren. Durch die Verbesserung der Rundschiffe, insbesondere was die Takelage der Karacken oder Galeonen anging, ergaben sich Preisvorteile und außerdem machte das Vordringen der Osmanen im östlichen Mittelmeer bestimmte Fahrten der Galeeren, etwa in Richtung Balkan, nach Konstantinopel und ins Schwarze Meer, obsolet.

Die Fahrten nach Nordafrika dagegen wurden fortgesetzt, zumal durch die osmanische Besetzung Konstantinopels und des Balkans der Nachschub slawischer und tartarischer Sklaven zurückging[27] und die Nachfrage nach Afrikanern wuchs. Dagegen verloren die Flanderngaleeren an Bedeutung, konnten die Venezianer doch immer weniger Gewürze liefern. Nachdem die Portugiesen begonnen hatten, Pfeffer von der Malabarküste in Lissabon und Antwerpen zu verkaufen, fiel das venezianische Handelsmonopol mit Alexandria. Um die Versorgung mit Gewürzen sicherzustellen, erlaubte der Senat 1514 auch Karacken den Transport nach Venedig. Nachdem aber im Jahre 1524 die Karacke *Corneira* einer Galeere die Gewürze weggeschnappt hatte, wurden die Galeeren für diese Fracht wieder privilegiert. Inzwischen jedoch luden Schiffe anderer Nationen zu jeder Zeit Gewürze in Alexandria, was dazu führte, dass 1564 die Privilegierung der Galeeren widerrufen wurde und die Gewürze auf Karacken nach Venedig gebracht wurden. Neben diesen zum Teil hausgemachten Veränderungen im Frachtsystem fiel die Reorientierung des Handels im östlichen Mittelmeergebiet ins Gewicht, das sich zunehmend auf die Versorgung des neuen Zentrums Istanbul einstellte.[28]

4. Handelsplätze und Netzwerke

Frühe Beispiele für den Mittelmeerhandel um die Jahrtausendwende bieten die sogenannten Genizabriefe aus Kairo, die wir bereits für Schiffsverkehr und Handel auf der Arabischen See und dem Indischen Ozean als wichtige Quellen kennengelernt haben. Sie dokumentieren das Leben und die Reisen der Kaufleute von Alexandria im westlichen und östlichen Mittelmeerraum und lassen ganze Biografien erahnen.

Einer dieser Protagonisten, der durch die Forschungen von Jessica Goldberg ans Licht gebracht wurde, war Abu Imran Musa, der von seinen Freunden Musa genannt wurde. Geboren in Kairouan im heutigen Tunesien, ließ er sich als junger Mann um 1045 in Alexandria nieder, heiratete in eine jüdisch-ägyptische Familie ein und wurde ein wichtiges Mitglied der jüdisch-ägyptischen Kaufmannschaft und der jüdischen Gemeinde der Stadt. Er ist in mehr als 60 Briefen erwähnt, die einen Teil seiner Reisen dokumentieren. Da Musa noch im Jahre 1107 Briefe schrieb, muss er vergleichsweise alt geworden sein, hatte er doch bereits zwischen 1040 und 1070 sein Handelsunternehmen aufgebaut. Er reiste viel, um Leute und Handelsplätze kennenzulernen und persönliche Netzwerke zu pflegen und zu erweitern. Nicht nur in Ägypten besuchte Musa verschiedene Häfen und Produzenten, er fuhr mit dem Schiff auch in den Westen, nach Tunesien oder in das arabische Sizilien, ebenso indes in das heutige Palästina, damals Al-Scham genannt.

Viele Reisen waren mit spezifischen Handelsgeschäften und -waren verbunden. So übernahm Musa am Anfang seiner Karriere den Geldtransfer von Mahdia und Fustat für andere Kaufleute, aber er verkaufte auch in Mazara auf Sizilien Ammoniak und Pfeffer. Musa war bemüht, die Rundreise von Alexandria über Tunesien nach Sizilien und wieder zurück jeweils in der Schifffahrtssaison von Frühjahr bis Herbst zu Ende zu bringen und den Winter in Ägypten zu verbringen. Wenn die Zeit eng wurde, verkaufte er seine Waren in Sizilien oder hinterließ sie Geschäftspartnern[29] mit der Bitte, sie zu verkaufen. In Palästina kaufte er in der Regel fertige Textilien, vor allem Kleidungsstücke in Askalon oder Tyros sowie Teppiche und Kissen im Binnenland. Gleichzeitig brachte er Waren aus dem Westen dorthin, wenn er sie nicht in seinem Laden in Fustat oder in Alexandria verkaufte. In Ägypten führten ihn seine Reisen nach Fustat, Raschid oder Busir und dienten vor allem dem Ankauf von Flachs, einem seiner wichtigsten Handelsprodukte, den er regelmä-

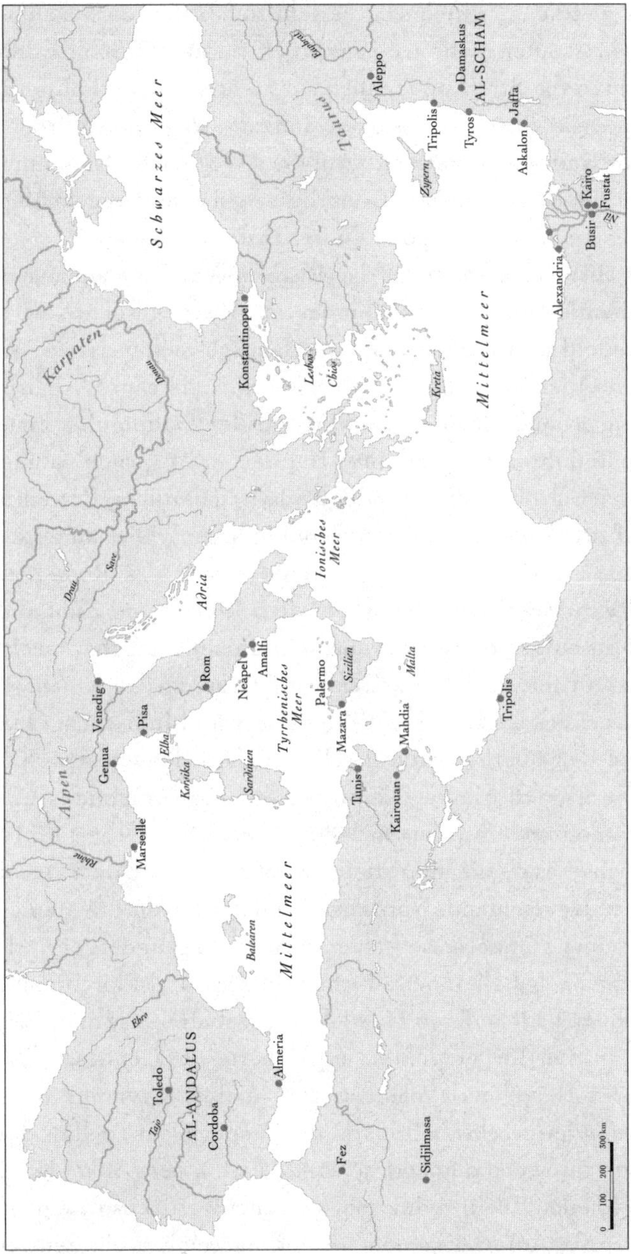

Karte 9: Handelsplätze der Genizakaufleute

ßig ins westliche Mittelmeer verschiffte. Dabei darf man sich die Schifffahrtsrouten nicht in einem Stück vorstellen; Schiffe und Kaufleute legten die Strecken vielmehr in mehreren Abschnitten zurück, beispielsweise Fustat – Kairouan, Fustat – Palermo, Kairouan – Al-Andalus, Kairouan – Palermo. Auf dem Weg nach Osten nutzten die Händler die Route Fustat – Damaskus, wobei man regelmäßig in Tyros und manchmal in Tripolis Zwischenstation machte.[30]

Die Historiker haben in der Regel im Zusammenhang mit den Genizakaufleuten nach berühmten Händlern gesucht, die Pfeffer, Perlen, Gold und Gewürze in der islamisch-mediterranen Welt vermittelten. Aber Kaufleute wie Musa belegen, dass im 11. Jahrhundert die Agrarproduktion und der Vertrieb des Hauptgutes Flachs den größten Teil ihrer Zeit und ihres Kapitals in Anspruch nahmen. Das zeigt, welch großen Einfluss die landwirtschaftliche Produktion auf Geschäftszyklen und Schifffahrtsrouten hatte.[31] Dies änderte sich im folgenden Jahrhundert, als der Handel über das Rote Meer eine ganze Reihe von Gewürzen, wie Pfeffer, Ingwer und Zimt, preiswerter und für eine mittlere Konsumentenschicht verfügbar machte. Daher konzentrierten sich die Genizakaufleute später zunehmend auf den Warenverkehr zwischen Rotem Meer und Indischem Ozean.[32]

Einer der überlieferungsgeschichtlich bedeutendsten Kaufleute war Francesco di Marco Datini, der aus Prato stammte, in Florenz und Avignon seine Kaufmannslehre absolvierte und seit 1373 eine eigene Firma besaß, die im Mittelmeerraum und von dort aus bis nach Flandern, Deutschland, Nordafrika und der Levante Waren vertrieb. Neben seiner Handelsgesellschaft in Avignon gründete er nach seiner Rückkehr nach Italien neue Firmen in Pisa und Florenz und beteiligte sich auch an anderen Handelsgesellschaften wie zum Beispiel in Genua. In den 1390er Jahren expandierte die Genueser Firma mit Filialen in Barcelona, Valencia und Mallorca, woraus die katalanische Handelsgesellschaft Datinis entstand. Dem Tuchproduktionszentrum Prato entstammend, schenkte Datini dem Ankauf von Wolle aus der lokalen Tuchproduktion, der Tuchweberei sowie dem Tuchabsatz große Aufmerksamkeit. Er bezog seine Wolle teilweise aus England, vor allem aber von den Balearen, denn italienische Tuchproduzenten waren abhängig von spanischen Wolllieferungen.[33] Hinzu kamen Wechsel- und Kreditgeschäfte im Stile der toskanischen Kaufmannsbankiers.

Das Beispiel von Datinis katalanischer Gesellschaft illustriert die Profitabilität und die Offenheit des Handels. Zwischen 1396 und 1408 machte die Gesellschaft einen Gewinn von 30 276 Gulden, was einer jährlichen Verzinsung des investierten Kapitals von etwa 24 % entspricht. Die Gesellschaft operierte im Mittelmeerraum und in Westeuropa, wo die Vermittlung der Waren am lukrativsten erschien. Der wichtigste Hafen war Venedig, über den man sowohl Deutschland als auch die Levante erreichte. Diese verkauften Silber, Kupfer, Papier, Baumwolle, Rhabarber und Gewürze nach Barcelona. Nach Brügge schickte Datini Seide, Baumwolle, Alaun und Farbstoffe und im Austausch erhielten die Florentiner flämische Tuche, Socken, Leinen, Krapp und Zinn für den Versand nach Spanien. Die Kaufleute der katalanischen Gesellschaft brachten Seide, Baumwolle sowie Kermesläuse und Straußenfedern nach Montpellier und von dort aus weiter in andere Regionen.

«Ich freue mich, dass du uns Straußenfedern schickst, nicht zu viele, aber schön», schrieb der valencianische Faktor der Kompanie Luca del Sera 1397 an seinen Kollegen Cristofano Carocci in Mallorca. Straußenfedern von der Berberküste waren ein Luxusgut, das auf den europäischen Märkten eingeführt wurde und aufgrund seiner Brüchigkeit besonders vorsichtig behandelt werden musste. Die Federn nutzte man zur Dekoration von Hüten und Helmen und auch bei den durchziehenden Truppen herrschte eine rege Nachfrage. Straußenfedern kamen auf Schiffen von Alcudia und Honaïne nach Valencia und Mallorca und wurden dann weiter nach Nordwesteuropa und nach Italien versandt. Zwischen 1396 und 1398 kaufte die Mallorca-Filiale Datinis gut 36 200 Federn zum Preis von acht Denaren pro Stück. Ebenfalls aus Nordafrika stammten Schaf-, Ziegen-, Kalbs- und Ochsenleder, wobei Ziegenleder am begehrtesten war. Ein kostbares Gut stellten zudem Kermes (Läuse) dar, weil der aus den getrockneten Körpern weiblicher Schildläuse gewonnene rote Farbstoff von den Tuch- und Seidenfärbern genutzt wurde, um hieraus alle Schattierungen von Scharlachrot bis Violett zu färben. Die Läuse waren auf Eichen in Nordafrika, Südspanien und der Provence heimisch und wurden von der Valencia-Filiale in der Gegend um Nursia gekauft und von der Mallorca-Filiale an der Berberküste bezogen. Was die Kermes anging, gab es bestimmte Konjunkturen, auf die Datini reagierte, so als 1397 das Gerücht von der wachsenden Nachfrage in Brügge die Runde machte. Als aufgrund einer Seeblockade im östlichen Mittelmeer die Lieferungen aus dieser Region ausblieben, sah Datini einen Preisanstieg für den Farbstoff voraus und wies seine Filialen an, sich auf den Ankauf von Kermes zu konzentrieren und auf die Verschiffung anderer Produkte zu Gunsten der Läuse zu verzichten. Dies ist nur eine Momentaufnahme aus der reichhaltigen Datini-Korrespondenz und ein kleiner Ausschnitt seiner Handelsgeschäfte, der jedoch zeigt, wie die Aktivitäten der katalanischen Filialen mit der europäischen Handelswelt des 14. und 15. Jahrhunderts über die Meere verbunden waren.[34] In seinem Testament stiftete Francesco Datini, der 1410 kinderlos starb, ein Altersheim, den «Ceppo». Die Aufsicht darüber wurde vier hochgestellten Persönlichkeiten der Stadt übertragen, die als «gute Männer» zusammen mit dem Stifter im scharlachroten Mantel auf dem Madonnenbildnis des Filippo Lippi in Prato abgebildet sind.[35]

Datini ist nur eines von vielen Beispielen für die weitgestreckten Handelsnetze toskanischer Kaufleute, die ihre Filialen im gesamten Mittelmeerraum unterhielten. Aber auch der französische Großkaufmann Jaques Cœur aus Bourges fällt in diese Kategorie. Als *Argentier*, als königlicher Hoflieferant und Schatzmeister König Karls VII., ein Amt, das er 1438 erhielt, sorgte er darüber hinaus für die finanzielle und anderweitige Ausstattung des Hofes. Der Krämersohn aus Bourges war der bedeutendste Kaufmann und Bankier, den Frankreich im Spätmittelalter hervorgebracht hat.[36]

Seine Schiffe fuhren von Aigues-Mortes bzw. Marseille in den Atlantik nach Bordeaux, La Rochelle und Brügge sowie in Richtung Osten nach Rhodos und Alexandria. Die importierten orientalischen Waren wurden auf dem Landweg in Frankreich verteilt. Enge Beziehungen zur Krone Aragóns, zum Papsttum und zu den Florentiner

Bankiers erleichterten seine Geschäfte. Da jedes Schiff, das in seinem Auftrag nach Osten segelte, 3000 bis 4000 Mark Silber an Bord hatte, um damit einzukaufen, stand er regelmäßig vor dem Problem der Geldbeschaffung. So versuchte er, durch den Abbau silberhaltigen Bleis im Lyonnais Silber für die königlichen Münzstätten und seinen Mittelmeerhandel zu gewinnen. Außerdem ließ er Silbermünzen, Schmuckstücke und Tafelsilber ansammeln und zu Barren einschmelzen. Als ihm der Edelmetallexport aus Frankreich vorgeworfen wurde, verteidigte er ihn mit dem gleichen Argument wie fast 200 Jahre später Thomas Mun: «[...] er werde zeigen, daß er für jede Mark Silber eine Mark Gold ins Königreich zurückgebracht habe.»[37]

Im Mittelmeerraum der Neuzeit spielten jüdische Kaufleute trotz ihrer Verfolgung in Spanien weiterhin eine wichtige Rolle. Ein Familienverband, den wir durch die Forschungen von Francesca Trivellato gut kennen, sind die Familien Ergase und Silvera. Der Stammvater, Abraham Ergase, mietete 1594 als levantinischer Jude ein Haus in Livorno und etablierte sein Handelsgeschäft in dem neuen Zentrum. Einige seiner Verwandten waren als Neuchristen auf der Iberischen Halbinsel geblieben, andere hatten sich in Amsterdam oder Hamburg niedergelassen. Im 18. Jahrhundert heiratete Esther Ergase David Silvera, wodurch sich eine neue Familien- und Handelsverbindung ergab, die bis nach Aleppo und zum Indischen Ozean reichte.

Die beiden Familien spezialisierten sich auf den Handel mit Korallen und Diamanten. Rote Korallen waren ein Schatz des Mittelmeeres. Sie wurden auf Korallenbänken gewonnen, die sich an den Küsten Nordafrikas, Liguriens, Korsikas, Sardiniens, Siziliens, Kalabriens und selbst der Toskana befanden. Im Herbst brachten Hunderte von Korallenfischern ihren «Fang» (Korallenäste) nach Livorno, wo sie in den Werkstätten geschnitten, poliert und weiter zu Korallenperlenketten verarbeitet wurden. Danach verpackte man sie in Papier und eine Firma wie Ergase und Silvera verschickte sie weiter nach Venedig und Aleppo, den traditionellen Edelsteinmärkten, und von dort aus weiter Richtung Osten. Die meisten Korallen des

Mittelmeeres landeten in Indien und im Himalaya, wo sie zu traditionellem Schmuck verarbeitet wurden.

Später entwickelten sich Amsterdam (als Nachfolger Antwerpens) und London zu den wichtigsten Märkten, insbesondere für Diamanten. Über den portugiesischen Handel nahmen die sephardischen Juden und Neuchristen am Diamantenhandel teil. Denn anders als der Gewürzhandel fielen Diamanten und Edelsteine nicht unter das Monopol der portugiesischen Krone. Dabei verschafften den Sepharden ihre internationalen Verbindungen Zugang zu Informationen und Kredit über größere Distanzen, genau wie die Diskretion innerhalb der Familiennetzwerke ihnen – ähnlich wie den Armeniern – Vorteile beim Handel mit Diamanten brachte.[38] Ergase und Silvera betrieben ihren Diamantenhandel über Verwandte in Lissabon, die wiederum direkt mit Goa in Verbindung standen. In Goa hatte man Kontakt zu indischen Kaufleuten, wobei das Netzwerk aus 20 Partnern in Livorno, zehn in Lissabon und vier bis fünf Familien in Goa bestand, die über mehrere Generationen miteinander gehandelt hatten. Die Sepharden in Livorno unterhielten darüber hinaus enge Beziehungen zu ihren Glaubensbrüdern in London, weshalb sie ihre Diamantenlieferungen zunehmend dorthin verschickten. Nach der Entdeckung der brasilianischen Diamantenminen wurde Lissabon zu einem beliebten Nachschubort für diese Ware. Gleichzeitig orientierte sich ein Teil der Livorneser Sepharden um und gab der Madras-London-Verbindung den Vorzug vor der traditionellen Lissabon-Goa-Route. Hierfür sprach, dass sich die britischen Segelrouten um das Kap der Guten Hoffnung zunehmend als verlässlicher als der Schiffsverkehr zwischen Lissabon und Goa erwiesen.[39]

Beim Diamantenhandel trafen die jüdischen Kaufleute auf das Netzwerk der Armenier, das sich von Neu-Dschulfa (einem Vorort Isfahans) in Persien einerseits über die Küsten des Indischen Ozeans erstreckte und andererseits in den Raum des Mittelmeeres, des Atlantiks und der Nordsee ausstrahlte.

Ein überlieferter Handelskontrakt zeigt die Ausmaße des Handels zwischen dem Kaufmann Chwadscha Minas in Dschulfa und seinem Agenten Agha di Matus aus Täbris, der 1673 mit einer Sendung Diamanten auf den Weg nach Izmir, Konstantinopel und dann weiter nach Westen geschickt wurde. Agha di Matus reiste weiter nach Venedig und ließ sich in den 1680er Jahren als reich gewordener Kaufmann in Livorno nieder, wo er in hohem Ansehen bei der armenischen Gemeinde stand und diese nach außen vertrat. Nach dem Niedergang der Safawiden-Dynastie waren die Tage Neu-Dschulfas gezählt (aufgrund der afghanischen Eroberung von Isfahan 1722 und der Zerstörung der Stadt unter Nadir Schah 1747), so dass sich Mitglieder der dortigen Gemeinde weiter in den Mittelmeerraum oder in die Gebiete am Indischen Ozean begaben. Durch den Verlust Neu-Dschulfas ergaben sich jedoch starke Rückschläge für den armenischen überregionalen Handel, da ihm jetzt ein Zentrum zwischen Ost und West fehlte.[40] Die Umsätze der auf den Nischenhandel mit Diamanten und Korallen konzentrierten sephardischen Diaspora im globalen Handel gingen ebenfalls zurück.[41]

Dagegen konnten sich die griechischen Netzwerke – Schiffer, Kaufleute und Makler, die größtenteils Untertanen des Osmanischen Reiches waren – weiter halten. Sie besaßen seit dem 16. Jahrhundert Handelskontakte nach Venedig und kooperierten mit Engländern und Franzosen, für die sie auch als Freibeuter tätig waren. Nach der russischen Eroberung der Krim operierten Reeder und Kaufleute zunehmend im Schwarzen Meer und übernahmen von dort aus den internationalen Schiffsverkehr im 19. und im 20. Jahrhundert.[42]

5. Die Piraten: Raub und Lösegeldgeschäfte

Kaum einer hat anschaulicher die im Mittelmeer lauernden Gefahren für die Schifffahrt dargestellt als Giovanni Boccaccio in seinem *Decamerone*. So berichten seine Novellen (II, 6 und 7) davon, wie Madama Berítola Caracciola mit ihrem Schiff auf dem Weg von Lipari nach Neapel im Sturm auf die einsame Insel Ponza im nördlichen Tyrrhenischen Meer getrieben wurde und wie es die Sultanstochter Alatiel aus Kairo auf dem Weg zu ihrem Ehemann nach Mallorca verschlug. Überall lauerten Piraten, zumal der Übergang vom Kaufmann zum

Seeräuber fließend war. Boccaccios Protagonist aus der vierten Novelle des zweiten Tages, Landolfo Rufolo, verlegte sich beispielsweise auf das Plündern von Schiffen, da er sich mit einer Schiffsladung nach Zypern verspekuliert hatte.[43]

Zwar hatten Piraten das Mittelmeer schon in der Antike und im Mittelalter unsicher gemacht, aber der Siegeszug der Osmanen im 16. Jahrhundert setzte Kräfte frei, die unter dem Deckmantel der Religion die Piraterie zu einer Geschäftsidee entwickelten. Als die Medici Livorno zu einem toskanischen Mittelmeerhafen ausbauten, luden sie neben fremden Kaufleuten und Schiffen französische und englische Freibeuter (Korsaren) ein, die vor allem die Schifffahrt des Osmanischen Reiches treffen sollten. Daneben operierten die Engländer zeitweilig als Alliierte des muslimischen Feindes in den Häfen Nordafrikas, wo sie die Schiffe der Toskaner aufbrachten und ihre Besatzungen versklavten. Gleichzeitig boten englische Schiffe Kaufleuten des Osmanischen Reiches Schutz für ihre Waren, die von christlichen Piraten, insbesondere von dem «Kreuzfahrerorden» auf Malta, gejagt wurden. Zur selben Zeit trieben niederländische Freibeuter ebenfalls von Livorno aus ihr Unwesen im Mittelmeer, wobei sie sowohl französische als auch osmanische Schiffe kaperten. Der Vorwand war immer, dass es sich um nordafrikanische Schiffe oder Einwohner handelte, mit denen man sich gerade im Krieg befand und die daher als Gefangene nach Livorno gebracht werden mussten. Zur Not folterte man Kapitän und Besatzung, um die Aussage zu erpressen, dass sie aus Nordafrika stammten. So wurde etwa der Kapitän Abdurrahman «el Borgi» mit seinem Schiff, seiner Crew und zahlreichen Passagieren sowie einer Ladung aus Gerste, Weizen und Honig auf dem Weg von Kreta nach Bengasi von dem niederländischen Kapitän Jacob van der Heijden aufgebracht, zunächst in das venezianische Zakynthos und dann nach Livorno gebracht. Nach einem Jahr Gefangenschaft wurde der Kapitän nach Intervention des niederländischen Konsuls in Livorno wieder freigelassen.[44]

Häufig wurden aber die Früchte langjähriger Kaufmannstätigkeit durch die Piraterie zunichte gemacht. So brachte der Freibeuter Jacques Bierre 1608 ein Schiff auf, mit dem der muslimische Kaufmann Agamaumet Orientwaren nach Nordafrika verschiffen wollte. Dieser reiste im selben Jahr zur Seegerichtsverhandlung nach Pisa und berichtete, dass er 180 Ballen Indigo, 69 Ballen Turbane, zwölf Ballen Textilien, zwölf Ballen weiterer Farbstoffe und 29 Ballen Seide von Indien über Mekka nach Damaskus gebracht hatte, um sie auf dem Schiff weiter nach Nordafrika zu transportieren. Der englische Konsul aus Sidon hatte ihm geholfen, die Waren auf ein englisches Schiff zu bringen und unter seinem Namen zu transportieren. Das Zeugnis Agamaumets beeindruckte die Jury nicht, die entschied, dass nur die englischen Waren an Bord des Schiffes, wie Baumwolle, Beeren und Reis, englischen Kaufleuten gehört hätten und diese zusammen mit dem Schiff zurückgegeben werden sollten; die türkischen Waren, die dem «Feind der Christenheit» gehörten, wurden als legitime Beute von Kapitän Jaques Bierre anerkannt.[45]

Der ewige Religionskrieg zwischen Christentum und Islam beeinträchtigte den Schiffsverkehr im Mittelmeer selbst dann, wenn keine aktuellen Auseinandersetzungen stattfanden. Dies wird besonders deutlich an Piraterie, Gefangenschaft, Sklaverei und Lösegeldgeschäft im westlichen Mittelmeer. Hier wurden in einem Raum zwischen der Iberischen und der Italienischen Halbinsel und der westlichen nordafrikanischen Küste in der Zeit zwischen 1450 und 1850 rund drei Millionen Muslime und Christen zur See und zu Land gefangen genommen und versklavt. Mehr als eine Million afrikanische, osmanische und marokkanische Sklaven fiel in die Hände Portugals und Spaniens, wozu noch diejenigen kamen, die in Spanien, auf den Balearen und den Kanaren geboren waren. Weitere 500 000 wurden in Italien versklavt, umgekehrt erlitten über 100 000 Christen im Maghreb das Schicksal der Sklaverei. Hieraus entwickelten sich Netzwerke und Institutionen, die sich mit dem maritimen Menschenhandel beschäftigten bzw. diesen zur Geschäftsidee erhoben. Neben der Gefangennahme gehörten dazu die Versklavung, der Schmuggel und das Lösegeldgeschäft, an dem zahlreiche staatliche, kirchliche und private Akteure beteiligt waren. Dabei verbanden diese Netzwerke Mittelmeer, Atlantik und selbst Nord- und Ostsee, da die versklavten christlichen Seeleute aus nahezu allen europäischen Regionen stammten. Wolfgang Kaiser hat die Versklavung und den Freikauf als Lösegeldwirtschaft («economy of ransom») und diese als rationales Mittel bezeichnet, um die religiöse Gewalt zu regulieren und den Handel mit den Muslimen zu rationalisieren.[46]

Auch wenn es schwierig ist, sollte nach Kaiser zwischen dem Freikauf von Gefangenen und dem Sklavenhandel unterschieden werden. Der Gefangene war eine lebende Beute, der freigekauft werden konnte und einen höheren Preis als ein Sklave abwarf. Entsprechend gab es verschiedene Möglichkeiten des Loskaufens und der Lösegeldgestaltung. Ein Modell bestand im Austausch von Kriegsgefangenen, der durch den Abschluss eines Friedensvertrages oder Waffenstillstandes geregelt wurde. Diese Praxis wurde von den Diplomaten der großen Mächte Frankreich, England und den Niederlanden praktiziert, die die Herrscher des Maghreb politisch und militärisch unter Druck setzten. Einem ähnlichen Lösungsweg folgten die religiösen Orden oder Bruderschaften, insbesondere der Iberischen Halbinsel, die sich auf den Rückkauf von Gefangenen spezialisierten, aber auch die Sklavenkassen, wie in Hamburg, die die Gelder für ihre in Gefangenschaft geratenen Seeleute aufbrachten. Daneben gab es Kaufleute, die den Freikauf, sozusagen nebenbei, zusammen mit ihren anderen Geschäften betrieben, da sie langfristige Handels- und Vertrauensbeziehungen genauso im Mittelmeerraum aufgebaut hatten wie zu Kreditgebern in der Heimat, die die Lösegelder vorfinanzierten.[47]

In Nordafrika wurden die Gefangenen partiell assimiliert, denn eine Konversion versprach die Verbesserung des Loses als Sklave. Daher nahmen die Konvertiten oft einen muslimischen Namen an, ließen sich beschneiden, besuchten die Moscheen und stellten ihre Ernährungsgewohnheiten um. Indem er sich kleidete wie seine muslimischen Herren, begab sich der Gefangene in deren Welt, in der er oftmals nach der Freilassung freiwillig verblieb. Ein Beispiel hierfür ist der Franzose Thomas D'Arcos, der 1629 von tunesischen Seeleuten gefangen genommen wurde. Während der Gefangenschaft unterhielt er eine rege Korrespondenz, insbesondere mit dem Gelehrten und Antiquar Nicolas-Claude Fabri de Peiresc in Aix-en-Provence.[48] Peiresc, der sich «sein Mittelmeer» mit Hilfe eines weiträumigen Korrespondenznetzwerkes schuf, wollte von D'Arcos Informationen über Nordafrika erhalten und versprach, sich für dessen Freilassung einzusetzen. Obwohl D'Arcos seine Freilassung ohne Peirescs Hilfe erreichte, schickte er ihm Geschenke und bat um Hilfe für weitere Gefangene. D'Arcos, der nach seiner Freilassung zum Islam konvertiert war und den Namen Osman angenommen hatte, setzte die Korrespondenz fort, ohne sich jedoch mit der Rückkehr nach Frankreich zu beeilen. Im Gegenteil, er bemühte sich, eine lateinische oder italienische Übersetzung des Korans zu bekommen. Peiresc erhielt von ihm antike Münzen, Tonlampen, Dolchgriffe, Hausschuhe in christlichem und maurischem Stil sowie Fossilien. Bemerkenswert erscheint dabei, dass das heikle Thema der Konversion in der Korrespondenz mit Frankreich weitgehend ausgespart blieb. Obwohl D'Arcos seinen Status durch die Konversion in Tunis verbessert hatte, galt er in Frankreich noch immer als Christ, und auch sein Korrespondenzpartner Peiresc führte die neuen muslimischen Gewohnheiten auf die Leiden in der Gefangenschaft und auf eine Frau zurück. Die Gefangenschaft bewirkte also einen Identitätswechsel, der einen multiethnischen wie multikulturellen Mix im Kommunikationsraum Mittelmeer beförderte.[49]

Ein ähnliches, noch viel komplexeres Schicksal erfuhr die Venezianerin Beatrice Michiel, die im Jahre 1559 zusammen mit ihrer Familie von osmanischen Piraten verschleppt wurde. Während sie, ihre Mutter und ihre Schwester gegen ein Lösegeld frei kamen, blieben die Brüder Gefangene und machten nach ihrer Kastration und Konversion zum Islam als Eunuchen Karriere in der osmanischen Verwaltung. Cafer starb 1582, Gazanfer aber, der weiter aufstieg, blieb mit seinen venezianischen Verwandten ebenso wie mit Vertretern der Republik Venedig in Verbindung. 1591 verließ Beatrice ihren zweiten Ehemann und ihre Kinder und siedelte nach Istanbul über. Bereits zuvor war ihre Mutter ihrem Bruder gefolgt. Gazanfer bewegte Beatrice zur Konversion, woraufhin sie den Namen Fatima Hatun annahm und offiziell von ihrem ungeliebten venezianischen Ehemann geschieden wurde. 1593 heiratete sie noch einmal, hielt aber weiterhin den Kontakt zu ihren Kindern in Venedig und behauptete bei Bedarf, dass sie zur Konversion gezwungen worden sei. Im Winter 1600 ließ Gazanfer Fatimas Sohn Giacomo entführen und nach Istanbul bringen, wo dieser im Folgenden als Mehmed eine unauffällige Karriere machte. Obwohl Gazanfer vom Sultan in einer Revolte seinen Feinden geopfert und hingerichtet wurde, blieb Fatima bis zu ihrem Tode in einem Serail im Osmanischen Reich. Gedanklich jedoch pendelte sie zwischen der christlichen und muslimischen Welt und hinterließ ihren Besitz in Venedig und Friaul den Franziskanern sowie einem venezianischen Waisen- und einem Frauenhaus.[50]

West- und Nordeuropäer wurden ebenfalls Opfer muslimischer Seeleute bzw. der Barbaresken, die die Schiffe häufig schon im Atlantik abfingen und kaperten. So schätzt man, dass allein 12 000 englische und rund 15 000 Seeleute, die unter niederländischer Flagge angeheuert hatten, im 17. Jahrhundert gefangen genommen wurden.[51] Die Gefangenschaft trug, insbesondere in England, zur Entstehung einer neuen Literaturgattung bei, den «Captives Narratives». Viele der Berichte englischer Gefangener wurden populär und mehrfach wiederveröffentlicht. Mit der Zeit entstand sogar ein Markt für diese Literatur. Die Berichte waren deshalb interessant, weil die Autoren aus «erster Hand» die Sitten und Gebräuche der Muslime beschrieben und damit gleichermaßen die Protagonisten auf der Bühne wie etwa Othello ergänzten.[52] Im ausgehenden 17. Jahrhundert gelang es England schließlich, einerseits durch militärischen Druck gegenüber den Barbareskenstaaten und andererseits durch den Erwerb von Seepässen, das Kaperrisiko für englische Schiffe zu minimieren.

Für die Hansestädte Hamburg und Lübeck dagegen war die Bedrohung zeitweise so groß, dass sie ihre Fahrten ins Mittelmeer einstellten. Jedoch ging es den Nordeuropäern vergleichsweise gut, da sie fast ausschließlich auf See entführt und großenteils freigekauft wurden, wogegen die Südeuropäer oft an Land gefangen genommen wurden und dauerhaft in der Sklaverei endeten.

Für den Freikauf gründeten die Hansestädte ebenso wie die nordeuropäischen Staaten sogenannte Sklavenkassen, an die Kapitäne und Seeleute vor Antritt einer Fahrt einen Betrag abzuführen hatten. Darüber hinaus warb man in den Kirchen mit Hilfe von Mitleid erweckenden hölzernen Figuren um Spenden. Diese in Ketten liegenden Gestalten riefen die Gefahren der Mittelmeer- und Atlantikschifffahrt in das Bewusstsein der Bewohner der Hafenstädte. Die nordeuropäischen Sklavenkassen unterhielten Agenten in Venedig, die professionell das Lösegeldgeschäft betrieben.

Wie dies ablief, zeigt der Fall eines Flensburger Schiffes, das am 9. April 1737 auf dem Weg von Hamburg nach Porto von algerischen Piraten gekapert worden war. Der Reeder Mathias Valentiner wandte sich an die Sklavenkasse in Kopenhagen, bei der er sein Schiff für 2000 Reichstaler versichert hatte, und bat um das Lösegeld für die Besatzung. Weil sie einen Versicherungsbetrug witterte und dem Reeder unterstellte, sein Schiff hätte nichtversicherte Waren für Hamburger Kaufleute an Bord gehabt, verweigerte die Sklavenkasse zunächst die Zahlung. Es dauerte Monate, bis der Reeder die Versicherung von seinem legitimen Anspruch überzeugen konnte und die Sklavenkasse am 25. Januar 1738 ihren Kontaktmann in Venedig, Johannes Pommer, anwies, in Lösegeldverhandlungen einzutreten. Am 1. August konnte Pommer einen Teilerfolg vermelden: Sieben Mann der Besatzung wurden für insgesamt 8000 Reichstaler freigekauft, nur der Steuermann wurde weiter festgehalten, weil man meinte, ihn in Algerien zu benötigen. Erst vier Jahre später, 1742, konnte auch er ausgelöst werden.[53]

Kurze Zeit danach (1746) konnte Dänemark einen günstigen Vertrag mit Algier schließen, dem weitere Verträge mit Tunis, Tripolis, Marokko und dem Osmanischen Reich (1756) folgten. Schiffe des dänischen Gesamtstaates, das heißt auch aus Norwegen und Schleswig-Holstein, erhielten Seepässe. Diese befreiten die Schiffe von der Kaperung und machten sie zu privilegierten Transportmitteln im Mittelmeer ebenso wie im Atlantik auf der Fahrt nach West- und Ostindien.[54]

V.
Nord- und Ostsee

«Item Grete mein Weib so wisse, dass ich dir in zwei Büchsen sende, die dir zu Lübeck Claus Vrolingh überantworten soll. Den Schlüssel sende ich dir über Fyttelke den Läufer. Hierin sind 38 lange Schnüren Korallen und 5 kurze [...] ich hoffe, Hoyman hätte sie verkauft, sind aber noch nicht verkauft, so verfahre nach bestem Wissen mit ihnen [...]. Item verfahre nach bestem Wissen mit den Korallen, mit diesen ist Hoyman auf dem Markt in Greifswald. [...] Item die Baumwolle ist noch in Sluis; sie kam nicht mit Schiffer Wilke van Dokkum, sie soll nun mit dem ersten Schiff nach Hamburg kommen, so will Gott. [...] Item so sendet dir Gerwin Marschede aus Preußen mit Schiffer Marquart Stubbe zwei Stroh Wachses. Noch meint er dir mehr zu senden, Gott gibt's mit Liebe, Amen. [...] Hiermit so lebt wohl, geschrieben am St. Johannesabend im Midsommer 1420 in Brügge.[1]

Hildebrand Veckinchusen

Dieser nüchterne Geschäftsbrief von Hildebrand Veckinchusen aus Brügge an seine Frau Margarethe in Lübeck ist das Zeugnis für die Entstehung einer maritimen Großregion an Nord- und Ostsee. So operierte die Veckinchusenhandelsgesellschaft im beginnenden 15. Jahrhundert zwischen Brügge, Antwerpen, Köln, Lübeck, Danzig, Riga, Reval und Nowgorod und handelte auch auf den Frankfurter Messen sowie in Venedig. Verbunden wurden die «Geschwistermeere»[2] Nord- und Ostsee durch Schiffer wie die im Brief genannten Wilke van Dokkum oder Marquart Stubbe aus Preußen und Familien, die in den verschiedenen Städten lebten und arbeiteten. So verbrachte Hildebrand Veckinchusen, der in eine Rigaer Kaufmannsfamilie eingeheiratet hatte, den größten Teil seiner Zeit außerhalb Lübecks, während seine Frau Margarethe das dortige Geschäft führte. Die Arbeitsteilung in dieser Familie dokumentiert die Spannweite der Hanse, die mit Handel und Schifffahrt Nord- und Ostsee noch stärker als je zuvor verband.

1. Ein mächtiges Städtebündnis: Die Hanse

Die Hanse und ihre Städte konnten auf Schifffahrt und Wanderhandel des Früh- und Hochmittelalters aufbauen, gaben aber dem Nord- und Ostseeraum erstmals eine neue und festere Organisationsstruktur. Ursprünglich ein Zusammenschluss fahrender Kaufleute, entwickelte sich die Hanse seit dem 13. Jahrhundert zu einem mächtigen Städtebündnis, das für rund drei Jahrhunderte Handel, Schifffahrt und Politik im Nord- und Ostseeraum maßgeblich bestimmte. Der althochdeutsche Begriff «Hansa» bedeutete so viel wie «Schar» oder «Gemeinschaft» und bezeichnete im 12. Jahrhundert die genossenschaftlich zusammengeschlossenen Fernhändler, die meist aus einem gemeinsamen Heimatort stammten. Es gab also viele lokale «Hansen», bevor die «Deutsche Hanse» im 13. Jahrhundert erstmals auf der politischen Bühne erschien. Am frühesten hatten sich die in London handelnden Kölner Kaufleute zu einer Genossenschaft vereinigt; diese erhielt 1175 für ihre Niederlassung, die Londoner Guildhall, und ihre Waren den besonderen Schutz des Königs.[3] Für die Geschichte der Hanse bedeutsamer waren aber die Vorgänge, die sich im 12. und 13. Jahrhundert im Ostseeraum abspielten: die Gründung Lübecks, die Städtegründungen im Rahmen der deutschen Ostsiedlung und die Entstehung der deutschen Gotlandfahrergenossenschaft.

Die Gründung Lübecks (1143/59) machte die deutschen Fernhändler an der Ostseeküste sesshaft und ermöglichte es den landfahrenden Kaufleuten aus Niedersachsen und Westfalen, die Märkte des Ostseeraums und Russlands zu erreichen, ohne sich dazu skandinavischer oder slawischer Vermittlung bedienen zu müssen. Lange Zeit hatten etwa die Bauernkaufleute der Insel Gotland den Russlandhandel beherrscht. Für diese stellten die deutschen Fernhändler nun eine echte Konkurrenz dar. Sie waren kapitalstärker, handelstechnisch besser ausgebildet und organisiert und besaßen mit der Kogge ein tragfähigeres Schiff als die Gotländer. Im Jahre 1161 gestattete Herzog Heinrich der Löwe den gotländischen Handel in seinem sächsischen Herrschaftsgebiet unter der Bedingung, dass dieses Privileg für die deutschen Kaufleute auf Gotland ebenso gelte. Dadurch wurde der Handel der deutschen Kaufleute auf Gotland stimuliert.

Für das Jahr 1252 wird in einem Privileg der Gräfin Margarete von Flandern erstmals eine deutsche Gotlandfahrergenossenschaft (*universi mercatores romani imperii gotlandiam frequentantes*) urkundlich erwähnt. Demnach gab es eine Genossenschaft deutscher Gotlandkaufleute, die gleichermaßen in den Westen wie in den Osten segelte und die ihre Niederlassung in Visby zunehmend dazu nutzte, auf dem Nowgoroder Markt Fuß zu fassen. Wie schon die Gotländer errichteten die deutschen Kaufleute einen Handelshof in Nowgorod, der unter dem Namen Peterhof das künftige Kontor für den hansischen Russlandhandel bildete. Nowgorod war nämlich aufgrund seines weiten bis an das Weiße Meer reichenden Hinterlandes das Zentrum des Pelzhandels. Von Visby auf Gotland wurde der Nowgorodhandel überwacht, und hierher brachte man die übriggebliebenen Gelder nach Abschluss der Handelssaison. Jedoch drängte Lübeck seit dem späten 13. Jahrhundert verstärkt auf die Kontrolle des Russlandhandels und setzte mit der Unterstützung anderer Städte durch, dass bei Rechtsstreitigkeiten in Nowgorod sowohl nach Lübeck als auch nach Visby appelliert werden konnte. Damit war die zukünftige Rolle der deutschen Ostseestadt als «Schutzherrin» des Russlandhandels vorgezeichnet.[4]

Hierzu trugen die oftmals von Lübeck und seinem Stadtrecht inspirierten Städtegründungen bei. So wurde das 1201 von einem ehemaligen Bremer Domherrn an der Dünamündung gegründete Riga als Fernhandelshafen von Lübeck gefördert. Daneben entstanden im 13. Jahrhundert Handelsstädte, die wie Perlen entlang der südlichen Ostseeküste aufgereiht waren: Wismar, Rostock, Stralsund, Greifswald, Elbing, Königsberg und Reval. Deutsche Kaufleute hatten sich auch in den skandinavischen Reichen niedergelassen. In Dänemark lockten die Heringsschwärme an den Küsten Schonens, in Südschweden wanderten deutsche Kaufleute und Handwerker in die Städte, insbesondere nach Lödöse, Kalmar und Stockholm, sowie deutsche Bergleute in die Eisen- und Kupferbergbauregionen. Ein wichtiger Handelspartner war gleichfalls Norwegen, das Stockfisch im Austausch gegen Getreide lieferte. Bergen, an dessen «Deutscher Brücke» ein weiteres Hansekontor entstand, galt als der bedeutendste Umschlagplatz. Das Sagen hatten hier die Lübecker, die den Handel mit den skandinavischen Reichen beherrschten.

Jedoch handelten die deutschen Kaufleute nicht allein mit Russland, Skandinavien und den südlichen Ostseeanrainern, sondern anfänglich unter Kölner Führung ebenfalls über die Nordsee mit England. Nach dem Privileg von 1175 versprach die *Carta mercatoria* Edwards I. 1303 den ausländischen Kaufleuten – als Ausgleich für eine Erhöhung der Zolltarife – unter anderem die Befreiung von allen Abgaben, die Niederlassungsfreiheit, den rechtlichen Schutz gegen Übergriffe königlicher Beamter sowie den Verzicht auf künftige neue Forderungen. Diese letzte Bestimmung sollte sich als der Kern des Privilegs erweisen. Denn als Edward III. zu Beginn des Hundertjährigen Krieges (Mitte des 14. Jahrhunderts) den Tuchexportzoll zur Kriegsfinanzierung erhöhte, gelang es den Hansen, sich unter Hinweis auf die *Carta mercatoria* davon zu befreien. Engländer und andere Ausländer mussten zahlen. Damit war die ursprünglich allen fremden Kaufleuten gewährte *Carta mercatoria* zu einem Privileg der Hansen geworden. Diese nutzen die Guildhall als Kontor und bauten in der Folgezeit das benachbarte Stalhofgelände zu eben diesem Zweck aus.[5]

Die letzte und zugleich wichtigste Handelsregion der deutschen Kaufleute war Flandern, wo in großen Mengen hochwertige Tuche hergestellt wurden. Die Händler erwarben die flandrischen Tuche in Brügge, das sich aufgrund seiner verkehrsgünstigen Lage zum bedeutendsten Warenmarkt in Westeuropa entwickelte. 1252 privilegierte Gräfin Margarete die deutschen Kaufleute, indem sie ihnen Zollerleichterungen gewährte. Ein Jahr später wurden sie vom gerichtlichen Zweikampf, von der Haftung für Schulden und Vergehen anderer und – besonders wichtig – vom Strandrecht befreit. Danach durften die Küstenbewohner Flanderns nicht länger in Seenot geratene und gestrandete hansische Schiffe plündern. Diese Privilegien gaben dem Handel eine größere Rechtssicherheit.

Um die Privilegien in Flandern wirkungsvoll zu schützen, wurde 1356 das bis dahin unabhängige Brügger Kontor einem gesamthansischen Organ, dem Hansetag, unterstellt. Auf diese Weise bestimmten die auf dem Hansetag vertretenen und erstmals 1358 erwähnten «Städte von der Hanse» die Handelspolitik, und nicht länger die Kaufleute vor Ort. Es hatte sich gezeigt, dass eine Gesamthanse handlungsfähiger war als die von lokalen Sonderinteressen geleiteten Gruppen in den ausländischen Handelszentren. Damit ging ein seit dem 13. Jahrhundert währender Prozess zu Ende, in dessen Verlauf die Städte immer größeren Einfluss auf die Genossenschaften ihrer Kaufleute im Ausland gewonnen hatten. Sie unterstützten diese beim Privilegienerwerb, schufen die für den Handel notwendigen rechtlichen Voraussetzungen und gewährten Rechtsschutz. Von nun an sollten die in der Hanse repräsentierten Städte des Nord- und Ostseeraums Schifffahrt und Handelspolitik in dieser Region bestimmen. Hierzu versammelten sich ihre Vertreter bei Bedarf auf den Hansetagen, die alle wichtigen Entscheidungen trafen. Nach außen repräsentiert wurden die Städte von Lübeck als dem Haupt der Hanse.[6]

In der zweiten Hälfte des 14. Jahrhunderts warteten neue Herausforderungen im Ostseeraum, bei denen der Städtebund seine gewonnene Handlungsfähigkeit unter Beweis stellen konnte. 1360 hatte König Waldemar IV. die dänische Hegemonialpolitik in der Ostsee aufgenommen und nicht nur das zwischenzeitlich an Schweden verlorene Schonen, sondern auch Gotland erobert. Für die Hansekaufleute wurden Zölle und Abgaben erhöht und damit der Schonenhandel belastet, was für Lübeck und die östlichen Hansestädte einen Kriegsgrund darstellte. Nach einer ersten Niederlage des Bundes zur See erschwerte Dänemark den Hansestädten der Zuidersee und den holländischen Städten die Fahrt von der Nord- in die Ostsee durch den Öresund und traf damit deren Lebensnerv. Daraufhin schlossen sich 1367 alle Hansestädte von Seeland bis Reval gegen Dänemark in der sogenannten Kölner Konföderation zusammen. Mit Hilfe militärischen Drucks erreichte die Hanse im Stralsunder Frieden (1370) die Wiederherstellung ihrer Privilegien, insbesondere das Recht des ungehinderten Verkehrs in Dänemark zu Wasser und zu Lande, sowie Schadenersatz für die Kriegshandlungen. Mit dem Stralsunder Frieden befand sich die Hanse auf dem Höhepunkt ihrer Macht: Der Vorrang ihrer Städte im Ostseehandel war bestätigt.[7] Sie blieb jedoch eine Interessengemeinschaft von Kaufleuten, die sich politisch-militärischer Mittel nur zur Sicherung ihrer Handelsprivilegien bediente.

Der hansische Handel folgte von Ost nach West der Linie Nowgorod – Reval – Riga – Visby – Danzig – Stralsund – Lübeck – Hamburg – Brügge – London und beruhte auf dem Austausch zwischen Nahrungsmittel- und Rohstofflieferanten Nord- und Osteuropas und den Gewerbeproduzenten Nordwesteuropas. Die Kaufleute gingen aber über diese Ost-West-Mittlerfunktion hinaus, indem sie einerseits eigene hansische Gewerbeprodukte verhandelten und andererseits südlich in die Tiefe des Küstenhinterlandes vordrangen. So erschlossen sie nicht nur über Elbe und Oder Böhmen und Schlesien, sondern gelangten auch weichselaufwärts über Krakau in die Kupferabbaugebiete Oberungarns (Slowakei) und knüpften via Lemberg Verbindungen zum Schwarzmeerhandel.[8]

Welche Regionen im Einzelnen aufgesucht wurden, bestimmte die dortige Nachfrage und Produktion. Das Warensortiment war vielfältig und umfasste sowohl Massengüter des täglichen Bedarfs für Verbraucher und Gewerbe als auch Luxusprodukte für eine kleine, wohlhabende Käuferschicht. Zu den wichtigsten Artikeln gehörten Wolle, Woll- und Leinentuche, Pelze und Felle, Hering und Stockfisch, Salz, Wachs, Getreide, Flachs und Hanf, Holz und Waldwaren (Asche, Pech, Teer), Bier und Wein. Davon flossen Pelze, Wachs, Getreide, Flachs, Holz und Bier nach Westen, während aus dem Westen vor allem Tuche, Salz, Wein sowie zusätzlich Metallwaren, Gewürze und andere Luxusgüter nach Osten geliefert wurden. Fisch verkaufte man überall im Hanseraum.

Im Osten sind zwei miteinander verbundene Wirtschaftsräume festzustellen: zum einen das russische Handelsgebiet mit dem Pelzzentrum Nowgorod und zum anderen die livländische Städteregion um Reval, Dorpat und Riga mit dem Hinterland der Düna, das vor allem Flachs und Hanf lieferte. Bedarf an Pelzen, den teuren Zobeln wie den billigen Eichhörnchen, und an Wachs zur Beleuchtung bestand in ganz Europa. Ebenso benötigte man Hanf für Taue und Flachs für Leinwand in allen Häfen des Hanseraumes. In den Osten eingeführt wurden in erster Linie flämisches Tuch und Meersalz vom Atlantik. Südlich davon machten der Deutsche Orden und die preußischen Hansestädte Danzig, Elbing und Thorn über die Flüsse Weichsel und Memel die Güter des litauischen und des polnischen Hinterlandes für den hansischen Handel verfügbar, vor allem Getreide, Holz- und Waldwaren. Letztere benötigte der Schiffbau für Masten und Planken, die Heringsfischerei, das Braugewerbe und die Salzsiederei für Fässer, während in zahlreichen Gewerben die Produkte Pech, Teer und Asche sich großer Nachfrage erfreuten. Hauptausfuhrprodukt der preußischen Hansestädte war jedoch das Getreide, das einen Teil der Bevölkerung in den stärker urbanisierten Gebieten Westeuropas – vor allem in den Niederlanden – ernährte. Nicht vergessen werden darf das Luxusprodukt Bernstein, das an der samländischen Ostseeküste gewonnen wurde. Das Handelsmonopol besaß der Deutsche Orden, der den Bernstein nach Lübeck und Brügge exportierte, wo Bernsteindreher ihn beispielsweise zu hochwertigen Paternostern (Rosenkränzen) verarbeiteten. Salz, Hering und Tuch waren die wichtigsten preußischen Importwaren.

In der westlichen Ostsee lieferte Schweden Eisen, Kupfer, Butter, Vieh und Rinderhäute für den hansischen Handel, stand aber bei diesen Waren – von den Metallen abgesehen – im Schatten Dänemarks. Das wichtigste «dänische» Produkt war der schonische Hering, dessen Schwärme im 14. Jahrhundert manchmal so dicht gewesen sein sollen, dass man ihn mit der Hand fangen konnte. Im späten 15. und im 16. Jahrhundert trat dann aufgrund der Verdrängung des Ostsee- durch den Nordseehering die holländische Heringsfischerei mehr und mehr in den Vordergrund. Darüber hinaus lieferten Norwegen und Island Stock- und Klippfisch, der als Kabeljau in der Nordsee gefangen, an Stöcken an der norwegischen Küste bzw. auf den Klippen Islands getrocknet und als Schiffsproviant und Fastenspeise in großen Mengen konsumiert wurde.

Dauerhaft bedeutend blieb der englische Handel, der ursprünglich eine Domäne der Hansekaufleute aus dem Rheinland und Westfalen gewesen war. Diese brachten Rheinwein, Metalle sowie die Farbstoffe Krapp und Waid nach England und führten von dort Zinn und englische Wolle für die flandrische und Brabanter Tuchindustrie aus sowie später ebenfalls englische Tuche. Die Hansestädte der Ostseeküste lieferten im Gegenzug die typischen Ostwaren wie Pelze, Wachs, Getreide und Holz sowie aus Skandinavien Fisch und Metalle. Den wichtigsten Markt in Westeuropa bildeten Flandern und später Brabant als Tuchproduzenten und Vermittler in die Handelswelt des Mittelmeeres. Die Hansekaufleute kauften in den flandrischen und Brabanter Städten in erster Linie Wolltuche hoher und mittlerer Qualität sowie Brügger Hosen. Außerdem erwarben sie Gewürze, Feigen und Rosinen aus Südeuropa. Aus Frankreich kamen Öl und Wein sowie das sogenannte Bayensalz. Dieses am Atlantik gewonnene Meersalz wurde als Konservierungsmittel immer wichtiger. Preußische und vor allem niederländische Schiffe gingen regelmäßig auf Bayenfahrt, brachten das Salz als Ballast in den Ostseeraum und kehrten mit Getreide und Holz beladen in den Westen zurück. Auf diese Weise unterminierten sie das von Lübeck beanspruchte Zwischenhandelsmonopol. Im Süden Europas blieb die hansische Präsenz – außer im Weinhandel von Bordeaux – sporadisch, wenn man von dem Versuch der Familie Veckinchusen, den Pelzabsatz in Venedig zu etablieren, absieht.

Organisiert wurde der hansische Handel durch die kaufmännischen Handelsgesellschaften. Unter diesen überwog der freie Typ, bei dem zwei Partner Kapital investierten und nach der Höhe des eingebrachten Kapitals die Gewinne teilten, wobei solche Gesellschaften ein bis zwei Jahre hielten. Die international tätigen Großkaufleute waren in der Regel an mehreren derartigen Gesellschaften beteiligt, denn auf diese Weise verringerten sie die Risiken von Handel und

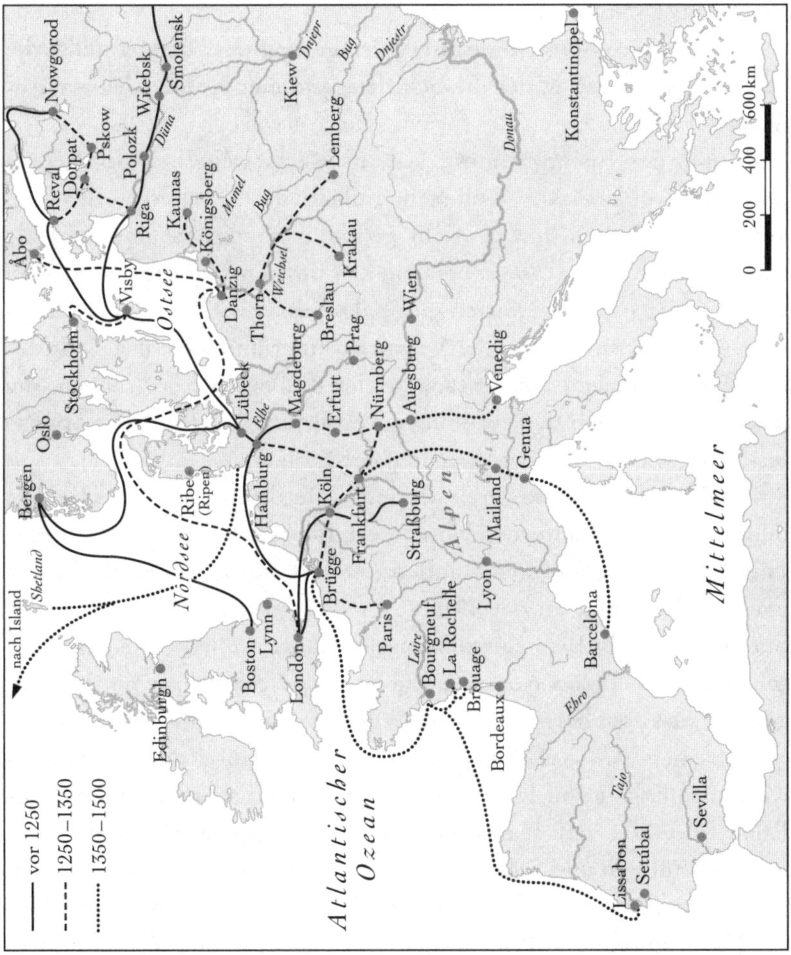

Karte 10: Schifffahrts- und Handelsrouten der Hanse

Schifffahrt und vergrößerten ihr Warensortiment. Als Partner in den Gesellschaften hatten die Händler oftmals Verwandte, die eine unentbehrliche Vertrauensbasis für den hansischen Handel auf der Ost-West-Route schufen.

Eine weitere Maßnahme zur Verringerung des Risikos stellte die Partenreederei dar, in der die Schiffseigentümer jeweils kleinere Anteile (Parten) eines Schiffes für eine Reise erwarben.

Neben der Risikostreuung war die Rechtssicherheit der Schifffahrt ein Problem. An Versuchen, einheitliche Regelungen des Seerechts herzustellen, hat es nicht gefehlt. So wurden einerseits die französischen *Rôles d'Oléron* (bei denen es um den Transport von Wein von Bordeaux in den Norden ging) als *Vonnisse van Damme* ins Flämische übersetzt und darin die Verantwortung und Befehlsgewalt des Schiffers festgelegt. Andererseits erließ Lübeck Verordnungen, die die Rechte der Schiffer gegenüber Reedern und Befrachtern ebenso festlegten wie Strafen bei Vergehen der Seeleute.[9]

Eine übergeordnete Organisationsstufe des hansischen Handels bildeten die vier Kontore in Nowgorod, Bergen, London und Brügge. Hier lebten die deutschen Kaufleute in fest abgegrenzten Bereichen wie dem Peterhof, an der Deutschen Brücke oder im ummauerten Stalhof. Allein in Brügge wohnten die Hansekaufleute bei einheimischen Wirten. Jedes Kontor hatte eine straffe Struktur mit jährlich gewählten Vorstehern (Oldermännern), festen Statuten, eigener Gerichtsbarkeit, Kasse und Siegel. Wichtig waren die Kontore beim Erwerb und Erhalt von Handelsprivilegien, denn sie vertraten mit der Rückendeckung der Hansestädte die Interessen der Kaufleute gegenüber Fürsten und Städten des Gastlandes. Der alltägliche Handel wurde ebenfalls mit ihrer Hilfe erleichtert, indem sie ein regelmäßiges Nachrichten- und Botensystem zu den Heimatstädten aufbauten, bei Korrespondenz, Beglaubigung und Buchführung sowie Kreditaufnahme halfen. Vor allem aber versuchten sie, durch die Meldepflicht der in ihrem Einzugsgebiet tätigen Hansekaufleute eine gewisse Geschlossenheit bei Kauf und Verkauf von Waren zu erreichen und damit die innerhansische Konkurrenz zu begrenzen.

Im ausgehenden 15. Jahrhundert hatte der hansische Handel an allen Fronten Rückschläge zu verzeichnen. Das alte auf Privilegien basierende Handelssystem erwies sich angesichts der wachsenden Konkurrenz und der sich konsolidierenden europäischen Mächte als nicht länger durchsetzbar. So bemühten sich die skandinavischen Könige darum, den hansischen Handel zu Gunsten der eigenen Kaufleute zu begrenzen. Gleichzeitig wurde die niederländische Konkurrenz der Hansekaufleute häufig gegen diese ausgespielt. Entsprechend beteiligten sich die Hansestädte mit See- und Kaperkriegen an den Mächteauseinandersetzungen in Skandinavien in der Hoffnung, ihre Privilegien zu erhalten. Die Schließung des Nowgoroder Kontors 1494 durch Ivan III. traf die Hansestädte ebenfalls, obwohl sich der Handel bereits während des 15. Jahrhunderts in die livländischen Hafenstädte Riga und Reval verlagert hatte, die auf diese Weise einen großen Aufschwung nahmen.

In England veränderten sich ebenfalls die Konstellationen, wobei Ein- und Ausfuhr von Tuch im Zentrum der Auseinandersetzungen standen. Hierbei gab es durchaus innerhansische Konflikte, da Lübeck in den Spannungen mit England hartnäckig auf die alten Privilegien pochte, Köln aber ebenso wie die preußischen Handelsstädte zu einer Verständigung mit England bereit war. Immerhin wurde 1474 im Frieden von Utrecht eine Übereinkunft erzielt, so dass der hansische Englandhandel nach der Wiederherstellung der Privilegien bis zur Mitte des 16. Jahrhunderts eine letzte Prosperitätsphase erlebte.[10]

Zwischen den Holländern und Seeländern einerseits und den wendischen Hansestädten wie Lübeck, Wismar, Rostock, Stralsund und Greifswald andererseits gab es ebenfalls eine Konkurrenzsituation, da diese ihre Position im Handel und Warentransport zwischen Ost- und Nordsee bedroht sahen. Jedoch gelang es Lübeck weder mit friedlichen noch mit militärischen Mitteln, den holländischen Zugang zur Ostsee zu beschränken. Im Gegenteil, die preußischen Hansestädte Danzig, Elbing, Thorn und Königsberg waren für ihren Handel weitgehend auf holländischen Frachtraum angewiesen.[11]

Das Brügger Kontor befand sich bereits seit 1460 *de facto* in Antwerpen, da die Kaufleute die Brabanter Messen in Bergen op Zoom und vor allem in der Scheldestadt aufsuchten.

Anzeichen des hansischen Niedergangs waren im 16. Jahrhundert allgegenwärtig, die Historiker haben dafür verschiedene Ursachen wie beispielsweise das Erstarken der deutschen Territorialstaaten und der nordischen Reiche oder die überlegene Konkurrenz oberdeutscher Handelshäuser und der niederländischen Handelsnation angeführt.[12] Jedoch kontrastiert dieses Bild des Niedergangs auffällig mit dem allgemeinen Aufschwung des europäischen Handels im 16. Jahrhundert. Die Hansestädte hatten zwar an diesem Wachstum teil, aber er sprengte zugleich den Rahmen ihres auf Privilegien beruhenden traditionellen Systems. Wie die Innovationen in Schifffahrt und Handel einst den Hansen zum Vorteil gegenüber den gotländischen Bauernkaufleuten gereicht hatten, so gaben nun neue Schiffstypen sowie die Ausweitung des Kommissionshandels und des bargeldlosen Zahlungsverkehrs den Ausschlag zu Gunsten der Niederländer.

Von der Expansion des europäischen Handels profitierten nicht länger Brügge, Bergen, Lübeck oder Nowgorod, sondern vielmehr Amsterdam, Danzig und Hamburg, denen die Zukunft gehörte.

Danzig entwickelte sich im 16. Jahrhundert zum wichtigsten Hafen des Ostseeraums. Da es durch die Weichsel direkt mit dem getreideproduzierenden polnischen Hinterland verbunden war, konnte es seine günstige Lage nutzen, um die steigende niederländische Nachfrage nach Getreide und Waldwaren zu befriedigen. Die in der zweiten Hälfte des 16. Jahrhunderts mit 40 000 Einwohnern größte Stadt an der Ostsee zog nicht nur Kaufleute und Schiffer aus West- und Nordeuropa an, sondern auch Juden und Armenier, die zu Jahrmärkten kamen, sowie viele Arbeitskräfte des Hafengewerbes, die zum einen von der Küste, zum anderen aber – wie die Lastenträger – aus dem Hinterland stammten.[13]

Auch Hamburg gelang es in erheblichem Maße, am Wirtschaftsaufschwung in Nordsee und Atlantik zu partizipieren, indem es den Elbgetreidehandel monopolisierte und als Scharnier zwischen Nord- und Ostsee diente.[14] Während Lübeck wegen seiner Ostseelage und Bremen aufgrund der geringen Reichweite seines Flusssystems benachteiligt waren, wurde Hamburg nicht nur durch sein elb- und oderabwärts reichendes Hinterland begünstigt. Mindestens ebenso wichtig war die kontinuierliche Einwanderung niederländischer, portugiesischer (sephardischer) und englischer Kaufleute, die ihre angestammten Handelsbeziehungen an die Elbe brachten und zudem Hamburg kredittechnisch auf das westeuropäische Niveau hoben. Hiervon legen die Wechselordnungen von 1601 und 1603 sowie die Gründung der Hamburger Bank nach Amsterdamer Vorbild 1619 Zeugnis ab.[15] Weitere Faktoren für die Entwicklung im 17. und 18. Jahrhundert waren die permanente Neutralität der Stadt in den europäischen Konflikten, niedrige Hafengebühren sowie die Tatsache, dass Hamburg aufgrund der finanziellen und materiellen Interessen der europäischen Mächte unversehrt aus dem Dreißigjährigen Krieg hervorgegangen war. Dabei bestimmte zunächst noch die Einwanderung die Handelsbeziehungen, die sich auf England, die Niederlande, Portugal und Spanien konzentrierten. Im 18. Jahrhundert dominierten dann Frankreich und England als Handelspartner. Hamburg importierte aus London Wollwaren sowie die kolonialen Reexporte Tabak, Reis, Calicos, Zucker und Farbstoffe, während Frankreich mit der westindischen Plantagenproduktion (Kaffee, Zucker, Indigo) und französischen Weinen auf den europäischen wie den Hamburger Markt kam. Auf dieser Grundlage vermittelte die Hansestadt Kaffee und Zucker, der in Hamburg raffiniert und in Zuckerhüte gegossen wurde (Zuckerbäckerei), nach Mitteleuropa. Im Austausch lieferte die Stadt vor allem Leinen, Schiffbaumaterial, Metalle und seit den 1770er Jahren zunehmend Getreide nach Frankreich und England.[16]

2. Metropolen an der Nordsee: Brügge, Antwerpen und Amsterdam

Die Drehscheibe des Handels zwischen Süd-, West- und Osteuropa bildeten die Metropolen Brügge und Antwerpen.[17] In Brügge wurden bereits im 14. Jahrhundert Tuche aus Flandern und Brabant, Leder aus Südeuropa, Pelze und Wachs aus dem Osten sowie Gewürze (Safran, Muskat, Pfeffer, Ingwer, Zimt, Anis, Zucker) aus dem Mittelmeerraum und Asien gehandelt. Mit Privilegien versehene Genuesen, Florentiner, Venezianer, Lucceser, Katalanen, Kastilier und Portugiesen ließen sich ebenso wie Engländer und Hansekaufleute in Brügge nieder und machten die Stadt für die nächsten eineinhalb Jahrhunderte zum bedeutendsten Handelszentrum Nordwesteuropas. Brügge und später Antwerpen profitierten vom Aufschwung des maritimen Überseehandels, der angesichts der durch Kriege blockierten kontinentalen Handelswege auf der Route Italien-Niederlande eine sichere und preiswertere Alternative darstellte.[18]

Bereits im beginnenden 15. Jahrhundert entwickelten sich die je zweimal jährlich in Antwerpen und Bergen op Zoom stattfindenden Brabanter Messen zu Hauptumschlagplätzen für englische Tuche. Diese wurden von den englischen «Überseekaufleuten», den *Merchant Adventurers,* als Halbfertigprodukte nach Brabant eingeführt, dort gefärbt und appretiert und als Fertigprodukt sowohl von Hanse- als auch von oberdeutschen Kaufleuten erworben. Die oberdeutsche Nachfrage nach Tuch sowie der niederländische Bedarf an Silber zogen den expandierenden Handel der Nürnberger und Augsburger Kaufleute mit Silber, Kupfer und Barchent an die Schelde. Hier trafen sie nicht nur auf die Engländer, sondern auch auf die Portugiesen mit ihren Gewürzen aus Asien und ihrem aus Afrika stammenden Gold und Elfenbein; diese waren nämlich für ihren Austausch mit Afrika und Indien auf oberdeutsche Metallwaren sowie auf Kupfer und Silber angewiesen. Entsprechend bedingten englisches Tuch, oberdeutsche Metalle und portugiesische Gewürze Antwerpens Aufstieg zum europäischen Weltmarkt im 16. Jahrhundert.[19]

Nachdem das portugiesische Gewürzmonopol gescheitert war, verlor dieser Handel an Gewicht, woraufhin Antwerpen den Schwerpunkt seines Handels nach Spanien, Italien, Frankreich und England verlagerte. Außerdem verhalf der Export niederländischer Gewerbeerzeugnisse bzw. der Reexport englischer Textilien Antwerpen zu einem erneuten Aufschwung (1540–1565).

Als die Stadt infolge des niederländischen Aufstands, der Eroberung durch die Spanier (1585) und der Migration seiner calvinistischen Bewohner in den Norden wirtschaftlich zurückfiel, profitierten davon mehrere europäische Hafenstädte, wobei Amsterdam den größten Teil des Antwerpener Handels erbte. Anders als in Antwerpen bildeten die Waren des Ostseeraums (Getreide, Holz, Flachs, Hanf) und des Atlantikbereiches (Fisch, Salz) das Rückgrat des Amsterdamer Handels.[20]

Eine Voraussetzung für die Expansion der niederländischen Wirtschaft im 15. Jahrhundert waren die naturräumlichen Hindernisse der holländischen Landschaft. Der Kampf gegen die Nordsee und die Entwässerung des gewonnenen Landes zwangen zur permanenten Anlage und Anpassung von Deichen und Kanälen. Damit einher ging eine Verschlechterung der Bodenqualität, die sich zwar zur Viehzucht, aber immer weniger zum Brotgetreideanbau eignete. Entsprechend intensivierten die Holländer auf der Suche nach alternativen Formen des Lebensunterhaltes die traditionellen Nebenaktivitäten wie Fischfang und Schifffahrt. Der kontinuierliche Getreideimport musste mit einem eigenen Güterangebot bezahlt werden. Dadurch, dass sie im Austausch gegen Getreide eigene Produkte anboten, gewannen sie allmählich Marktanteile für Bier, Tuch und Nordseehering, die im Übrigen billigere Nachahmungen oder Varianten der flämischen oder hansischen Markenartikel darstellten.[21]

Daneben waren es vor allem Schiffe und Frachtdienstleistungen, die Holländern und Seeländern den Zugang zum Ostseeraum öffneten, wo Schiffsraum knapp war. In dem Maße, in dem der Getreideexport nach Westen zunahm, wuchs die Nachfrage nach holländischem und seeländischem Schiffsraum. So wurde 1475/76 bereits ein Viertel des Danziger Schiffsverkehrs auf niederländischen Schiffen bestritten und die Holländer und Seeländer gewannen kontinuierlich an Boden. 1580 erfolgte bereits die Hälfte der Danziger Im- und Exporte durch die Holländer und der Anteil wuchs bis ins 17. Jahrhundert auf 60 bis 70 % an. Während sie sich im Ostseehandel vor allem auf den Transport preiswerter Massengüter (Getreide und Holz) konzentrierten, eroberten sie außerdem die Märkte im Westen und Süden, insbesondere auf der Strecke zwischen der Iberischen Halbinsel und den Niederlanden, wo hochwertigere Produkte transferiert werden mussten. Hier gelang es, durch Risikostreuung – das heißt durch die Verteilung der Güter auf eine größere Anzahl von Schiffen – die Ausgaben zu senken und günstigere Frachtraten als spanische und Antwerpener Schiffer anzubieten, die jeweils ein Schiff mit einer wertvollen Ladung füllten.[22]

3. «Die Niederländer sind die Fuhrleute der Welt»

Die Niederlande erstaunten die Zeitgenossen und faszinieren die Historiker bis heute. Wie konnte so ein kleines Land mit weniger als zwei Millionen Einwohnern und ohne natürliche Reichtümer im 17. Jahrhundert, einer allgemeinen Krisenzeit, zur führenden Seefahrtsnation aufsteigen?

Die zeitgenössischen Augenzeugen – oft waren es die über den niederländischen Erfolg verärgerten Engländer – führten dafür mehrere Ursachen an. So schrieb Daniel Defoe noch 1728 in seinem Traktat *A Plan of the English Commerce*:

> «Die Niederländer sind die Fuhrleute der Welt, die Vermittler im Handel, die Faktoren und Makler Europas; sie kaufen, um wieder zu verkaufen, sie führen ein, um auszuführen; und der größte Teil ihres riesigen Handels besteht darin, von allen Teilen der Welt versorgt zu werden, um die ganze Welt wieder zu versorgen.»[23]

Damit traf Defoe den Kern des holländischen Erfolges. Das Zusammenwirken von Schifffahrt, Handel und Finanz ermöglichte die Vormachtstellung im Welthandel. Amsterdam war das Warenhaus, das *entrepôt,* wo alle Waren der Welt gestapelt wurden. Niederländische Schiffe holten diese aus den Anbau- und Produktionsgebieten und lieferten sie auf die Märkte, die die Güter nachfragten.

Durch die Entwicklung zahlreicher neuer Typen wurden holländische Schiffszimmerleute im ausgehenden 16. Jahrhundert für anderthalb Jahrhunderte in Europa zu den führenden Schiffsbauern. Einer der neuen, überaus erfolgreichen Schiffstypen war die *fluyt,* die mehrere Vorteile brachte: Sie wurde aus leichtem Holz nach einheitlicher Konstruktion in großer Anzahl gebaut und war für die verschiedensten Handelsgebiete geeignet. Die Standardisierung dieses Bautyps senkte die Produktions- ebenso wie die Betriebskosten des Schiffes. Im Zaanstreek nördlich von Amsterdam entstand eine riesige Schiffbauindustrie, die ihre Rohstoffe aus dem Ostseeraum bezog und die Mechanisierung sowie die Arbeitsteilung vorantrieb.[24]

Die niederländischen Schiffe waren nicht nur schneller, sondern auch «sauberer, billiger und sicherer»[25] als die der Konkurrenz. Gut geführte Schiffe mit einer wohlgenährten Besatzung steigerten die Effizienz und Schnelligkeit der Seetransporte und verringerten die Risiken und damit die Versicherungskosten. Daher konnten die Niederländer den Kaufleuten und Produzenten im In- und Ausland die mit Abstand niedrigsten Frachtraten anbieten. Der Schiffsverkehr nahm ebenso zu wie die Tonnage der Handelsflotte (1670 ca. 400 000 Tonnen). Die Frachtraten fielen und außerdem wurden Risiko und Kosten durch die Partenreederei weiter reduziert[26] – ein Schiff hatte manchmal mehr als 60 Besitzer. So hinterließ zum Beispiel ein Amsterdamer Schiffsbesitzer bei seinem Tode 1610 Anteile an 22 Schiffen, wovon ihm an 13 Schiffen ein Sechstel-, an sieben ein Zweiunddreißigstel- sowie noch ein Siebzehntel- und ein Achtundzwanzigstelanteil gehörten. Risiko und Besitz waren auf diese Weise weit gestreut, was sogar der Mittelschicht erlaubte, in die Reederei zu investieren.

Der Kostenvorteil beim internationalen Seetransport machte sich nicht nur gegenüber den Hansestädten, sondern auch gegenüber England, dem stärksten Rivalen, bemerkbar. Mehr als die Hälfte aller Güter aus dem Ostseeraum wurde auf niederländischen Schiffen nach England gebracht. Außerdem besorgten die Niederländer, da es England an Schiffstonnage und Seeleuten mangelte, in hohem Maße den Handel zwischen den westindischen und nordamerikanischen Kolonien und dem englischen Mutterland. Die Grundlage des holländischen Außenhandels bildete der alte Warenverkehr zwischen Nord- und Westeuropa in einem Gebiet, das sich von den Britischen Inseln im Westen und Gibraltar im Süden bis nach Bergen und zum Finnischen Meerbusen im Norden und Nordosten erstreckte. Man vermittelte Heringe aus der Nordsee – niederländische Fischer fingen in guten Jahren über 200 Millionen Heringe –, Salz aus der Biskaya und Wein aus Frankreich in den Ostseeraum. Hier wurden schwedisches Eisen und Kupfer, in erster Linie aber Getreide, Holz und Waldwaren sowie gewerbliche Rohstoffe (Flachs und Hanf) eingetauscht. In der zweiten Hälfte des 16. Jahrhunderts verdrängten die Holländer allmählich die Hansestädte aus dem Westhandel, indem sie sich auf den schnellen und preiswerten Transport der Massengüter Getreide, Holz, Hering und Salz konzentrierten.[27] Schließlich ermöglichte ihnen der Ostseehandel, in anderen Handelsgebieten Fuß zu fassen. So konnten sie im ausgehenden 16. Jahrhundert, als Missernten West- und Südeuropa heimsuchten, ihr Getreidemonopol für Ostseegetreide ausspielen und den Handel mit dem Mittelmeer intensivieren.[28]

Auf dieser Basis dehnten die Niederlande ihre Handelsgebiete in den Levantebereich sowie auf die Azoren und Madeira aus und im beginnenden 17. Jahrhundert erfolgte der Vorstoß in den Westindien- und Afrika- sowie in den Ostindienhandel. Letztere galten bis dahin als spanische und portugiesische Domänen.[29]

Grundlage für die niederländische Beherrschung des Welthandels war die einmalige Kontrolle des Handels mit Massengütern und desjenigen mit Luxusgütern. Letzteren konnten die Holländer jedoch nur dominieren, weil sie über die technisch überlegenen verarbeitenden Gewerbe verfügten. Diese profitierten wiederum von den nahezu unbegrenzten Vorräten an Farbhölzern, Chemikalien und seltenen Rohstoffen, die ihnen der Handel beschaffte. So hatte das Land einen uneinholbaren Preisvorteil, der von den Nachbarstaaten nur durch militärische Maßnahmen oder subventionierte merkantilistische Unternehmungen zunichte gemacht werden konnte. Aber selbst die Handelskriege mit England im dritten Viertel des 17. Jahrhunderts beseitigten zunächst nicht die niederländische Vormachtstellung.[30] Zwar hatte die englische Navigationsakte (*First Navigation Act*) 1651 festgesetzt, dass Importwaren vom Ursprungsland direkt nach England gebracht werden mussten und der Transport nur auf Schiffen des Herkunftslandes oder Englands erfolgen dürfe. Aber der *Navigation Act* erwies sich als nicht durchführbar, solange England nicht in

Abb. 5: Hendrick Vroom, Niederländische Schiffe vor Schloss Kronborg im Öresund, 1620

der Lage war, die geforderte Rolle einer Handelsmacht auszufüllen und wenigstens die eigenen Siedler in den überseeischen Kolonien adäquat zu versorgen. So erreichte der niederländische Handel kurz nach den Kriegen wieder sein altes Niveau. Langfristig abträglicher erwiesen sich die protektionistischen Maßnahmen der merkantilistischen Staaten, die bestimmte niederländische Erzeugnisse mit Importverboten oder hohen Einfuhrzöllen belegten und so die betreffenden Handels- oder Gewerbezweige ruinierten.

Durch kontinuierliches Wachstum wurde auch die englische Schifffahrt konkurrenzfähig. Im Handel mit England fragten daher niederländische Kaufleute englische Transportdienstleistungen in der Nordsee nach. Zur Vermeidung von Leerfahrten boten englische Reeder und Schiffer eine Dreiecksfahrt an: Ihre Schiffe exportierten Kohle oder Getreide nach Rotterdam, fuhren mit gewerblichen Produkten und Kolonialwaren weiter nach Norwegen und transportierten schließlich von dort das im Schiffbau benötigte norwegische Holz nach England. Diese Dreiecksschifffahrt, in die Hamburg und Bremen ebenfalls einbezogen waren, stärkte die englische Position in der Nordseeschifffahrt.[31]

Im 18. Jahrhundert war die Ostseeschifffahrt noch immer eine

Domäne der Niederlande, obwohl Engländer und Skandinavier am Aufschwung deutlich partizipierten. Aus den Erträgen des Sundzolls (Grafik, S. 131) lässt sich ablesen, dass die Zahl der den Sund passierenden Schiffe das gesamte Jahrhundert lang kontinuierlich anwuchs, wobei selbst der Polnische Erbfolgekrieg mit Belastungen für Danzig und der Siebenjährige Krieg nur kurze Einbrüche verursachten. Insgesamt erscheint der Ostseehandel trotz kurzfristiger Schwankungen langfristig stabil.

Der Sund war in dieser Zeit vermutlich die meistbefahrene Wasserstraße der Welt. Um 1730 passierten gut 2000 Schiffe jährlich den Sund in die Nordsee mit einer Ladung von rund 400 000 Tonnen, die sich um 1750 auf über 500 000 Tonnen erhöht hatte und damit viermal so groß war wie der Sklavenhandel über den Atlantik.[32]

Briten und Skandinavier profitierten vom Strukturwandel im Ostseeraum, wo anstelle von Hering und Salz zunehmend Textilien und Kolonialwaren als Importgüter nachgefragt wurden. Entsprechend versorgten britische Schiffe vor allem den neuen russischen Hafen St. Petersburg mit englischen Textilien und kolonialen Reexporten wie Zucker, Kaffee und Tabak. Schwedische und britische Schiffe übernahmen den Holz- und Waldwarentransport aus dem Ostseeraum nach Großbritannien.[33]

4. Bauern, Tuchmacher, Unternehmer und Künstler: Die Niederlandisierung des Ostseeraums

Schifffahrt und Handel vom Nord- in den Ostseeraum lösten vielfältige kulturelle Transfers aus. Aus den veränderten sozialen und ökonomischen Strukturen entstanden neue kulturelle Bedingungen. So waren die niederländische Einwanderung und der niederländische Kultureinfluss im Ostseeraum von der zweiten Hälfte des 16. Jahrhunderts an allgegenwärtig. Grundsätzlich kann man dabei folgende vier Gruppen unterscheiden: Bauern, Handwerker, Kauf- und Seeleute sowie Künstler.[34]

Bei der bäuerlichen Einwanderung handelte es sich im Wesent-

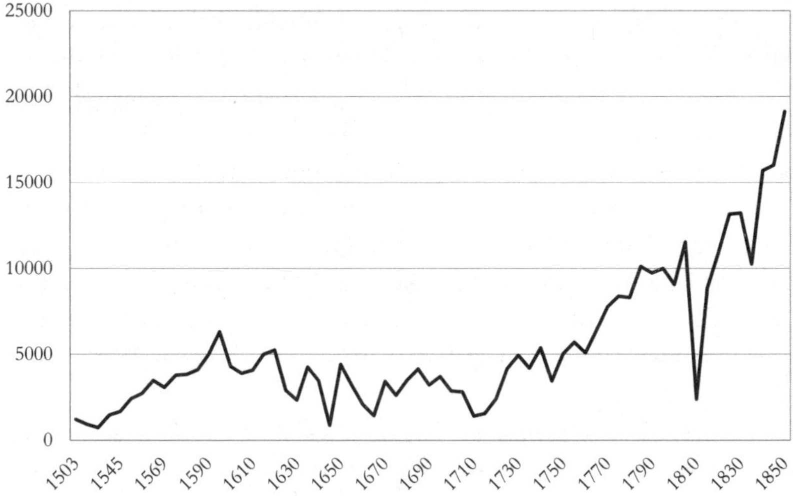

Schiffspassagen durch den Sund 1503–1845
J. Ojala, Research Potential of the Database and Guidebooks (Conference Paper, unveröffentlicht) (Quellenangabe bei Ojala: Rigsarkivet, Copenhagen, Øresunds toldkammarets arkiv, Øresunds skiblistebøger 1800–1850).

lichen um friesische Mennoniten, die seit der Mitte des 16. Jahrhunderts im Königlichen Preußen siedelten. Aufgrund ihrer Techniken bei der Landgewinnung aus dem Meer wurden sie von den königlichen Domänen und Grundherren entlang der Weichsel für ihre Ländereien angeworben. Die Mennoniten schlossen langfristige Pachtverträge, genossen persönliche Freiheit und bildeten den Kern eines unabhängigen und selbstbewussten Großbauerntums, das in den anderen polnischen Regionen seinesgleichen suchte.[35]

Eine weitere Immigrantengruppe bildeten die Handwerker. Calvinistische Tuchmacher emigrierten aus den südlichen Niederlanden nicht nur in den Norden, sondern auch in größerer Zahl in die Ostseestädte. In Königsberg und Danzig revolutionierten sie – ähnlich wie in Leiden – die Tuchherstellung, indem sie die Fabrikation leichter Wolltuche und die Tuchfärberei einführten. Außerdem erlebten die Seidenweberei und das Posamentiererhandwerk durch holländische Einwanderer – die Posamentierer waren meist Mennoniten – einen neuen Aufschwung.[36]

Von erheblicher Bedeutung waren Kaufleute, Faktoren und Bankiers. Sie ließen sich in den Ostseehäfen zeitweilig oder auch dauerhaft nieder und erwarben zum Teil das Bürgerrecht. Die meisten niederländischen Kaufleute lebten zunächst in Danzig, dem Zentrum des Ostseehandels. Allein die Zahl holländischer Faktoren, die im Auftrag von Amsterdamer Firmen den Handel lenkten und Kredit- und Wechselgeschäfte tätigten, wuchs hier um die Mitte des 17. Jahrhunderts auf 40–50 und später sogar auf 75 Personen. Einer der eingewanderten Niederländer versuchte sogar, eine Wechselbank nach Amsterdamer Vorbild zu gründen, scheiterte aber am Widerstand des Danziger Rates.[37]

Schweden war ebenso ein Betätigungsfeld niederländischer Unternehmer, aus denen Louis de Geer herausragt. Dieser hatte während des Dreißigjährigen Krieges sein Auge auf die Kupfergruben von Falun geworfen, als Kupfer für Waffen (Kanonenguss) in großen Mengen benötigt wurde. 1627 siedelte er nach Schweden über und baute in Norrköping und Umgebung ein Metallimperium auf, das Eisengießereien, Messing- und Waffenherstellung umfasste. Er verkaufte seine Produkte (Kanonen, Munition und Gewehre) auf dem Amsterdamer Markt und rüstete nach dem Eintritt Schwedens in den Dreißigjährigen Krieg die schwedische Armee aus.[38]

De Geer rekrutierte 1643 eine niederländische Hilfsflotte für Schweden, die gegen Dänemark kämpfen sollte. Bedeutender als diese einmalige Aktion war die Migration von niederländischen Marineoffizieren nach Schweden, die um die Mitte des 17. Jahrhunderts ungefähr die Hälfte der schwedischen Kapitäne und Leutnants stellten und wegen ihres Fachwissens abgeworben wurden, wogegen einfache Seeleute in Schweden und Finnland angeheuert werden konnten.[39] Auch Dänemark und Brandenburg-Preußen griffen für ihre ambitionierten Projekte asiatischer oder afrikanischer Handelskompanien auf niederländische Experten zurück.[40]

Abgesehen von diesem Humankapital nutzte man niederländische Atlanten und nautische Lehrbücher. Zu erwähnen sind vor allem Claes Hendrickszoon Gietermakers *'t Vergulde licht der zeevaert ofte konst der stuurlieden* (Amsterdam 1659) und die *Schat-kamer ofte kunst der stuur-*

lieden von Klaas de Vries (Amsterdam 1702). Gietermakers Werk wurde bis ins ausgehende 18. Jahrhundert in den Seemannsschulen der Nordfriesischen Inseln genutzt, in denen während der langen Winterabende die friesischen Steuerleute in der Navigation unterrichtet wurden. Noch länger, nämlich bis 1802, waren Gietermaker und de Vries in Kopenhagen und Danzig in Gebrauch. Dabei wurde Navigation, wie übrigens auch auf der Halbinsel Fischland-Darß-Zingst, oftmals in niederländischer Sprache gelehrt. Die niederländischen Handbücher wiesen Norddeutschen, Dänen und Schweden zunächst den Weg in die arktischen Gewässer und wenig später sogar in die Karibik und den Indischen Ozean.[41]

Eine letzte Einwanderergruppe in den Ostseeraum bildeten die niederländischen Architekten, Künstler und Kunsthandwerker. Dazu gehörten beispielsweise die Fayenciers, die die Keramikproduktion nach Delfter Vorbild ankurbelten, und Möbeltischler, die die bürgerlichen und adligen Häuser ebenso schmückten wie die Weber von Tapisserien aus dem Süden der Niederlande. Vor allem aber ließen sich Architekten, Bildhauer und Maler nieder.

Hierbei spiegeln sich die niederländischen Einflüsse in der Rezeption von Künstlern und Bildern wider. Niederländische Gemälde finden wir in königlichen, adligen und bürgerlichen Sammlungen, in die sie durch Maler und später Kunsthändler vermittelt wurden.[42] Architekten und Künstler wie Anthoni van Obberghen (Mechelen), Willem und Abraham van den Blocke (Mechelen), die Maler Jan Vredeman de Vries (Leeuwarden) und Isaak van den Blocke, die Kupferstecher Clas Jansz. Visscher (genannt Piscator) und Willem Hondius (Den Haag) etc. arbeiteten für verschiedene Auftraggeber sowohl in Kopenhagen als auch in Danzig.

Ein Beispiel ist Hans van Steenwinckel der Ältere, der in Antwerpen geboren war und dessen Familie im Zuge des niederländischen Aufstandes nach Emden floh, wo der Vater das Rathaus baute. 1578 heuerte Anthoni van Obberghen van Steenwinckel als Assistenten für den Bau von Schloss Kronborg am Sund an. Als königlicher Architekt Christians IV. arbeitete er an den dänischen und norwegischen Küstenfestungen und errichtete außerdem die neue Festungsstadt

Christianopel (1599), während seine Söhne Kopenhagen umgestalteten.[43]

Die Ansicht Kopenhagens von Jan Dircksen (1611) zeigt viele neue Giebelhäuser im niederländischen Stil, von denen nur noch wenige erhalten sind. Öffentliche Bauten, wie das Waisenhaus, die Börse und Wohnhäuser für Seeleute und Tuchhandwerker, folgten diesem «fortschrittlichen» Stil. Holländische Architekten arbeiteten auch in Schweden, wo sie an der Befestigung Göteborgs (1603/07) und Kalmars (1613) mitwirkten, und vor allem in Danzig.[44]

VI.
Indischer Ozean

«Von diesem Land, Calicut, oder Oberindien (Alta India), kommen die Gewürze, die im Osten und Westen konsumiert werden, in Portugal, wie in allen anderen Ländern der Welt, und ebenfalls Edelsteine jeder Art. Die folgenden Gewürze werden in der Stadt Calicut gefunden, als deren Produkt sie gelten. Viel Ingwer und Pfeffer und Zimt, obwohl Letzterer nicht von der feinen Qualität ist, wie derjenige, der von der Insel Ceylon stammt, die acht Tagesreisen von Calicut entfernt ist. Calicut ist der Stapel für allen Zimt. Nelken werden hierher von einer Insel mit Namen Malakka gebracht. Die Mekka-Schiffe bringen diese Gewürze von dort zu einer Stadt in Mekka mit Namen Dschidda. Von der genannten Insel nach Dschidda beträgt die Reisezeit 50 Tage Segelns vor dem Wind. In Dschidda entladen sie ihre Ware und zahlen Zoll an den Großsultan. Die Ware wird dann auf schmaleren Booten verschifft, die sie durch das Rote Meer nach Suez […] bringen, wo erneut Zoll fällig wird. Von hier aus befördern die Kaufleute die Gewürze auf dem Rücken von Kamelen […] nach Kairo, eine Reise von weiteren zehn Tagen. In Kairo wird wiederum Zoll entrichtet […].» [1]

Anonym

Mit diesen Zeilen schildert der anonyme Autor des Bordbuches von Vasco da Gama die Details des Gewürzhandels im Bereich des Indischen Ozeans. Er führt weiter die Gewinne vor Augen, die der Großsultan dank der Nachfrage der Venezianer und Genuesen machte, die die Gewürze in Alexandria an Bord ihrer Galeeren nahmen. Hier wird bereits ein Motiv angesprochen, warum Portugiesen, Niederländer und andere Europäer die Seefahrt in den Indischen Ozean ausdehnten: die Partizipation am Gewürzhandel.

1. Ein harter Konkurrenzkampf: Portugiesen, Niederländer und Engländer

Die portugiesischen Bemühungen um den Seeweg nach Indien setzten schon im 15. Jahrhundert ein und waren lange Zeit nicht von der atlantischen Expansion zu trennen. Auf beiden Fahrtrouten stellten die 40 km voneinander entfernten Atlantikinseln Madeira und Porto Santo eine wichtige Etappe dar.

Das antike Wissen um diese Inseln war verloren gegangen, und auch die Entdeckungsfahrten der Mallorquiner in den Atlantik hatten hier keine Spuren hinterlassen. Der portugiesische Königssohn Heinrich (später genannt «der Seefahrer») nahm die Kolonisation der Inseln in Angriff und ernannte den italienischstämmigen Bartolomeu Perestrelo, der später der Schwiegervater von Christoph Kolumbus werden sollte, zum Gouverneur. Auf den Inseln, auf denen Zuckerrohr und Weinstöcke angepflanzt wurden, begann man mit der Ansiedlung von Kolonisten. 1427 entdeckten die Portugiesen die ersten Azoreninseln, und ab 1439 ließ Heinrich einige von ihnen wirtschaftlich erschließen. Für spätere Fahrten in den Südatlantik sollten Madeira und Porto Santo von großer Bedeutung werden.[2] 1433 tat Gil Eanes einen weiteren Schritt in diese Richtung und umsegelte das Kap Bojador. Alle Befürchtungen der Seeleute, in Äquatornähe auf Antipoden und Ungeheuer zu treffen und die hohen Temperaturen nicht aushalten zu können, erwiesen sich als unberechtigt. Bis 1448 müssen mehr als 50 Schiffe über das Kap hinausgefahren sein; sie brachten auf dem Rückweg schwarze Sklaven und afrikanisches Gold mit. Damit nahm ein Handelsimperium, das sich von der afrikanischen Küste auf Höhe der Kapverden über die Azoren und Madeira bis zur Algarve erstreckte, erste Konturen an. Auf der Insel Arguim (vor der Küste des heutigen Mauretanien) wurde eine Faktorei errichtet.

In der Folgezeit gingen die Vorstöße entlang der afrikanischen Küste weiter voran. Nach dem Tod Heinrichs des Seefahrers 1460 wurde die Entdeckung neuer Gebiete 1468 Fernão Gomes übertragen, der gegen eine Handelskonzession die Auflage erhielt, pro Jahr 100 Meilen Küste zu erforschen. Entsprechend erreichten João de Santarém und Pedro Escobar das heutige Ghana, und kurze Zeit später gelangte Fernão do Póo in die Gebiete des heutigen Nigeria und Kamerun. Gleichzeitig wurden die Inseln des Golfs von Guinea – São Tomé, Príncipe und Annobón – entdeckt. Die Seefahrer benannten die neuen Küstengebiete nach der dort hauptsächlich gehandelten Ware: Costa da Malagueta oder do Grão (Pfeffer- oder Kornküste, das heutige Liberia), Costa da Marfim (Elfenbeinküste), Costa do Ouro (Goldküste, das heutige Ghana), Costa dos Escravos (Sklavenküste, heute Togo und Benin).[3]

Diogo Cão entdeckte 1482 die Kongomündung sowie auf einer weiteren Reise (1485–1486) das heutige Namibia. Von dort aus war es nicht mehr weit bis zum Kap der Guten Hoffnung, das Bartolomeu Dias 1488 umrundete. Er erkannte, dass er die Südspitze Afrikas erreicht und damit einen offenen Seeweg nach Indien gefunden hatte. Neben diesen Entdeckungen, die nur zehn Jahre später durch Vasco da Gamas Erfolg gekrönt wurden, schritten die innerafrikanischen Erkundungen voran. Hier suchte man nach Gold und Gewürzen sowie nach Christen, insbesondere nach dem sagenhaften Priesterkönig Johannes am Horn von Afrika.

Johann II. sandte zu diesem Zweck 1487 eine Mission unter der Führung von Pero de Covilhã und Afonso de Paiva aus. Bereits ein Jahr zuvor hatte man zwei Priester auf den Weg geschickt, die zwar Jerusalem erreichten, aber wegen ihrer mangelnden Sprachkenntnisse unverrichteter Dinge zurückkehrten. Covilhã dagegen war aufgrund seiner in mehreren Gesandtschaften nach Nordafrika gewonnenen Arabischkenntnisse für das Unternehmen hervorragend qualifiziert. Er und Paiva verkleideten sich als maurische Kaufleute und reisten über Alexandria und Kairo nach Aden, das sie 1488 erreichten. Im Folgenden begab sich Paiva nach Äthiopien, wo er allerdings starb. Covilhã hingegen nahm zunächst ein Boot nach Cannanore und besuchte anschließend Calicut und Goa. Auf dem Rückweg reiste er über Hormuz und Aden nach Kairo, wo er auf zwei jüdische Gesandte traf, die ihn und Paiva im Auftrag des Königs suchten. Covilhã übergab seinen Bericht über die Einzelheiten des Gewürzhandels und über den Seeweg von Guinea bis nach Madagaskar. Ob König Johann II. diesen Bericht je erhielt, ist nicht mit Sicherheit zu sagen, aber etwa gleichzeitig (1488) reiste ein äthiopischer Priester über Rom nach Portugal, wo er am Hofe empfangen wurde. Covilhã selbst setzte nach dem Treffen in Kairo seine Reise über Dschidda, Mekka und Medina nach Äthiopien fort, wo er den Hof des vermeintlichen Priesterkönigs Johannes erreichte und 1526 starb.[4]

Anders als Christoph Kolumbus konnte Vasco da Gama, nachdem er am 8. Juli 1497 Belém verlassen hatte, lange Zeit auf bekannten Routen in Richtung Indien segeln. Weihnachten verbrachte er in einer Bucht jenseits des Kaps der Guten Hoffnung, der er deshalb den Namen «Natal» gab, und mit Hilfe eines arabischen Lotsen erreichte er nach einer Fahrt über die Arabische See im Mai 1498 Calicut an der Malabarküste.

Hier wurde Vasco da Gama allerdings nicht mit offenen Armen empfangen.[5] Die Portugiesen hatten noch nicht verstanden, dass Calicut eines der bedeutendsten Handelszentren darstellte, in dem sich die Kaufleute mit den Schätzen aus dem Fernen sowie dem Mittleren Osten trafen. Die Geschenke, die Vasco da Gama hastig zusammensuchte,[6] um sie dem Raja zu präsentieren, beeindruckten diesen wenig, der in einem prächtigen Palast lebte und Gold- und Elfenbeingeschenke gewohnt war.[7] Da die arabischen Händler, die den Gewürzhandel beherrschten, neue Konkurrenz witterten, konnte Vasco da Gama nur unter Schwierigkeiten eine Gewürzladung zusammenbringen und wich in das im Norden liegende Goa aus, das später zum wichtigsten Stützpunkt der Portugiesen avancieren sollte.

Aber selbst die geringen Pfeffermengen, die da Gama zurück nach Lissabon brachte, ließen den europäischen Pfeffermarkt zusammenbrechen. Eine zweite Reise 1502 diente vor allem der Faktorei- und Stützpunktbildung in Asien sowie der Zurückdrängung der arabischen Konkurrenz. Hierbei konnten die Portugiesen ihre militärische Überlegenheit mit kalkuliertem Terror – Schiffe wurden geplündert und samt ihren Passagieren und der Besatzung verbrannt – gegenüber arabischen Kaufleuten und Mekkafahrern ausspielen. Die Pfef-

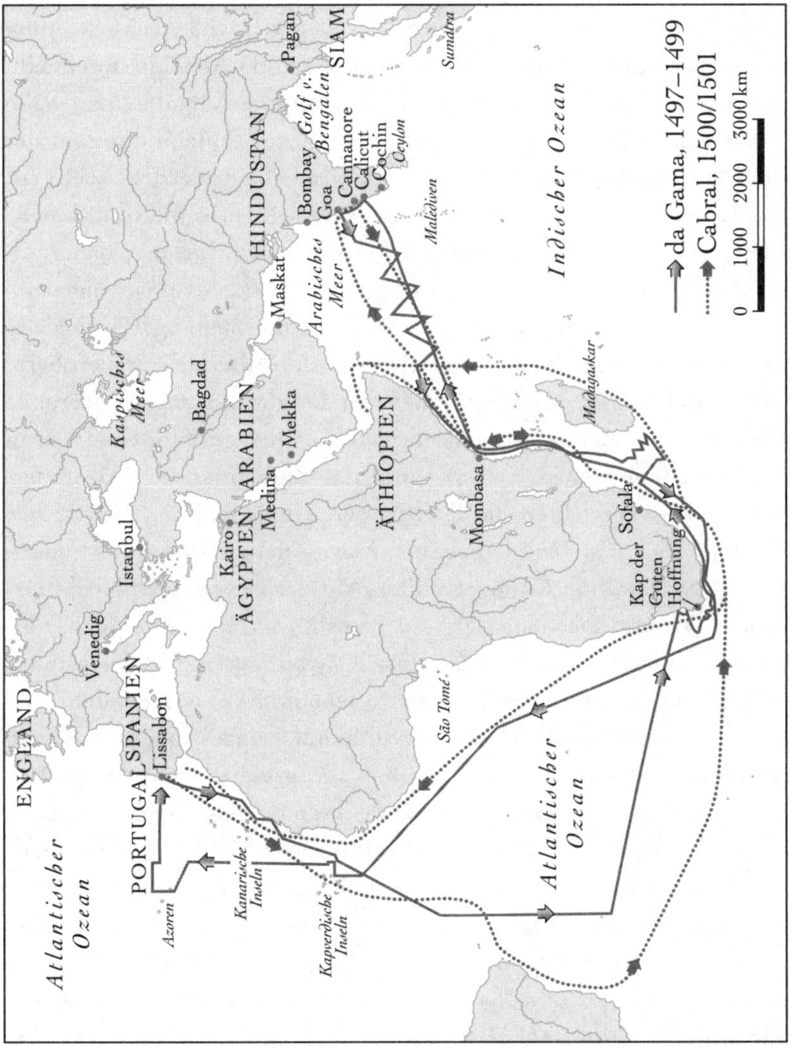

Karte 11: Die Reisen von Vasco da Gama und Pedro Alvares Cabral

ferausbeute war nun so groß, dass sie einen Run der oberdeutschen und westeuropäischen Kaufleute auf Portugal auslöste und gleichzeitig den portugiesischen König zur permanenten Präsenz seines Landes in Indien bewegte. 1505 wurde der *Estado da Índia* zur Verwaltung des Indienhandels gegründet und Francisco de Almeida unterstellt, der den Titel eines «Vizekönigs» erhielt und die Aufgabe übertragen bekam, den Ausbau und die Befestigung von Stützpunkten an der Ostküste Afrikas und in Goa voranzutreiben. Außerdem sollte Almeida mit Hilfe einer Sperrung des Roten Meeres die traditionelle Pfefferroute blockieren. Obwohl Letzteres nicht gelang, baute Almeida bis zu seinem Tode – er wurde 1508 bei einem Viehdiebstahl von Buschleuten im Kapland erschlagen – die Stellung Portugals in Indien aus. Sein Nachfolger, Afonso de Albuquerque, eroberte 1511 Malakka, das durch seine Lage an der gleichnamigen Meerenge (Straße von Malakka) einen wichtigen Zugang vom Indischen Ozean in den Indonesischen Archipel und das Südchinesische Meer darstellte.[8] 1515 erreichten die Portugiesen Timor und ein Jahr später Kanton, aber erst 1554 wurde mit Macao dauerhaft ein portugiesischer Stützpunkt in China errichtet. Mit der zeitweiligen Niederlassung in Hirado und Nagasaki auf Kyushu in Japan und der Gründung einer Faktorei auf der Zimtinsel Ceylon war ein Netz befestigter Stützpunkte und unbefestigter Faktoreien im Kern ausgebildet.[9]

Der portugiesische Handel beruhte auf Konzessionen des *Estado da Índia*, mit denen man Konkurrenten auszuschließen versuchte. Um die Mitte des 16. Jahrhunderts wurde dann regelmäßig eine Karacke ausgeschickt, die alle Regionen des Indischen Ozeans und des Südchinesischen Meeres miteinander verbinden sollte, was zuletzt unter dem chinesischen Admiral Zheng He geschehen war. Die Reise wurde in mehreren Etappen (Goa – Malakka, Malakka – Molukken, Malakka – Macao, und Macao – Hirado) unternommen und war vor allem auf ihren letzten Abschnitten durch den Import chinesischer Güter nach Japan besonders lukrativ.[10]

Dazu kam geringer Territorialbesitz, der das portugiesische Kolonialsystem mit Verbrauchsgütern und Menschen versorgte. Bereits Albuquerque hatte erkannt, dass Portugals Bevölkerung nicht ausreichte, um jährlich neue Männer nach Asien zu schicken, die dann dort ohne legitime Nachkommen blieben, da sich nur selten Portugiesinnen in diese Regionen wagten. Effektiver als die Verschickung von Waisenmädchen erwies sich die Förderung von Eheschließungen zwischen Portugiesen und getauften Frauen der einheimischen Oberschicht.[11]

Die Zahl der Männer blieb allerdings gering (12 000 bis 14 000), so dass man im Alltag auf Sklaven angewiesen war, die aus allen Regionen des Indischen Ozeans rekrutiert wurden. Zur Aufrechterhaltung des Handels und der militärischen Präsenz bedurfte es der Unterstützung einheimischer Fürsten. Entsprechend zeigte die Ausdehnung des portugiesischen Stützpunktsystems eine hohe Anfälligkeit für feindliche Einflüsse, wenn Allianzen kippten bzw. von den Rivalen herausgefordert wurden.[12]

Über die nächsten 400 Jahre versuchten die Portugiesen und ihre europäischen Rivalen, die Einfuhr asiatischer Produkte in Europa zu monopolisieren sowie die Einheimischen wie die Kaufmannsdiaspora, die den Handel kontrollierten, aus dem Geschäft zu drängen. Dies gelang weder Portugiesen noch Niederländern und Engländern. Stattdessen öffneten sie den Handel für eine Vielzahl von Akteuren und Gruppen aus allen Teilen der damaligen Welt.

Am erfolgreichsten erscheint der niederländische Handel mit Indien und Südostasien. Es waren Abenteurer, die das Interesse an Asien weckten. Zu diesen gehörte Jan Huygen van Linschoten, der in Portugal und Spanien in die Kaufmannslehre ging und 1581 Sekretär des Erzbischofs von Goa wurde. Dort interessierte er sich für den Handel mit asiatischen Waren und gewann Einblicke in das sich formierende portugiesische Seereich und in die als geheim eingestuften Seekarten. Nach dem Tod des Erzbischofs erlitt er auf der Rückfahrt Schiffbruch, kehrte nach zwei Jahren Zwangsaufenthalt auf den Azoren über Lissabon in die Niederlande zurück und ließ sich in Enkhuizen – der Hafenstadt an der Zuiderzee – nieder, wo er einen anderen Asienhändler, Dirck Gerritsz. Pomp, auch Dirck China genannt, traf.

Pomp hatte ebenfalls in Lissabon den Kaufmannsberuf erlernt und war als Händler in Goa tätig gewesen, von wo er auch Reisen nach Japan und China unternahm. Die Berichte Pomps und Linschotens flossen ebenso wie die aus den Seekarten gewonnenen Erkenntnisse in Linschotens Hauptwerk *Itinerario* (1596) ein, das mit vielen Abbildungen, die das Leben in Goa, an der Malabarküste und in China darstellen sollten, die Niederländer nach Asien lockte.[13]

Nachdem die erste Flotte unter dem Kommando von Cornelis de Houtman 1595 in Java eingetroffen war, vereinigten sich 1602 die am Ostindienhandel beteiligten holländischen und seeländischen *voorcompagnieen* zu einer Monopolgesellschaft, der *Vereenigden Oost-Indischen Compagnie* (VOC).[14]

Die VOC war eine konzessionierte Aktiengesellschaft, der die Generalstaaten souveräne Rechte übertrugen und erlaubten, Forts anzulegen, Soldaten anzuwerben oder mit ausländischen Herrschern Verträge abzuschließen. Die Gesellschaft wurde in sechs Kammern (Amsterdam, Seeland, Rotterdam, Delft, Hoorn und Enkhuizen) untergliedert, die selbständig Schiffe bauten, ausrüsteten und die einkommenden Waren verkauften.[15] Schon bald spekulierte man mit den Anteilen, den Aktien, die im Laufe des Jahrhunderts weit über ihrem ursprünglichen Wert gehandelt wurden. Die Kammern leiteten die sogenannten *bewindhebbers,* auf Lebenszeit bestellte Direktoren, die aus ihren Reihen das Leitungsgremium, die *Heeren XVII,* wählten. 1609 wurden die Aufgaben in Asien einem Generalgouverneur übertragen, der vor Ort mit friedlichen oder mit militärischen Mitteln den niederländischen Zugriff auf die Gewürze sichern sollte.[16]

Angesichts der Tatsache, dass Pfeffer auf Java und Sumatra, feine Gewürze wie Nelken und Muskatnuss auf den Molukken wuchsen, benötigte die VOC ein Zentrum in diesem Gebiet, von wo aus sie den Pfeffer- und Gewürzhandel unter Kontrolle bringen konnte. Diese Idee stammte von Admiral Cornelis Matelieff de Jonge, der 1606 vergeblich Malakka belagert hatte, und wurde vom Generalgouverneur Jan Pietersz. Coen umgesetzt. In unmittelbarer Nähe des Pfefferhafens Banten auf Java an der Stelle des vormaligen Jacatra gründete er die Festung Batavia (die heutige indonesische Hauptstadt Jakarta). Anders als Malakka war Batavia dank der Lage an der Sunda-Straße ganzjährig gut zu erreichen.[17]

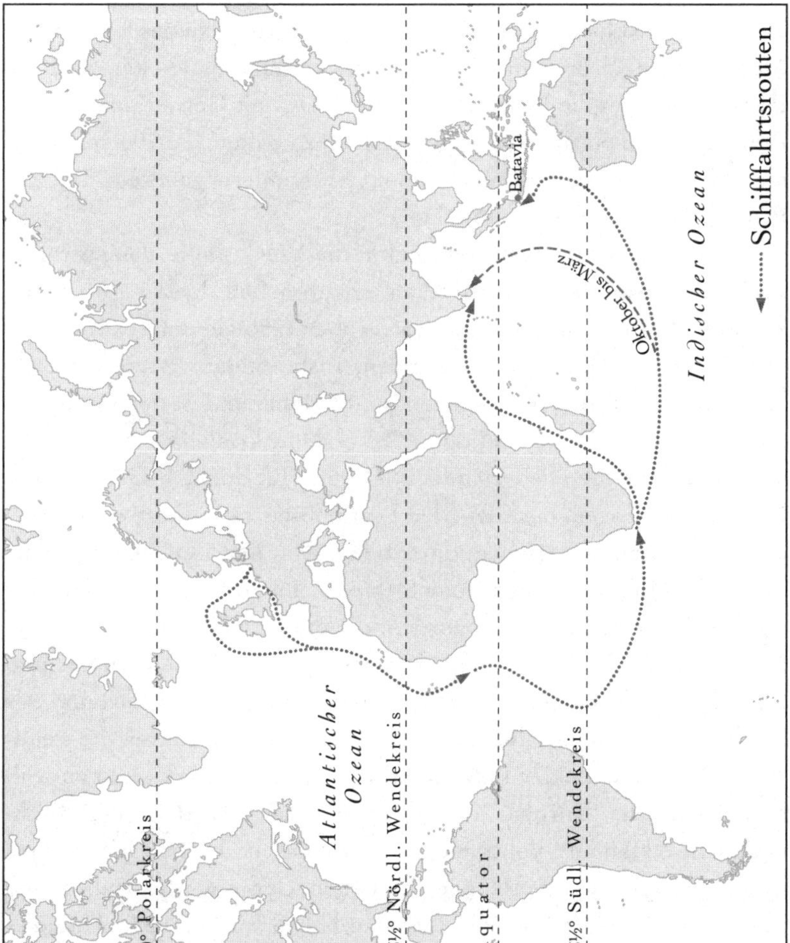

Karte 12: Schifffahrtsrouten von den Niederlanden nach Asien

Coen musste zwar weiterhin die englische Konkurrenz dulden, die aber hinsichtlich der Kapitalausstattung und des Handelsvolumens unterlegen war. Das eigentliche Ziel der VOC war der lukrative intra-asiatische Handel, an dem Portugiesen, Spanier und Engländer teilhatten. Exklusive Lieferverträge sollten den Niederländern das Monopol bei Nelken und Muskatnüssen sichern. Hielten sich die Partner nicht an die Verträge, ging die VOC mit Gewalt vor. Um die Preise auf dem europäischen Markt hoch zu halten, wurden nicht nur die Produzenten getötet oder versklavt, sondern auch ein Teil der Produktionsressourcen vernichtet.

Große Anstrengungen unternahm die VOC, um in das portugiesische Stützpunktsystem in Indien einzubrechen. Dabei ging es um Zimt aus Ceylon, das man bis 1658 eroberte, sowie um Textilien von der Koromandelküste und Bengalen. Insbesondere Baumwolltextilien und Seide lösten im ausgehenden 17. Jahrhundert den Pfeffer als dominierendes Handelsgut der VOC ab.[18] Lukrativ war der Handel mit Japan, wo die Niederländer 1641 von Hirado nach Deshima vor Nagasaki umzogen, nachdem den Portugiesen zwei Jahre zuvor endgültig verboten worden war, dort zu handeln. Die VOC führte Seide, Textilien, Holz und Zucker nach Japan ein, während von dort vor allem Edelmetalle geliefert wurden, die die VOC für den Einkauf in Indien und im Indonesischen Archipel brauchte: Silber, Kupfer und die goldenen Kobangs.[19] Das Verbot des Silberexports 1668 und der Rückgang des japanischen Handels insgesamt reduzierten die asiatischen Silbervorräte der VOC drastisch, weshalb sie verstärkt zur Silbereinfuhr aus Europa übergehen musste. Da der europäisch-asiatische Handel kontinuierlich wuchs und die in Europa nachgefragten Textilien sowie die neuen Genussmittel Kaffee und Tee nur noch gegen Silber in Asien zu haben waren, verschlang dieses Geschäft immer mehr Edelmetall.

Über die Gewinne im niederländischen Asienhandel sind wir besser als über jeden anderen Handelsbereich informiert, da die VOC minutiös über Einkauf und Verkauf der Waren Buch führte. So waren die Erträge aus den Warenversteigerungen in Holland ungefähr dreimal so hoch wie der Einkaufspreis in Asien. Die Lage veränderte sich im 18. Jahrhundert, als die Gewinnspannen geringer, die Investitionskosten jedoch größer wurden und die VOC – bedingt vor allem durch die hohen Dividendenzahlungen von bis zu 36 % – in die roten Zahlen geriet.[20] Vom asiatischen Geschäft profitierten einerseits die Aktionäre, die hohe Dividenden einnahmen, andererseits der niederländische Handel, der die asiatischen Waren auf den europäischen oder amerikanischen Markt reexportierte. So verwundert es nicht, dass sich führende Amsterdamer Kaufleute, wie Gerrit Bicker oder Gerrit Reynst, sowohl im west- als auch im ostindischen Handel engagierten. Der Ostindienhandel ermöglichte darüber hinaus zahlreichen Bediensteten der VOC den sozialen Aufstieg in den Niederlanden, falls sie die langen Seereisen und den Aufenthalt in den Tropen überlebt hatten.

Im neuen Zentrum Batavia trafen holländische Ostindienfahrer auf chinesische Dschunken. Europäische und einheimische Kaufleute aus Südostasien waren hier ebenso präsent wie Soldaten und Sklaven, wobei sich die Niederländer zahlenmäßig in der Minderheit befanden (Tab. 1).

Die holländische Kolonie setzte sich aus dem Kompaniepersonal und den sogenannten Freibürgern zusammen, die häufig im Dienst der Gesellschaft als Kaufleute oder Soldaten gestanden hatten. Meistens lebten die Männer mit einheimischen Konkubinen zusammen und heirateten mit der Zeit Eurasierinnen oder Frauen aus anderen asiatischen Gebieten. Chinesen hatten bereits vor den Niederländern in Jacatra gelebt, andere kamen als Handwerker; eine weitere Gruppe bildeten die chinesischen Grundbesitzer, die sich in der Zuckerproduktion betätigten. Die Mardijker waren getaufte Exsklaven, die bereits von den Portugiesen ihre Freiheit erhalten hatten, portugiesische Namen trugen und Portugiesisch sprachen. Manche hatten auch holländische Namen bei der Taufe erhalten. Während ihrer militärischen Kampagnen bedienten sich die Niederländer der Balinesen als Hilfstruppen. Hinzu kamen die Malaien, eine Gruppe muslimischer Händler und Schiffer. Niederländer, Chinesen, Mardijker, aber genauso Malaien und Balinesen rivalisierten miteinander im Sklavenhandel. Sklaven wurden an vielen Orten im Bereich des Indischen Ozeans sowie im Indonesischen Archipel erworben und per Schiff auf die Sklavenmärkte, insbesondere nach Batavia, gebracht.[21] Aber auch auf anderen Stützpunkten der VOC, beispielsweise am Kap der Guten Hoffnung, weisen Sklavennamen wie Rosetta von Bengalen oder Pieter von Macassar auf die Herkunft hin.

Tabelle 1: Ethnische Zugehörigkeit in Batavia, 1679[22]

Zugehörigkeit	**Anzahl**	**Prozent**
Niederländer	2227	7,0
Eurasier	760	2,4
Chinesen	3220	10,0
Mardijker	5348	17,0
Javaner	1391	4,3
Malaien	1049	3,3
Balinesen	1364	4,2
Sklaven	16695	51,8
Gesamt	32054	100,0

Mit der Gründung und dem erfolgreichen Ausbau von Batavia und des VOC-Netzwerks am Indischen Ozean veränderte sich die Rolle Malakkas. Obwohl den Portugiesen Malakka als großes Emporium vorgeschwebt hatte, setzten mit seiner Eroberung großräumige Handelsverschiebungen ein. Die muslimischen Kaufleute wichen in die Häfen Sumatras und Javas aus, während die chinesischen Händler von Fujian nach Patani und Siam zogen. Außerdem entwickelte sich Manila zum wichtigsten Umschlagplatz für die Chinesen, da sie hier das über den Pazifik kommende amerikanische Silber in Empfang nahmen. Malakka selbst veränderte sich ebenfalls unter den Portugiesen und wurde zu einer katholischen, portugiesisch sprechenden eurasischen Stadt. Trotz seiner sinkenden ökonomischen Bedeutung sahen es die Niederländer immer noch als Rivalen, den sie 1641 nach mehreren Attacken eroberten. Obwohl die Holländer die portugie-

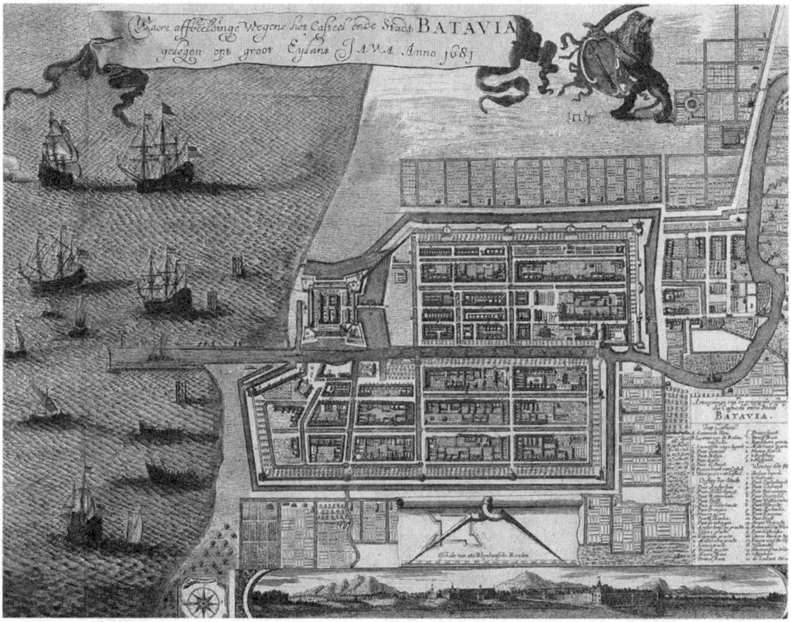

Abb. 6: Kastell und Stadt Batavia, 1681

sische Sprache ebenso wie den katholischen Glauben tolerierten, um die ökonomische Erholung nach der langen Belagerung zu fördern, dauerte es noch einige Jahre, bis Malakka als niederländisches Depot für die indischen Märkte und als strategische Festung geschätzt wurde.[23] In der kollektiven Erinnerung spielt es – dank des Stadthauses und der vielen Darstellungen – bis heute eine Rolle, die von den Engländern zumindest visuell wahrgenommen wurde, als sie Malakka 1795 zusammen mit den anderen Besitzungen der VOC übernahmen, ihre Macht und den Handel aber in Penang und Singapur konzentrierten.

Die Englische Ostindische Kompanie (EIC) begann nach ihrer Gründung im Jahre 1600, Schiffe auszurüsten und Stützpunkte für Faktoreien zu erwerben. Ein erster entstand in Banten auf Java, wo der Sultan den Engländern die Möglichkeit der Niederlassung anbot. Weitere kamen im Mogulreich in Surat und in Südindien an der Koromandelküste in Masulipatam dazu. Es gelang der EIC, von einem

Nayak des zerfallenden Vijayanagarareiches das Recht zu erwerben, ein Fort und eine Festung in der Region von Madras zu errichten, woraus sich ein sicherer Hafen und eine Basis für den Handel mit Südindien entwickelte. In Allianz mit dem Safawidenreich vermochten die Engländer 1622 darüber hinaus die Portugiesen aus Hormuz zu vertreiben und dort einen Stützpunkt zu errichten sowie Einnahmen aus dem lokalen Zoll zu erreichen.

Obwohl die Engländer von den Holländern aus Java und Ambon gewaltsam vertrieben wurden, konnten sie doch weitere Stützpunkte erwerben. Mit Fort Cormantine an der afrikanischen Goldküste ebenso wie mit der Insel St. Helena im Atlantik, die sie 1673 dauerhaft besetzten, hatten die Engländer, ähnlich wie die Niederländer am Kap (seit 1651), Versorgungs- und Proviantierungsstationen für den Schiffsverkehr mit Asien und der Neuen Welt. Eine weitere Station wurde Bombay, das die portugiesische Königstochter Katharina von Braganza als Mitgift in die Ehe mit König Karl II. brachte. Obwohl die Zeitgenossen dieses «poor little Island» (Samuel Pepys) noch nicht zu schätzen wussten, erhielt die Kompanie damit eine dauerhafte Basis mit Möglichkeiten der Expansion. Sowohl in Bombay als auch in Madras wurden Verwaltungs- und Gerichtsstrukturen aufgebaut, die die Autorität der Kompanie innerhalb der Siedlungen festigen sollten. Künftig konnten Gouverneure, Soldaten, Kleriker, Siedler, Kaufleute, Gefangene und Sklaven von einem Platz zum anderen versetzt werden und überall erwartete sie dasselbe Rechtssystem.[24]

Von den offiziellen Niederlassungen der EIC abgesehen, lief aber ein Großteil des englischen Handels im Raum des Indischen Ozeans über private Händler oder Kaufleute der Kompanie, die Privatgeschäfte betrieben. So brachte der Gouverneur von Madras, Elihu Yale, innerhalb kürzester Zeit ein Vermögen von 200 000 Pfund auf eigene Rechnung zusammen, von dem er 1716 – allerdings nur einen geringen Teil – dem später nach ihm benannten College in Connecticut spendete. Der englische Handel mit Bengalen begann zunächst auf privater Ebene mit den Häfen Hugli und Balasore und verlagerte sich allmählich in das 1690 gegründete Kalkutta, das zur Anlaufstelle der Engländer wurde.

Dabei transportierten die Schiffe englischer Kaufleute die Textilladungen indischer Händler von Bengalen nach Surat, in den Persischen Golf und das Rote Meer. Der englische Handel war jedoch nicht auf den Indischen Subkontinent beschränkt, sondern reichte über den Golf von Bengalen nach Pegu (Burma), Phuket, Aceh und Ayutthaya. Manila auf den Philippinen und Kanton wurden ebenfalls angelaufen, wobei der große Aufschwung des Chinahandels erst nach 1760 einsetzte.

In dieser Zeit war die EIC zum Herrscher Bengalens geworden und ihre Verbindung mit Einheimischen sowie privaten englischen Händlern erhöhte die Profitmargen erheblich. Bengalisches Opium und Baumwolle aus Bombay boten die Basis für die Handelsexpansion nach China, was den englischen Schiffsverkehr im Indischen Ozean und Südchinesischen Meer prägte. Die Bedeutung von Madras ging zurück, während Schiffe aus Kalkutta und Bombay den größten Teil des Handels monopolisierten. Gleichzeitig unterliefen sie mehr und mehr das von der Niederländischen Ostindischen Kompanie beanspruchte Monopol des Südostasienhandels. Sowohl in Aceh als auch Ayutthaya trafen sie chinesische Händler, denen sie Opium, Textilien, Reis und Sklaven aus dem Raum des Indischen Ozeans verkauften. Das Haupthandelsgut der Chinesen war Tee, den man entweder von den Dschunken, aber zunehmend selbst in Kanton erwarb, wo gleichermaßen Baumwolltextilien aus Bombay und Opium aus Bengalen nachgefragt wurden.[25]

Den Verlockungen der Profite konnten sich auch andere Nationen nicht entziehen. So waren französische Kaufleute schon vereinzelt in der Region tätig, bevor Frankreich 1719 mit der *Compagnie des Indes* eine für den Handel mit West- und Ostindien spezialisierte Kompanie gründete.

Obwohl die Gesellschaft ein Bestandteil des von John Law gegründeten Konglomerats von Institutionen zur Staatsfinanzierung (Entschuldung des Staates) war und bereits 1720 in einer Spekulationswelle zusammenbrach, konnte sie in den 1720er Jahren ihre Aktivitäten wieder aufnehmen und Schiffsreisen nach Pondicherry organisieren. Die größten Profite aber machten Kompanieangestellte auf eigene Rechnung. Dennoch entwickelte sich Pondicherry zur dauerhaften Niederlassung der Franzosen bis 1954.

Wesentliche Impulse verdankte der französische Handel in Indien Joseph François Dupleix, der 1731 eine Faktorei in Chandernagore in Bengalen ins Leben rief und dabei mit Niederländern, ehemaligen Angestellten der Österreichischen Ostindienkompanie und einheimischen Kaufleuten zusammenarbeitete. Gemeinsam investierten sie in Handelsgeschäfte und Schifffahrt, wobei vor allem armenische und muslimische Händler die Frachtdienstleistungen nachfragten. Dupleix' Schiffe fuhren nach Surat, Basra, zu den Malediven, nach Ostafrika, zur Arabischen Halbinsel sowie nach Aceh, Manila und Kanton.

Jedoch litten die französischen Aktivitäten im Indischen Ozean unter den globalen Auseinandersetzungen mit England (Großbritannien), die sich nicht nur in Europa und Nordamerika, sondern seit den 1740er Jahren auch auf dem Indischen Subkontinent abspielten. Am Ende des Jahrhunderts blieb als einzige Handelsverbindung diejenige zwischen Pondicherry und Mauritius.[26]

2. Silber gegen Baumwollstoffe

Es waren vor allem zwei Warensorten, die den Indischen Ozean mit den anderen Meeren verbanden: Edelmetalle und Textilien. Silber aus Mitteleuropa und später aus der Neuen Welt machte die Handelsexpansion der Europäer in und mit Asien erst möglich, weil die europäischen gewerblichen Erzeugnisse nur in geringem Maße (abgesehen von Kupfer- und Messinggegenständen bzw. Waffen) Abnehmer in Asien fanden. So bestanden zwischen 1660 und 1720 rund 80 % der englischen Exporte aus Edelmetall in gemünzter und ungemünzter Form, bei der Niederländischen Ostindienkompanie waren es oft bis zu 90 %.

Das Edelmetall erreichte den Indischen Ozean auf drei verschiedenen Routen: erstens über das Mittelmeer, die Levante, die Arabische Halbinsel, das Rote Meer bzw. den Persischen Golf; zweitens über den Atlantik um das Kap der Guten Hoffnung und drittens von Mexiko und Peru über die sogenannten Manilagaleonen. Indische Kaufleute spielten bei dem Transfer über den Nahen und Mittleren Osten eine wichtige Rolle, während die europäischen Handelskompanien ihr Edelmetall vor allem um das Kap der Guten Hoffnung verschifften.

Entsprechend haben wir dank der niederländischen und englischen Handelsstatistiken die besten Angaben für den Edelmetalltransfer auf der Kaproute und eventuell verlässliche Schätzungen für den Verkehr über den Pazifischen Ozean, wogegen die individuellen Transfers über das Rote Meer und den Persischen Golf kaum zu quantifizieren sind.

Insbesondere die Expansion des Warenaustauschs mit China ließ den Silberstrom im ausgehenden 18. Jahrhundert weiter anschwellen. Im Handel mit Textilien zwischen Atlantik, Indischem Ozean, Südchinesischem Meer und Pazifik spielte Indien die zentrale Rolle, woran die vielfältigen Baumwollprodukte von der Koromandelküste, Bengalen und aus Gujarat den größten Anteil hatten. Die Nachfrage nach diesen Textilien im Indonesischen Archipel, auf der Malaiischen Halbinsel, in Thailand, in Burma, am Roten Meer, am Persischen Golf und in Ostafrika sicherten ein hohes Produktions- und Beschäftigungsniveau der indischen Textilherstellung.

Bis aus der Rohbaumwolle marktfähige Produkte entstehen konnten, waren arbeitsteilige Vorgänge notwendig. Hunderttausende von Garnspinnern versorgten die Weber, deren Erzeugnis, das ungebleichte Tuch, Großhändler entgegennahmen und zum Färben sowie zum Bedrucken und Besticken an andere Gewerbe übergaben. Was diese Veredelungsprozesse anging, waren die indischen Handwerker bis weit ins 18. Jahrhundert den Europäern technologisch überlegen. Die Europäer, aber auch die indischen Exportkaufleute nahmen keinen direkten Einfluss auf die Produktion. Dies taten einheimische Mittelsmänner, die den Webern oder Färbern ihre Produkte abnahmen und gleichzeitig die Herstellung nach den Bedürfnissen der Exporteure auszurichten versuchten. Zur Produktionssteigerung musste etwa die Zahl der Arbeitenden vergrößert werden. Um diese

Mittelsmänner warben die europäischen Handelskompanien, die gleichzeitig die weltweiten Märkte im Auge zu behalten versuchten. Die Kaufleute der Kompanien kooperierten vor Ort mit denselben einheimischen Kaufleuten. Denn die Nachfrage nach den verschiedenen Tuchvarianten hatte sich durch die Ankunft der Europäer nicht verändert. Japan, Südostasien, Ostafrika, das Safawiden- und das Osmanische Reich forderten hochwertige bedruckte, bemalte und bestickte Stoffe, wogegen die Europäer mit der Zeit preiswertere, weniger aufwendig veredelte Baumwolltuche bevorzugten und im 18. Jahrhundert weiße Calicos (Baumwollstoffe) exportierten, die von den europäischen Kattundruckereien bedruckt wurden. In Westafrika, wo es eine eigene Tuchproduktion gab, war man besonders an blauen, mit Indigo gefärbten Textilien sowie an gestreiften und schachbrettartigen Mustern in Rot und Blau interessiert.[27]

Insgesamt wirkten vielfältige lokale, regionale und internationale Kräfte auf die Produktion. So hatten die Kaufleute aus Gujarat die Produktion «ihrer» Weber ebenso auf die Arabische Halbinsel und den Persischen Golf ausgerichtet wie nach Banten und Aceh, denn um Gewürze, Sandelholz und Zinn aus der indonesischen Inselwelt zu handeln, war es sinnvoll, neben Silber auch Textilien dorthin zu schicken. Bengalen brachte dagegen Nahrungsmittel, Rohseide und feinen Musselin nach Surat und holte von dort Tabak und Rohbaumwolle. Mit der Ankunft der Europäer richtete sich der bisherige Binnenhandel Bengalens auf das Meer aus. Die Europäer avancierten zum Haupthandelspartner und kurbelten die bengalische Textilproduktion an, die zuvor im Schatten von Gujarat und der Koromandelküste gestanden hatte.[28]

Im 18. Jahrhundert regten die Briten dann eine Steigerung der Produktion von Opium in Bengalen an, die eng mit dem Teehandel verbunden wurde. Tee veränderte einmal mehr die Handels- und Produktionsstrukturen im Indischen Ozean und machte Kanton zum wichtigsten Hafen der Europäer und bald der Amerikaner. Die kaum stillbare Nachfrage nach Tee – um 1800 konsumierte der Engländer jährlich 2,5 Pfund Tee, den er mit 17 Pfund Zucker süßte – konnte nur mit Silber, Waffen oder Opium bezahlt werden. Daher richteten die europäischen Handelskompanien einen Großteil der Schiffskapazitäten auf die Beschaffung von Tee aus. Da die VOC, die via Batavia lange Zeit die preiswerteren Teesorten besorgt hatte, auf diese Weise den wachsenden Bedarf nicht länger befriedigen konnte, organisierten ihre Direktoren die Chinafahrt jetzt direkt von Amsterdam nach Kanton. So blieb ihr ein Marktanteil von ca. 20 %, wogegen die EIC ein Drittel der Teenachfrage bediente. Daneben transportierten in kleinerem Maße auch die Schiffe anderer Nationen, die alle ihre Niederlassungen in Kanton hatten, Tee nach England.[29]

3. Kaufmannsdynastien und das Leben auf See

In der Frühen Neuzeit erlebte der Indische Ozean eine wachsende Mobilität. Der maritime Verkehr auf den seit dem Mittelalter bekannten Routen vom Mittleren Osten nach Indien und nach China wurde grundlegend intensiviert. Kaufleute, Seeleute, Soldaten, Gesandte, Pilger und Sklaven bewegten sich auf den Weltmeeren. Im Indischen Ozean führte die Expansion des Seehandels zur Wiederbelebung alter Häfen und regte gleichzeitig die Anlage neuer Handelsplätze an. Hiervon profitierten die Küstenbewohner ebenso wie die Zuwanderer aus dem Binnenland, die am ökonomischen Aufschwung teilhaben wollten.[30]

Die ankommenden Europäer bewegten sich in Asien in einem Handelsnetzwerk, das von einheimischen Dynastien beherrscht wurde. Dabei arbeiteten beispielsweise in Surat die Kaufleute nicht nur als Im- und Exporteure sowie als Reeder, sondern auch als Makler und Agenten der Europäer. Eine dieser Familien war die Familie Parekh, die über Generationen für die englische Kompanie in Surat tätig war. Um die Mitte des 18. Jahrhunderts kaufte Jagannath Laldas Parekh englische Importwaren und beschaffte die indischen Waren für den Export der Kompanie, etwa Textilien. Dazu nahm er zahllose Weber und Subunternehmer unter Vertrag. Seine Söhne folgten ihm in dieser Rolle. Als einer der reichsten Kaufleute beförderte er die englische Vormachtstellung in den 1750er Jahren ebenso wie die seiner Söhne als Vermittler zwischen der Kompanie und lokalem Handel und Produktion.[31]

Die Netzwerke der Gujarati-Kaufleute reichten ebenfalls nach Persien sowie nach Aceh im Indonesischen Archipel. Ein anderes Netzwerk, das der Armenier aus Neu-Dschulfa, haben wir bereits im Mittelmeerkapitel kennengelernt;[32] es erstreckte sich gleichfalls über Indien, den Indischen Ozean und Südostasien.

Insbesondere in Indien wurden die Armenier von den Europäern deswegen geschätzt und beneidet, weil es ihnen gelang, die indischen Textilien zu einem deutlich niedrigeren Preis zu erwerben, als es beispielsweise die Engländer über ihre Mittelsmänner schafften. Daher ging die englische Kompanie mehrfach Lieferkontrakte mit armenischen Kaufleuten ein, die die Versorgung der Gesellschaft in Bengalen sicherstellten. So bot die europäische Präsenz den Armeniern und ihren Niederlassungen in Bengalen neue Chancen, die sie in Hugli, Kalkutta oder Kasimbazar ergriffen. Einer von ihnen war Khwaja Wajid, der eine führende Rolle im ökonomischen Leben Bengalens in der ersten Hälfte des 18. Jahrhunderts spielte. Er verdiente sein Geld nicht allein im Binnengeschäft mit Salpeter, Salz und Opium, sondern führte einen Überseehandel, der von Bengalen nach Surat, in den Persischen Golf und zum Roten Meer reichte.

Gleichzeitig unterhielt Wajid enge Kontakte zu Franzosen, Niederländern und Engländern, wobei er insbesondere einen großen Teil des französischen Indienhandels kontrollierte. Er besaß das Monopol im Handel mit Salz und Salpeter, mit dem er die europäischen Kompanien belieferte.

Außerdem baute Wajid eine Handelsflotte auf, deren Schiffe von Hugli mit Reis, Zucker, Textilien und Seide nach Surat segelten und von dort mit Rohbaumwolle, Rosenwasser, Korallen, Mandeln und Porzellan zurückkamen. Für seine Geschäfte mit Gujarat betrieb er eine Filiale in Surat. Seine engen Kontakte zu den Franzosen waren den Briten allerdings ein Dorn im Auge: Im Jahre 1757 nahmen sie Hugli ein, verbrannten seine Lagerhäuser und kaperten erneut eines seiner Schiffe unter dem Vorwand, dass es unter französischer Flagge segele. Dies hatte zur Folge, dass Wajid das Jahr ökonomisch nicht überlebte. Er verlor sein Salzmonopol ebenso wie seine Rolle als Versorger der europäischen Handelskompanien.[33]

Der Aufstieg einer Händlerdynastie und der Fall einer anderen waren oft eng miteinander verbunden. Häufig sind es die Pleiten von Kaufleuten, die Akten produzieren und einen Einblick in das merkantile Leben geben.

Auch bei den armenischen Geschäftsleuten in Batavia lagen Erfolg und Misserfolg eng beieinander. So berichtet ein Auktionsprotokoll aus dem Jahre 1798 über die Handelstätigkeit des bankrottgegangenen und verstorbenen armenischen Kaufmanns Cosorop Petrus. Neben einem großen Vorrat an Madeirawein hatte Petrus einen reich ausgestatteten Haushalt besessen, den niederländische, chinesische und muslimische Einwohner Batavias aufkauften. Ein Chinese namens Sim Tjimko schien es auf die dekorativen Objekte abgesehen zu haben. Er kaufte nicht nur ein großes – vermutlich niederländisches – Gemälde, sondern auch teure Kupferlampen, Kupferspucknäpfe, Betten, Stühle, Beistell- und Spieltische. Andere erwarben die wertvolle Tafeluhr in der Glasvitrine. Die materielle Kultur der Kaufleutediaspora überwand damit ethnische und soziale Grenzen.

Insbesondere in Südostasien arbeiteten die Händler unterschiedlicher Herkunft eng miteinander zusammen. Die größte Gruppe bildeten die Chinesen, die überall vertreten waren. Von den Hafenstädten bauten sie (über die Flüsse) Kontakte zu den Produzenten im Hinterland auf und besorgten die Güter, die in Übersee gefragt waren. Die Niederländer versorgten sie zum Beispiel mit Porzellan, Seide und später mit Tee. Auch der Schiffsverkehr lief zu einem erheblichen Teil auf chinesischen Dschunken. Nicht nur in Batavia, sondern auch in Ayutthaya, in Malakka oder Hoi An gab es große chinesische Gemeinden, die über Manila die Kontakte zum Pazifik[34] und nach Spanisch-Amerika herstellten. Die dort ebenfalls ansässigen japanischen Kaufleute vermittelten von hier aus die chinesischen Waren nach Japan, dessen Schiffsverkehr nach außen durch Seepässe eingeschränkt bzw. reglementiert war.[35]

Insbesondere die Hokkien-Chinesen aus Fujian dominierten den

Handel im Südchinesischen Meer über Jahrhunderte. Obwohl die Behörden der Ming-Dynastie Seefahrt und Handel einzuschränken versuchten, lebten zehntausende Familien vom illegalen Warenverkehr, der unter dem Vorwand ausländischer Verwandtenbesuche betrieben wurde. Vor allem auf Java ließen sich die Hokkien-Chinesen unter lokalen Javanern und muslimischen Händlern nieder. Im Laufe des 16. Jahrhunderts erhielten dann Hokkien-Dschunken Lizenzen für den Handel mit Südostasien, aber auch mit Manila. Die Dschunken stachen um das chinesische Neujahrsfest herum in See (Januar/Februar) und erreichten ihre Ziele in Südostasien drei oder vier Wochen später. Zurück kehrten sie Anfang Juni. Anders als im Indischen Ozean, wo zahlreiche Häfen abhängig von der Richtung des Monsuns für Monate unzugänglich waren, konnte die Schifffahrt im Südchinesischen Meer – dank der vielen Küsten und Inseln, die Schutz boten – das gesamte Jahr über durchgeführt werden. Hier jedoch drohten die Taifune, so dass die Seeleute, aber auch die Verantwortlichen für die Handelsschiffe der VOC versuchten, vor der Taifunsaison zu Hause zu sein.[36]

Das amerikanische Silber bildete einen Anziehungspunkt für den chinesischen Handel. Nach ihrer Niederlassung in Manila übernahmen die Chinesen den Kleinhandel und damit die Versorgung der einheimischen Bevölkerung sowie der Spanier mit Lebensmitteln.

Auf Java konzentrierte sich der Handel zunächst auf Banten, das von reisenden Händlern aus dem Reich der Mitte aufgesucht wurde und wo allmählich eine chinesische Kaufmannsgemeinde entstand, die den Indonesischen Archipel versorgte.

Bevor die Europäer eintrafen, belieferten die Chinesen Banten mit allen Waren des alltäglichen Bedarfs, erst nach der Ankunft der Portugiesen tauschten sie hochwertige chinesische Erzeugnisse wie Seide und Porzellan gegen Silber. Darüber hinaus exportierten sie ebenso wie die Gujaratis Pfeffer, der auf Java und Sumatra angebaut wurde.

Nachdem die VOC in Batavia Wurzeln geschlagen hatte, zogen die Niederländer den Handel mit Gewalt an sich, worauf ein regelmäßiger Dschunkenverkehr von Fujian nach Batavia etabliert wurde. Die Chinesen lieferten vor allem Seide, Porzellan und Zucker, Schirme und Papier, während sie in Batavia neben Edelmetall, Pfeffer und anderen Gewürzen auch Sandelholz, Büffelhörner, Vogelnester, Elfenbein und später Zinn und Tuche luden.[37]

Daneben waren Kaufleute aus dem Reich der Mitte auch als Vermittler zwischen den globalen Handelsnetzen und den lokalen Produzenten in Südostasien aktiv. Ein Beispiel hierfür ist der sich entwickelnde Markt für Lack, der in Südostasien gewonnen wurde. Dieser Naturlack entstand, wenn sich Lackläuse in Zweigen von Bäumen – vor allem Banyanbäumen – niederließen und dabei eine scharlachrote Harzsubstanz ausschieden. Das Harz wurde getrocknet und gemahlen und nach China und Japan verschifft. Hier nutzten es die Kunsthandwerker als Lack zur Konservierung und zur Verschönerung hölzerner Schränke, Kisten, Wandschirme und anderer Möbel. Chinesische und japanische Lackwaren wurden im Indischen Ozean und vor allem in Europa geschätzt, was zur steigenden Nachfrage und zu einem ungeheuren Produktionsaufschwung führte.[38]

Entsprechend waren Taiwan und Nagasaki Ziele chinesischer Dschunken, wobei zwei bis drei der Schiffe regelmäßig von Batavia nach Japan segelten. Die Hokkien-Chinesen trieben sowohl in Taiwan als auch in Japan Handel mit ihren dort ansässigen Landsleuten. Das Interesse an chinesischem Tee, mit dem die Niederländer lange Zeit nichts anzufangen wussten, wuchs um die Wende vom 17. zum 18. Jahrhundert.

Obwohl der Schiffsverkehr im 18. Jahrhundert mehrfach unterbrochen wurde, blieben die Hokkien-Netzwerke, die von Nagasaki im Osten bis Malakka im Westen reichten, weithin intakt. Vor allem Familienclans spielten dabei eine wichtige Rolle.[39]

Partner von Chinesen und Europäern im Indonesischen Archipel waren insbesondere die Malaien, die Bugis von Sulawesi sowie die Muslime der Koromandelküste, die in den Quellen als Chulia auftauchen. Nach der portugiesischen Eroberung Malakkas waren sie unter anderem nach Aceh und Johor ausgewichen. Gleichzeitig blieben die Beziehungen zur Koromandelküste intakt, wo sie den Textilproduzenten Geld und Kredit einräumten. Ihr Schwerpunkt lag auf dem Handel mit Gütern, von denen die Europäer nichts verstanden oder an denen sie kein Interesse hatten. Hierzu gehörte das Geschäft mit Betelnüssen, einem der Konsumvergnügen in Indien und Südostasien. So wussten die Chulia zwischen den verschiedenen Betelnussvarietäten und den Vorlieben in den einzelnen Häfen zu unterscheiden (rote Betelnüsse für Pegu, weiße Betelnüsse für China und die Malabarküste). Im Handel mit malaiischen Elefanten erwiesen sich die Chulia-Kaufleute ebenfalls als Experten. Die Niederländer und die Engländer versuchten zwar, in diesen Handel einzubrechen, es fehlte ihnen jedoch das nötige Wissen im Umgang mit den Tieren, weshalb sie die Überlegenheit der indischen Kaufleute auf diesem Feld und bei Verhandlungen mit den einheimischen Produzenten eingestehen mussten.[40]

Malakka wurde auch von tamilischen Händlern angelaufen. Obwohl die Niederländer versuchten, den Handel in Batavia zu konzentrieren, blieb Malakka ein wichtiger Hafen, den jährlich mindestens zwei Dschunken von Amoy aufsuchten. Malaiische und javanische Kaufleute und Schiffer operierten gleichfalls lange von Malakka aus, wobei hier insbesondere der «kleine» Schiffsverkehr mit den Häfen Sumatras oder Javas von Bedeutung war. Während im beginnenden 18. Jahrhundert jährlich 10–20 Schiffe aus Indien kamen, hatten je 50–100 in Sumatra oder in der Malaiischen Halbinsel und rund 40 in Java ihren Ausgangspunkt. Dabei lagen Schiffe malaiischer Kapitäne vor den Chinesen, Javanern und den Bugis an der Spitze. Im ausgehenden 18. und im beginnenden 19. Jahrhundert orientierten sich die malaiischen Kapitäne um und liefen zunehmend die wachsende britische Niederlassung Penang an. Dennoch standen die Malaien bald im Schatten der Chinesen, die aufgrund des Zuzuges oder des Wachstums der lokalen chinesischen Bevölkerung und ihrer Clan- und Familiennetzwerke eher in der Lage waren, die neuen Möglichkeiten auszunutzen, die etwa durch Zinnbergbau und kommerzialisierte Landwirtschaft auf der Malaiischen Halbinsel entstanden.[41]

Eine wichtige Rolle für Handel und Schiffsverkehr spielte die Bevölkerung der Inseln. Die Orang Laut beispielsweise lebten im westlichen Archipel und kannten die Tücken der Straßen von Malakka und Singapur. Sie arbeiteten als Lotsen, fischten und ernteten das Meer ab: Seegras, Korallen, Perlen, Haiflossen und Seeschildkröten (Schildpatt) wurden von ihnen aus dem Meer gewonnen und vor allem von chinesischen Kaufleuten nachgefragt. Gleichzeitig wurden sie als Piraten von den Europäern gefürchtet, die versuchten, die von ihnen ausgehenden Gefahren einzudämmen.[42]

Was die Überlieferung und den Umfang der Aktivitäten angeht, ragen niederländische Händler und Seeleute hervor. Vom beginnenden 17. Jahrhundert bis in die zweite Hälfte des 18. Jahrhunderts betrieben sie mehr Schiffe und beförderten mehr Personen von Europa nach Südafrika und Asien als alle übrigen europäischen Nationen zusammen. Insgesamt begab sich rund eine Million Personen zwischen 1600 und 1795 auf über 4700 niederländischen Schiffen nach Asien, das heißt etwa 5000 pro Jahr. Ein Drittel davon kehrte per Schiff zurück in die Niederlande. Genaue Zahlen für einige Kammern der VOC – beispielsweise für die Kammer Delft – zeigen, dass von den von der VOC rekrutierten Seeleuten 60 % zurückkehrten, dagegen nur 30 % von den Soldaten. Das scheint für eine höhere Sterblichkeit der Soldaten zu sprechen, die in Asien für eine längere Zeit in Baracken kaserniert und Krankheiten ausgesetzt waren.[43]

Die Schiffe segelten zunächst entlang der afrikanischen Küste, um dann mit den Passatwinden Kurs auf Südamerika zu nehmen und von Brasilien aus schließlich mit Westwinden das Kap der Guten Hoffnung zu erreichen. Danach tasteten sich die Niederländer an der ostafrikanischen Küste und an Madagaskar vorbei und kreuzten anschließend den Indischen Ozean in Richtung Java. Diese Reise dauerte durchschnittlich (1620–1629) 258 Tage, jedoch merkten die Schiffer bald, dass es schneller war, wenn man nicht an der afrikanischen Küste entlangfuhr, sondern sich direkt mit westlichem Wind vom Kap bis nach Australien begab und dann in nördlicher Richtung nach Java abbog. Auf diese Weise benötigte man nur noch rund 200 Tage für die Passage, die durch die ständige Aktualisierung der Seekarten auch sicherer wurde.

In Batavia musste die Retourflotte so lange warten, bis die Schiffe mit den Waren von den anderen Handelsplätzen Asiens zurückkamen. Dies geschah im September und Oktober, so dass man sich nach dem Umladen im Dezember auf die Rückreise machen konnte. Wenn der Wind aus Südost blies, war es möglich, direkt zum Kap zu segeln, im Notfall wurde Mauritius angelaufen. Vom Kap der Guten Hoffnung segelten die Schiffe dann über den Atlantik und St. Helena nach Europa, entweder durch den Kanal oder um Schottland herum durch die Nordsee. Die Rückreise dauerte 218–230 Tage.[44]

Die vielen Aufgaben an Bord verlangten ein spezialisiertes Personal. Auf den Schiffen der VOC trug neben dem Kapitän oder Schiffer der Supercargo (Oberkaufmann) die Verantwortung für die Reisen und den Warentransport. Darunter rangierten die beiden Steuerleute, die Unteroffiziere wie der Oberbootsmann, der zweite Bootsmann, Proviantmeister, Quartiermeister, Koch und ihre jeweiligen Stellvertreter (Maate) sowie der Konstabler bzw. Provoost. Zu den Handwerkern gehörten die Schiffszimmerleute, Segelmacher, Böttcher, Barbiere und Chirurgen. Den untersten Rang hatten die Matrosen, Schiffsjungen und die privaten Diener der Offiziere und des VOC-Personals. Mit an Bord waren immer Geistliche und oft Reisende mit ihren Familien, die nach Batavia aufbrachen. Hinzu kamen etliche Soldaten, die für einige Zeit in den Dienst der VOC getreten waren, bot doch der Militärdienst auch Angehörigen anderer Nationen aus ganz Europa die Chance, in niederländische Dienste zu treten.

Die Seeleute kamen zum größten Teil aus den Niederlanden, wobei die nordeuropäischen Küstengebiete für die Anwerbung immer wichtiger wurden. Dazu gehörten insbesondere die Herzogtümer Schleswig und Holstein, Dänemark, Norwegen und Schweden, aber auch Polen und Bewohner der östlichen Ostseeküste gesellten sich hinzu.

Ein erheblicher Teil der ausländischen Matrosen und Schiffer heiratete in Amsterdam und ließ sich in den Niederlanden nieder, die anderen kehrten, wenn sie die Fahrten überlebten, nach einigen Jahrzehnten wieder zurück in ihre Heimat. Diese Rückkehrer wurden aufgrund ihrer Erfahrungen auf See auch im Ostseeraum von den Offizieren der Kriegsschiffe sehr geschätzt.

Trotz des teilweise mörderischen Klimas in Südostasien gelang es der VOC, die langen Fahrten in den Indischen Ozean allmählich immer sicherer zu gestalten. Hierzu trug die vergleichsweise gesunde Ernährung bei. So erhielten niederländische Seeleute im ausgehenden 17. Jahrhundert auf den Schiffen der VOC wie auf den Kriegsschiffen täglich 4700 bis 5000 Kalorien und standen damit weit an der Spitze der Ernährungshierarchie. Dies wird deutlich, wenn man bedenkt, dass Leidener Textilarbeiter maximal auf 3500 Kalorien kamen.

Die Ernährung des Schiffspersonals war für niederländische Kriegsschiffe genau festgelegt und die VOC orientierte sich daran. Das Frühstück bestand aus Grütze mit getrockneten Pflaumen und Rosinen. Um 12 Uhr wurden grüne oder graue Erbsen bzw. Bohnen als warme Suppe gegessen. Zur Geschmacksaufbesserung dienten Butter, Senf oder Essig. An den Fleischtagen servierte der Koch etwas Fleisch dazu. Um 6 Uhr abends gab es die aufgewärmten Reste der Suppe vom Mittag. Viermal in der Woche aß man Stockfisch zur Suppe und dreimal Fleisch oder Speck. Ebenso bekam jeder in der Woche eine Ration Brot, Butter, Käse und Essig. Getrunken wurden Wasser und Bier sowie Rationen von Wein und Branntwein. Den Offizieren und den Kajütengästen stand natürlich eine reichhaltigere Kost zu, was so aussah, dass zu den Standardgerichten aus Erbsen und Bohnen noch Honig, Zucker, Gewürze, verschiedene Sorten Fleisch sowie Bier und Wein kamen.[45]

Trotz dieser reichhaltigen Nahrung stellte sich häufig ein Mangel an Vitamin C ein, der zum Skorbut führte, dem eine Reihe von Seeleuten zum Opfer fielen. Obwohl es gelang, die verhältnismäßig hohe Sterblichkeit im Laufe des 17. Jahrhunderts zu senken, betrug sie in den 1670er und 1680er Jahren immer noch um 9 %, wobei es durchaus Jahrzehnte mit bis zu 15 % Sterblichkeit gab. Dagegen starben auf dem Land von den 25–35-jährigen Männern nur rund 2 %. Neben Mangelerkrankungen wie Skorbut zählten Arbeitsunfälle, Gefechtsverletzungen einschließlich Wundinfektionen und Schiffbruch zu den wichtigsten Todesursachen. Auch Infektionskrankheiten in den Tropen spielten eine Rolle.[46] Denn selbst wenn man Batavia erreicht hatte, war das Gesundheitsrisiko groß; so starben im Hospital in Batavia zwischen 1725 und 1786 knapp 95 000 Angestellte der VOC, das heißt mehr als 1500 in einem Jahr, bei 6000 jährlich ankommenden Europäern.[47] Immerhin war die Sterblichkeit auf der Retourfahrt mit 6 % geringer und wenn Seuchen ausblieben, konnte sie sogar weiter sinken.[48]

Neben dem ausreichenden Essen wurde das Schiffspersonal auch vergleichsweise gut entlohnt. Dabei standen der Kapitän oder Schiffer mit einem Monatslohn von 60–80 fl. (Gulden) an der Spitze, aber auch der Obersteuermann wurde mit 40–50 fl. im Monat noch sehr gut bezahlt. In der höchsten Gehaltskategorie von 80–100 fl. monatlich rangierte der Prädikant, das heißt der Pastor. Die Handwerker wurden wie der Oberzimmermann mit 30–36 fl. und der Unterzimmermann mit 24–28 fl. gut entlohnt. Dagegen erhielten die Matrosen nur 7–11 fl., was im Jahr aber immerhin noch 84–132 fl. ergab. In der gleichen Kategorie befanden sich die einfachen Soldaten. Wenn man bedenkt, dass für alle Seeleute Kost und Logis frei waren, konnte man am Ende einer Reise eine schöne Summe Geldes zusammengespart haben, zumal es auf dem Schiff keine Möglichkeit gab, Geld in größerem Umfang auszugeben.[49]

Neben dem Lohn versprach der illegale private Handel kleine bis größere Gewinne. Die Inventare des 18. Jahrhunderts, die über den Inhalt der Seemannskisten der Matrosen berichten, erwähnen ein reiches Warensortiment. Daneben schmuggelten die Seeleute silberne Dukatons, deren Ausfuhr aus den Niederlanden offiziell verboten war, nach Batavia. So führten Daniël van Staden (1738) und Dirck Pomp (1740) jeweils 231 bzw. 195 dieser Münzen mit sich. Der Schiffer Reinier Jan Elsevier hatte sogar ein ganzes Warenlager an Bord – nicht nur 19 verschiedene Sorten Wein sowie Bier, sondern auch schwarze Hosen, gestickte Kamisole, 300 Brillenetuis, 56 Paar Gewehre und 30 Pistolen, 24 Männerhüte, zwölf kristallene Fruchtschalen, 400 Lampengläser, 66 Weinbecher und 320 Stück Fensterglas. Hinzu kamen noch Käse, Butter, Hering, Schinken, Räucherfleisch, Ochsenzungen und Lachs. Andere spezialisierten sich auf Metallgegenstände, sogenannte Nürnberger Kramwaren, wie Brillen, Scheren, Messer, Spiegel, Schermesser, Spieße und Knöpfe.[50]

Die Karriereaussichten waren ein weiteres Motiv für den Dienst in der VOC. Man erhielt einen Dreijahresvertrag und jeder, der starb, wurde an Ort und Stelle durch einen neuen Seemann, Soldaten oder Angestellten ersetzt. Das bedeutete, dass man, wenn man als einfacher Matrose aus den Niederlanden abgefahren war, gute Chancen hatte, als Unteroffizier zurückzukehren und sogar weiter aufzusteigen. So gab es Admiräle, die als einfache Schiffsjungen angefangen hatten. Das aus Europa rekrutierte Personal reichte indes nicht aus, um den Bedarf an Arbeitskräften in den VOC-Niederlassungen in Asien zu befriedigen. Deshalb wurden aus der einheimischen Bevölkerung Seeleute, Soldaten, Handwerker, Werft- und Hafenarbeiter in großer Zahl rekrutiert. Europäer und Eurasier machten nur ein Sechstel des VOC-Personals in Asien aus. In Ceylon beispielsweise kamen neben diesen Europäern und Indo-Europäern zwei Drittel der von der VOC Beschäftigten und die Hälfte der Soldaten aus der Region. Das Verbot der Kompanie, asiatische Ehefrauen oder Konkubinen mit auf die Heimreise in die Niederlande zu nehmen, bewegte viele Holländer dazu, in den Tropen zu bleiben.

Es gab – wie wir gesehen haben – einen lebhaften chinesischen, javanischen und malaiischen Schiffsverkehr. Gleichzeitig rekrutierte die VOC in großer Zahl einheimische und chinesische Seeleute für ihre Fahrten innerhalb Asiens und in den Häfen, von denen Schiffe der Gesellschaft direkt nach Europa aufbrachen, wurden Besatzungen mit einheimischen Seeleuten aufgefüllt. So nahm man christliche Tamilen an der Koromandelküste, Muslime in Bengalen und in Ceylon, portugiesische Chinesen in Macao und Javaner sowie noch einmal Chinesen in Batavia an Bord. Entsprechend fuhren um 1790 rund 1000 asiatische Seeleute jährlich aus Asien in die Niederlande und zurück.[51]

Während die Kapitäne und die hohen VOC-Bediensteten, sofern sie ihren Einsatz in den Tropen überlebt hatten, in der Regel wieder nach Hause zurückkehrten, blieb ein erheblicher Teil der einfachen Matrosen und der Soldaten für längere Zeit in den «Kolonien», die ihnen gute Karriereperspektiven eröffneten.

Daneben bot die große Personalnachfrage der Gesellschaft ehemaligen Bediensteten die Möglichkeit, bei Bedarf wieder in den Dienst der Kompanie zurückzukehren. Eines der faszinierenden Beispiele ist Hubert Hugo, der nach 14 Jahren VOC-Dienst und dem Aufstieg zum Kaufmann in Surat eine Zwischenphase als Pirat einlegte. Zusammen mit seinem Freund Laurens Davidszoon, der als Seemann und Freibeuter für die Admiralität der Maas gearbeitet hatte, und sechs anderen gründete er ein Piratenunternehmen (*Reederij*) mit dem Ziel, muslimische Schiffe im Roten Meer zu kapern. Jeder Partner investierte 8000 fl. zum Bau eines Schiffes und zur Rekrutierung von Seeleuten. Nachdem die Piraten die niederländischen Gewässer verlassen hatten, änderten sie den Namen des Schiffes von *de Seven Provintien* in *den Swarten Arent* und erhielten im Hafen von Le Havre einen französischen Kaperbrief, der ihnen erlaubte, Piraten, Korsare und Ungläubige ebenso wie «Wilde» und Feinde Frankreichs gefangen zu nehmen, deren Güter zu beschlagnahmen und nach Le Havre zu bringen.

1661 brachen sie in das Rote Meer auf, wo sie ebenso wie im Indischen Ozean eine Reihe von Schiffen plünderten und verbrannten. Die Beute bestand aus Geld, Gold, Juwelen, Kaurimuscheln, Reis, Textilien, Gewürzen und Nutztieren. Seeleute wurden gefangen genommen und Seepässe der VOC und der EIC gestohlen. Gegen die lokalen Herrscher von Mokka, die sich gegen die Piraten zur Wehr zu setzen versuchten, gingen sie mit Gewalt vor. Der «größte Fang» war das Schiff der Königinmutter von Bijapur, das eine wertvolle Ladung aus Gold, Musselin, Teppichen, Geld und Rosenwasser nach Mekka und Medina bringen sollte. Nachdem die Piraten den Indischen Ozean «abgegrast» hatten, segelten sie über St. Helena in die Karibik, wo sie bei den Inseln Martinique und St. Kitts ihren Plünderungszug fortsetzten.

Als Davidszoon die Gewinne in Amsterdam mit seinen «Investoren» teilen wollte, wurde er entdeckt, festgenommen und für seine Vergehen als Pirat zum Tode und zur Konfiskation seiner Güter verurteilt. Kurz vor der Vollstreckung des Urteils wurde er in seine Heimatstadt Dordrecht verlegt und erneut vor Gericht gestellt. Hier verurteilte man ihn zu 30 Jahren Gefängnis und anschließender Verbannung aus Holland und Westfriesland. Da Dordrecht kein sicheres Gefängnis besaß, wurde er ins Amsterdamer Zuchthaus gebracht, aus dem er zwei Monate nach seiner Ankunft im November 1663 durch den Schornstein floh. Möglicherweise begab er sich nach Le Havre, wo sein Freund Hugo untergetaucht war. Zwei Jahre später scheint er wieder im Dienst der Admiralität der Maas gewesen zu sein, wo er während des Zweiten Englisch-Niederländischen Seekrieges (1665–1667) als Kapitän das Kriegsschiff *Gorinchem* kommandierte. In den folgenden Jahren stieg er bis zum Kommandeur eines der größten Kriegsschiffe, der *Gelderland* mit 280 Mann Besatzung und 36 Kanonen, auf – eine Stellung, die er bis zu seinem Tode 1672 innehatte.

Hubert Hugo dagegen, der nicht nur VOC-Seepässe gestohlen und in den Gewässern der Gesellschaft gewütet hatte, trat 1671 wieder in den Dienst der Kompanie ein, woraufhin sich seine Karriere erneut beschleunigte: Er avancierte zum Chef der VOC-Niederlassung auf Mauritius und obwohl er sich verpflichten musste, die Küsten Ostindiens nicht zu besuchen, starb er 1678 hochangesehen in Batavia.[52]

Ein Beispiel für eine weltweite Karriere in niederländischen Diensten zeigt der Dresdener Zacharias Wagener (1614–1668), der sich nach dem Schulbesuch in Sachsen als Zeichner bei dem Kartografen Wilhelm Blaeuw in Amsterdam weiterbildete und 1634 im Dienst der Niederländischen Westindienkompanie nach Brasilien reiste. Angestellt vom Statthalter Johann Moritz von Nassau-Siegen, der die Landesaufnahme Brasiliens vorantrieb, arbeitete er als Schreiber und Zeichner. Von dieser Tätigkeit zeugt noch das erhaltene *Thier-Buch*. Nach der Rückkehr nach Europa und dem Versuch, in Dresden Fuß zu fassen, heuerte Wagener in den 1640er Jahren erneut – dieses Mal bei der VOC – an und avancierte nach seiner Ankunft in Batavia zum Schreiber des Generalgouverneurs Anton van Diemen. Er stieg schnell auf und wurde 1651 als Gesandtschaftssekretär nach Tonking und Formosa (Taiwan) und 1653 als Gesandter nach Kanton geschickt. 1656 sollte er für die VOC in Japan tätig sein. Dort war er Mitglied der Gesandtschaft nach Edo und wurde

Augenzeuge des Großen Stadtbrandes. 1660 schloss er mit dem Sultan von Makassar einen Friedens- und Freundschaftsvertrag. Aufgrund seiner Verdienste wurde er 1662 als Nachfolger Johanns van Riebeeck zum Gouverneur der Kapkolonie ernannt. Seinen Lebensabend in Europa zu verbringen, war ihm nicht beschieden. Zwar kehrte er nach fünfjähriger Tätigkeit am Kap nach Amsterdam zurück, verstarb aber dort, ohne Sachsen je wiedergesehen zu haben. Er hinterließ jedoch persönliche Aufzeichnungen unter dem Titel *Kurtze Beschreibung der 35-jährigen Reisen und Verrichtungen, welche Weyland Herr Zacharias Wagner in Europa, Asia, Africa und America, meistentheils zu Dienst der Ost- und West-Indianischen Compagnie in Holland, rühmlichst gethan und abgeleget, aus des Seeligen gehaltenen eigenhändigen Journal.*[53]

Jan Brandes hatte ebenfalls eine bemerkenswerte Karriere hinter sich. Aus einer Thüringer Familie stammend, die in die Niederlande übergesiedelt war, wurde er 1743 geboren und wechselte nach Schulbesuch und ersten Studien in Leiden nach Greifswald, um dort Theologie zu studieren. Nach einiger Zeit als lutherischer Pastor in Doetinchem (Geldern) ließ er sich von der VOC als Pastor anheuern und begab sich am 6. Mai 1778 mit seiner Frau Truy und ihrem 15 Jahre alten Mündel Maria Margaretha Wiese an Bord des Ostindienfahrers *Holland* auf die Reise nach Batavia. Nach einem Kurzaufenthalt am Kap ging es noch im Jahr 1778 weiter nach Batavia, wo er am 23. Januar 1779 ankam und bis 1785 wirkte. Am 22. Juni 1779 wurde der Sohn Jantje geboren und ein knappes Jahr später starb seine Frau. Durch seine Korrespondenz, sein Tagebuch und die vielen hinterlassenen Zeichnungen ist Brandes wohl der beste Chronist für das Leben der verschiedenen Ethnien in Batavia und in Ceylon, das er auf dem Rückweg nach Europa 1785/86 zusammen mit seinem Sohn besuchte.

Der Rückkehr vorausgegangen war eine negative Beurteilung durch den Kirchenrat in Batavia, der zufolge Brandes seine Pflichten nicht angemessen erfüllt hätte. Ihm wurde unter anderem vorgeworfen, den größten Teil seiner Zeit mit Zeichnen, Malen, dem Ausstopfen von Vögeln und der Arbeit auf seinem Grundstück verbracht zu haben. Auf der Rückreise ließ sich Brandes am Kap Zeit, um die

Region kennenzulernen und abzuzeichnen. Da aufgrund seiner Beurteilung die Chancen für eine neue Anstellung gering waren, sah er sich nach anderen Möglichkeiten um.

Dabei erschien ihm Schweden, das ihm durch sein Studium in Schwedisch-Pommern bekannt war, zusehends attraktiv. Außerdem hatte er in Batavia Sven Johan Wimmercrantz kennengelernt, der als Aufseher der Schleusen, Kanäle und Wasserwerke in Batavia eine wichtige Aufgabe innerhalb der VOC ausübte. Wimmercrantz sammelte seltene Vögel, Mineralien und Pflanzen und tauschte sich darüber mit Brandes aus. 1783 verließ Wimmercrantz Batavia und begab sich zunächst nach Stralsund an die Ostsee, um danach in Småland ein Gut zu kaufen. Er überredete Brandes, es ihm gleich zu tun, woraufhin sich dieser im November 1787 nach Göteborg begab und in der Nähe von Wimmercrantz in Skälsebo Landbesitz erwarb. Nicht lange Zeit danach heiratete er in die lokale Elite ein und bekam zwei Töchter. Leider war sein Sohn Jantje, der die Tropen überlebt hatte, im Januar 1792 im Alter von zwölf Jahren an den Pocken in Schweden gestorben. Jan Brandes, der weiter Tagebuch führte und zeichnete (seine Tagebücher werden in Linköping aufbewahrt), starb 1808.[54]

Die Beispiele Wagener und Brandes weisen auf die weltweiten Netzwerke hin, die über die niederländischen Handelsniederlassungen etabliert wurden. So war es durchaus üblich, miteinander über Jahre, zeitweise unterbrochen, per Brief in Kontakt zu bleiben. Pastor Carl Ludwig Scheitz aus Steinberg in der Pfarrei Flensburg schrieb beispielsweise an seinen Bruder, der als Buchhalter der niederländischen Kompanie in Cochin arbeitete, und schickte ihm nicht nur – gleichsam als Fotos – Schattenrisse seiner Familie, sondern zeigte ihm auch Wege auf, wie er Geld überweisen könne:

> «Du meldest mir, lieber Bruder! Dass du willens bist, Geld an mich zu überweisen. […] Deinem Verlangen gemäß, habe ich auch zwei sichere Häuser in Amsterdam zu finden gesucht, an welche du Geld oder remissen übermachen kanst. Es sind selbige, der Herr Frans de Wilde Boekhouder bij het Osstindishe Compagnie tot Amsterdam, der es auch übernommen hat die Briefe an dich zu besorgen, und der andere heist: Herr

> Erdwin Borgtede. Der Herr Frans de Wilde must du als die Hauptperson ansehen und ihn in deiner Procura als Empfangnehmer oder Einheber des Geldes benennen. Durch diese benanten Män[n]er, wird das Geld sicher an mich übersendet werden. So befehle ich dich denn liebster Bruder! nebst deiner lieben Frau und Kindern, welche so wie du von unseren lieben Mutter, von meiner Frau und Kindern und von mir aufs zärtlichte gegrüßet und umarmest werden, Gottes Gnade und Segen. Leb wohl, recht sehr wohl und erinnere Dich offt deines dich herzlich liebenden Bruders.»[55]

Leider kam der Brief nicht an – das Schiff mit dem Brief wurde von einem englischen Schiff aufgebracht – und befindet sich jetzt in den sogenannten *Prize Papers* im National Archive in London.

4. Europa trifft Asien

Die niederländische Präsenz hatte einen erheblichen Einfluss auf den kulturellen Austausch im Raum des Indischen Ozeans. An der Vermittlung war eine Vielzahl von Akteuren beteiligt, die nicht nur die maritimen Regionen von der Arabischen See bis zum Ostchinesischen Meer verbanden, sondern ebenfalls die Weltmeere, da niederländische Kaufleute auch im Nord- und Südatlantik aktiv waren. Gleichzeitig beruhte der niederländische Erfolg auf einer hohen Anpassungsbereitschaft. So lernten die Holländer schnell die Gepflogenheiten in den verschiedenen sie umgebenden asiatischen Gesellschaften und führten im Sinne ihres Geschäftes die von ihnen verlangten Zeremonien aus. Sie korrespondierten in Malaiisch, Persisch (Farsi), Portugiesisch und Chinesisch, sie vollzogen (im Gegensatz zu Engländern oder Russen) den *Kotau* ebenso wie sie sich den komplizierten Sitten an den Mogulhöfen oder der Herrscher von Kandy und Mataram in Ceylon oder am Hof von Siam unterwarfen. Gleichzeitig machten sie von ihrem europäischen Herrschaftswissen gegenüber den Einheimischen dosiert Gebrauch, so dass sie oftmals die einzige Quelle für das Wissen von der Welt waren.[56]

Die kolonialen Gesellschaften unterschieden sich an den verschiedenen Orten sowohl in Bezug auf die gehandelten Güter als auch hinsichtlich der Kooperation mit den einheimischen Kaufleuten. Während die Niederländer in Batavia oder Kapstadt zusammen mit vielen anderen Ethnien lebten, waren sie in Deshima isoliert und durften nur gelegentlich Besuch empfangen. Jedes Jahr mussten der Direktor, ein Arzt und der Schreiber der Faktorei eine offizielle Reise nach Edo unternehmen, um dem Shogun ihre Aufwartung zu machen. Mit der Zeit wuchsen die Delegationen auf 100 bis 150 Personen einschließlich japanischer Dolmetscher und Begleiter an. Die Reise dauerte rund drei Monate und beinhaltete hohe Ausgaben für Geschenke an den Shogun und andere Würdenträger. In der Regel wurde den Niederländern einige Zeit zuvor eine Liste der erwarteten Gaben bekannt gemacht. Die *Dagregisters* aus Deshima etwa informieren genau über diesen reziproken Prozess und bilden somit eine wichtige Quelle für den kulturellen Austausch zwischen Japan, den Niederlanden und Europa. Die Delegationen gaben nicht nur den Niederländern die Gelegenheit, einmal im Jahr Deshima zu verlassen, sondern boten umgekehrt auch den Japanern die Möglichkeit, Leute aus dem Westen zu treffen. Insbesondere wenn die Niederländer in Kyoto Station machten, kamen japanische Beamte, um westliche Sitten und Gebräuche kennenzulernen. Gelehrte spezialisierten sich auf westliche Studien (*rangaku*, «Hollandstudien»), während europäische Vermittler wie Engelbert Kämpfer oder Carl Peter Thunberg wissenschaftliche Erkenntnisse aus Japan in die Niederlande und den Rest Europas weitergaben.[57]

In Batavia und anderswo versuchte man, Praktiken und kulturelle Güter den lokalen Gewohnheiten und Bedürfnissen anzupassen. Dies betraf nicht nur den Hausbau, der die Monsunregenfälle zu berücksichtigen hatte, sondern auch die Lebensstile, die eine Symbiose zwischen heimatlichen und lokalen Gebräuchen darstellten. So wies die materielle Kultur der Niederländer wie der Chinesen oder der Armenier in Batavia gleichermaßen europäische wie asiatische Elemente auf. Haushalte wurden mit niederländischen und chinesischen Gemälden, Zeichnungen und Druckgrafik ebenso wie mit chinesischem Porzellan, Laternen und Vogelkäfigen dekoriert. Man schätzte Sitzmöbel im europäischen Rokoko-Stil gleichermaßen wie «chinesische» Stühle, japanische Lackmöbel und Uhren, wobei die Chinesen vor allem verzierte friesische Uhren bevorzugten.[58]

Bemerkenswert ist die frühe wissenschaftliche Beschäftigung mit Sprachen, Sitten und Gebräuchen. Eines der ersten Beispiele ist das von Frederik de Houtman verfasste *Spraeck ende woord-boeck, Inde Maleysche ende Madagaskarsche Talen met vele Arabische ende Turcsche woorden*. Houtman nahm an den ersten niederländischen Reisen nach Asien teil und geriet 1599 in Aceh in Gefangenschaft, die 26 Monate dauerte. In dieser Zeit lernte er so gut Malaiisch, dass er nach seiner Rückkehr 1603 sein Wörterbuch veröffentlichen konnte, das nicht nur niederländische Worte den malaiischen Entsprechungen gegenüberstellte, sondern auch Dialoge enthielt, die man bei der Ankunft mit dem Schiff oder bei einer Audienz mit einem König verwenden konnte. Der Anhang umfasste außerdem eine Reihe seiner Stern- und Himmelsbeobachtungen.[59]

Hiermit begann eine lange Tradition der Wissensvermittlung, die im 18. Jahrhundert regelrecht explodieren sollte. Hierzu gehört Georg Everhard Rumphius' *D'Amboinsche Rariteitkamer*[60] (1705), ein publiziertes Raritätenkabinett, ebenso wie François Valentyns *Oud en Nieuw Oost-Indiën*.[61] Dieses einflussreiche Werk berichtet nicht nur über Geografie, Naturgeschichte und die verschiedenen ethnischen Gruppen, sondern auch über die Religionen, wobei sich Valentyn als fortschrittsgläubiger protestantischer Aufklärer einerseits mit dem «Aberglauben» in der Region auseinandersetzt und andererseits Projekte zur Übersetzung der Bibel ins Malaiische propagiert. Die Niederländer schufen damit ein Bild der Welt um den Indischen Ozean und vermittelten gleichzeitig ihr Weltbild an die dortigen einheimischen Gesellschaften.

Es waren aber nicht nur die Begegnungen mit den Bewohnern am Indischen Ozean und ihren Lebenswelten, die nach Europa weitergegeben wurden, sondern auch die Auseinandersetzungen zwischen den europäischen Mächten in diesem Raum, die zum Beispiel nachhaltige Wirkungen auf die Entwicklung des Völkerrechts bzw. die

Vorstellungen von der Beherrschung der Meere ausübten. So beanspruchten die Portugiesen die Hoheit über den maritimen Verkehr und versuchten, diese durch die Ausgabe von Seepässen (sogenannte *cartazes*) durchzusetzen.[62] Jedes Schiff, das sie ohne einen Seepass antrafen, wurde konfisziert und die Crew entweder getötet oder versklavt.

Die Niederländer erkannten das portugiesische Schifffahrtsmonopol natürlich nicht an. Ein Zwischenfall in der Straße von Singapur löste langfristig eine völkerrechtliche Debatte aus. Am 25. Februar 1603 kaperte der niederländische Admiral Jacob van Heemskerk die portugiesische Karacke *Santa Catarina*, die eine wertvolle Ladung chinesischer Seide und Porzellans mit sich führte. Was mit einer Freibeuteraktion begann, mündete in eine politische Strategie zur Schwächung der portugiesischen Stellung in Asien. Die VOC beauftragte 1604 den Humanisten und Syndicus Hugo Grotius, der bereits in den 1590er Jahren die Plünderung spanischer Schiffe vor Havanna durch das niederländische Schiff *Zwemmende Leeuw* juristisch unterstützt hatte, eine Rechtfertigung zu schreiben. So entstand *De Jure Praedae*, aus dem 1609 das Kapitel *Mare Liberum* veröffentlicht wurde. Darin begründete Grotius juristisch die freie Schifffahrt auf den Weltmeeren. Dies löste eine publizistische Debatte aus: Der portugiesische Priester Seraphim de Freitas verteidigte in seinem Pamphlet *De Iusto Imperio Lusitanorum Asiatico* die Kontrolle der Schifffahrt durch Portugal in den an seine territorialen Besitzungen angrenzenden Gewässern, ohne aber das offene Meer zum portugiesischen Besitz zu erklären. Der Engländer John Selden setzte dem *Mare Liberum* sein *Mare Clausum* entgegen, in dem er die englische Souveränität über die Nordsee – gegenüber der niederländischen Heringsfischerei – beanspruchte.[63] Die gesetzliche Umsetzung erfolgte in den Navigationsakten (*Navigation Acts*), nach denen Importwaren vom Ursprungsland direkt nach England gebracht werden mussten und der Transport nur auf Schiffen des Herkunftslandes oder Englands erfolgen durfte.[64] So etwas war im Bereich des Indischen Ozeans aufgrund der zunächst nur limitierten englischen Schiffskapazitäten natürlich nicht durchzusetzen. Erst im 19. Jahrhundert, nachdem die Briten die ehemals niederländischen Besitzungen in Südafrika, Malakka und Ceylon übernommen hatten, gelang es, diese Richtlinien zu verschärfen. Danach mussten Kaufleute, die mit den britischen Besitzungen in Übersee handeln wollten, Schiffe mit einer Crew, die zu drei Vierteln aus britischen Seeleuten bestand, nutzen und durften nur Häfen unter britischer Kontrolle anlaufen. Der Zoll, der in einem indischen Hafen bezahlt werden musste, fiel entsprechend doppelt so hoch aus, wenn die Ladung auf einem nichtbritischen Schiff transportiert wurde, unabhängig von ihrem Ursprung.[65]

Zur selben Zeit ging die britisch-niederländische Rivalität weiter, indem beide Kolonialmächte sich in einheimische Konflikte einzumischen und auf diese Weise Alliierte zu gewinnen suchten. Im Britisch-Niederländischen Vertrag von 1824 grenzten beide Mächte ihre Interessensphären in Südostasien dauerhaft dadurch ab, dass sie eine Grenze durch die Mitte der Straßen von Malakka und Singapur bis in das Südchinesische Meer zogen. Von nun an sollten die Inseln, Länder und Gewässer nördlich der Linie zu Großbritannien, der Süden zu den Niederlanden gehören. Die Holländer akzeptierten den Ausbau des britischen Hafens Singapur, während die Briten darauf verzichteten, auf Sumatra oder auf den südlich von Singapur gelegenen Inseln Handelsniederlassungen zu errichten.[66]

VII.
Atlantik

«Wenn die Zeiten sich wieder ändern, werden wir hier [in Sevilla] vielleicht volle Lager mit Waren haben, Ihr dagegen [in Lima] nicht. Wenn Ihr nach Tierra Firme geht, verkauft [daher] unter keinen Umständen das Haus in der Stadt Lima, denn wir möchten eine neue Handelsgesellschaft aufmachen und Euch dafür gewinnen, [von Tierra Firme] wieder nach Lima zu gehen, um dort [als unser Partner] die Niederlassung zu leiten. [...] Mir wäre es lieb, wenn Ihr noch für weitere fünf oder sechs Jahre dort [in Lima] bleiben würdet, ganz wie es Euch am besten passen würde, zumindest aber für die Laufzeit der Handelsgesellschaft, die wir zu gründen beabsichtigen. [...]
Im Moment befinden wir uns alle in arger Bedrängnis, weil wir bislang von der Flotte, die unter dem Oberbefehl von Carreño stand und die von hier am 4. November des letzten Jahres ausgelaufen ist, keinerlei Nachricht haben, auch ist seither kein einziges Schiff von Neu-Spanien oder La Española gekommen.»[1]

Francisco de Escobar

Dieser Brief des Sevillaner Kaufmannes Francisco de Escobar aus dem Jahr 1553 an seinen Handelspartner in Lima spiegelt die Unsicherheit des Handels und der Schifffahrt über den Atlantik wider, wo man auf beiden Seiten des Ozeans auf die Flotte wartete. Trotz der Unwägbarkeiten war der Atlantik um die Mitte des 16. Jahrhunderts bezwungen und es fand ein regelmäßiger Austausch statt. Diese Überwindung hatte sich in mehreren Etappen abgespielt, in denen sich die Wahrnehmung dieses Meeres als Raum veränderte.

Als die Wikinger von Island nach Grönland den Nordatlantik überquerten, war es ihnen möglicherweise nicht bewusst, dass sie über einen Ozean segelten. Für die Mehrheit der Europäer stellten die «Säulen des Herkules» eine Barriere dar, und erst Christoph Kolumbus demonstrierte, dass der Atlantik zu bewältigen war. Danach begriffen die Europäer den Atlantischen Ozean als Raum, den man physisch überwinden und über verschiedene Knotenpunkte verbinden konnte. Später erkannten Seefahrer, Entdecker und Kaufleute, dass man über ihn zu anderen Meeren wie etwa zum Pazifik gelangte.[2]

1. Auf dem Weg in die Neue Welt

In der ersten Hälfte des 14. Jahrhunderts gelang den Genuesen Lanzarotto Malocello und Niccoloso da Recco die Wiederentdeckung der Kanaren, die bereits in der Antike bekannt gewesen waren.

Zunächst erhob Portugal Anspruch auf die Inselgruppe, aber 1477 nahm Kastilien aufgrund eines Kaufvertrages zwischen den Katholischen Königen und dem kanarischen Herrscherpaar die Eroberung in Angriff. Es dauerte jedoch noch längere Zeit, bis sich die einheimische Bevölkerung, die Guanchen, 1496 unterwarfen und die Kanaren in das kastilische Reich integriert wurden. Im Hinblick auf die spätere Expansion in die Neue Welt dienten die Kanaren als «Übungsplatz». Da sie von Südspanien aus in einer einwöchigen Schiffsreise zu erreichen waren, schritt die Assimilation schnell voran.[3]

Die Motive der Eroberer waren wie überall in der Neuen Welt ökonomischer, politischer und religiöser Natur. Die Siedler erhielten sowohl größere Ländereien als auch kleineren Landbesitz, worauf sie Getreide und vor allem Zucker anbauten. In den Häfen spielten genuesische und niederländische Kaufleute eine große Rolle, denn mit ihrem Kapital wurde die Zuckerindustrie aufgebaut. Um 1516 lebten etwa 25 000 Menschen auf den Inseln. Ein Viertel davon bildeten Ureinwohner, der Rest setzte sich aus spanischen und portugiesischen Siedlern sowie afrikanischen und maurischen Sklaven zusammen, die für den Zuckeranbau auf die Kanaren geholt worden waren.

Für die Schifffahrt in die Neue Welt bot die Inselgruppe eine wichtige Zwischenstation zur Aufnahme von Vorräten. Das galt auch für die erste Reise des Genuesen Christoph Kolumbus. Nachdem sein Plan, in westlicher Richtung einen Seeweg nach Indien zu finden, in Portugal keinen Anklang gefunden hatte, wurde Kolumbus eine Zeit lang von andalusischen Magnaten unterstützt. Im Herbst 1491 endlich stieß er auf das Interesse der Katholischen Könige. Die Krone sollte Kredite für die Expeditionskosten vermitteln sowie zwei Karavellen (*Pinta* und *Niña*) zur Verfügung stellen, während Kolumbus selbst die *Santa Maria* ausrüstete. Das für ihn günstige Abkommen ist sicher darauf zurückzuführen, dass die spanische Krone angesichts der portugiesischen Fortschritte auf dem Weg nach Indien unbedingt ebenfalls neue Länder entdecken wollte.

Am 3. August 1492 stach Kolumbus in Palos in See. Erster Stopp waren die Kanarischen Inseln, die er am 6. September in westlicher Richtung schon wieder verließ. Am 12. Oktober landete er in der Karibik auf der Insel Guanahani, die er San Salvador nannte (heute Watling Island auf den Bahamas). Nachdem er mit seinen Schiffen weitere Inseln passiert hatte, segelte er die kubanische Küste entlang und ging am 6. Dezember vor einer Insel, die er La Española (*Hispaniola*) nannte, vor Anker. Die Rückfahrt, die am 16. Januar 1493 begann, musste aufgrund von Stürmen sowohl auf den Azoren als auch in Lissabon unterbrochen werden. Nach einem Empfang beim portugiesischen König, der Ansprüche auf die neugefundenen Inseln anmeldete, erreichte Kolumbus am 15. März 1493 Spanien. Hier wurde er samt den mitgebrachten Indianern vom Herrscherpaar in Barcelona empfangen. Einige Monate später (25. September 1493) konnte er mit einer größeren Flotte zur zweiten Reise aufbrechen. Diese dauerte bis 1496 und führte wiederum zu den Antillen. Diesmal wurden Puerto Rico und die Südküsten von Kuba, Haiti und Jamaika entdeckt und die Kolonie La Isabela auf Hispaniola gegründet. Im Zuge der dritten Reise stieß Kolumbus bis nach Südamerika und zur Orinoco-Mündung vor, bevor er erneut Hispaniola anlief. Inzwischen hatten sich aber Siedler am spanischen Hof über Kolumbus und seinen Bruder, den zeitweiligen Kommandanten von La Isabela, beschwert, so dass ein neuer Gouverneur nach Hispaniola geschickt wurde, der die Brüder in Ketten nach Spanien bringen ließ. Der Hof rehabilitierte den Entdecker und genehmigte eine vierte Flottenexpedition, während der Kolumbus eine Durchfahrt zwischen Kuba und Südamerika finden wollte. Er segelte die mittelamerikanische Küste von Honduras bis Panama entlang, musste dann jedoch aufgrund von Havarien, Hunger, Krankheit und Meutereien umkehren. Enttäuscht starb er 1506 in Valladolid.[4]

Die Erkundung der atlantischen Welt schritt aber auch ohne Kolumbus weiter voran. Amerigo Vespucci berichtete über die Küsten des nördlichen – nach ihm benannten – Südamerika, obwohl er sie vermutlich nie gesehen hatte. Giovanni Caboto (John Cabot), ein in englischen Diensten stehender Italiener, betrat 1497 das nördliche Amerika. Pedro Álvares Cabral entdeckte Brasilien und Vasco Núñez de Balboa überquerte 1513 die Landenge von Panama und sah zum ersten Mal den Stillen Ozean, den er *Mar del Sur* nannte. Mit der Erforschung der Küste des heutigen Floridas begann Juan Ponce de León, während Juan Díaz de Solís 1516 den Rio de la Plata erreichte. Wesentlich für den weiteren Verlauf der europäischen Expansion war die Abgrenzung der Interessensphären zwischen Portugal und Spanien. Isabella von Kastilien und Ferdinand von Aragón bestellten daher bei Papst Alexander VI. Bullen, die ihnen ein Monopol samt Missionsauftrag für die entdeckten und noch zu entdeckenden Gebiete festschreiben sollten. Johann II. von Portugal trat dagegen in direkte Verhandlungen mit Spanien ein. Im Vertrag von Tordesillas einigten sich beide Mächte am 7. Juni 1494 auf eine Demarkationslinie auf dem heutigen 46. Längengrad. Die Linie verlief etwa 1200 Seemeilen westlich der Kapverdischen Inseln, womit Teile Brasiliens (Nordosten) portugiesisch wurden. Insgesamt hatten die beiden Länder ihre Einflusszonen so abgegrenzt, dass die Portugiesen sich die afrikanische Atlantikküste südlich des Kap Bojador und damit die Route nach Asien sicherten, wohingegen die Spanier nördlich des Kap Bojador den Atlantik ungehindert befahren konnten. Westlich der Demarkationslinie durften die Spanier nach Süden segeln; daher wurde die Rio-de-la-Plata-Mündung, das spätere Argentinien, spanisch.

Erst die Weltumsegelung Fernando Magellans (1515–1522), eines

Portugiesen in spanischen Diensten, führte zur Interessenkollision in Südostasien. 1527 setzten sich die Spanier auf den Philippinen fest, während die Gewürzinseln der Molukken an Portugal verkauft wurden und in deren Einflusssphäre blieben.

Kolumbus war der Erste, der den Atlantik von einer Barriere zu einem Raum transformieren sollte, obwohl es ihm selbst nicht klar war, dass er diese Leistung vollbracht hatte. Da er die Distanz zwischen Europa und Asien falsch berechnete, hatte er ebenso wenig eine Idee von der Ausdehnung des Atlantiks wie Magellan von der Ausdehnung des Pazifiks. Erst mit der Zeit erkannte man, dass die Überquerung des Atlantischen Ozeans nicht nach Asien, sondern zu einer neuen Welt führte. Folgerichtig begründete die Überwindung der «Säulen des Herkules» das Motto der spanischen Weltherrschaft (*plus ultra* – immer weiter).

Die Spanier fertigten Seekarten an und wurden durch Globen aus Nürnberger Produktion bei der Erfassung der Welt unterstützt. In Martín Fernández de Encisos *Suma de geographia* (1519) gab es bereits Segelanweisungen für große Teile der Welt, einschließlich der Karibik. Das Buch wurde schnell ins Englische übersetzt und erschien in vielen Auflagen, ähnlich wie das Navigationshandbuch eines anderen Spaniers, Martín Cortés' *Breve compendio de la sphera y del arte de navegar* (1551, 1554).[5]

Wer den Atlantik überqueren wollte, musste nicht nur die Winde, sondern auch die spezifischen Strömungsverhältnisse kennen. Der Kanaren- bzw. Karibenstrom, der von Portugal über die Kanaren und dann in den Atlantik führt, sorgte beispielsweise dafür, dass Barbados oder das südamerikanische Festland leicht erreicht werden konnten, wogegen der Golfstrom von der Karibik über Bermuda und die Azoren bzw. über den Nordatlantik zur Nordsee führte. Entsprechend fiel es den Schiffen leicht, in Ost-West-Richtung zu segeln, während man in der Gegenrichtung selbst mit Kreuzen kaum vorankam.[6] Zur Bestimmung der Schiffsposition dienten Navigationsinstrumente wie Astrolabium, Jakobsstab oder Quadrant sowie Sonnendeklinationstabellen, mit deren Hilfe man die Höhe der Gestirne und damit den Breitengrad zu erschließen suchte.

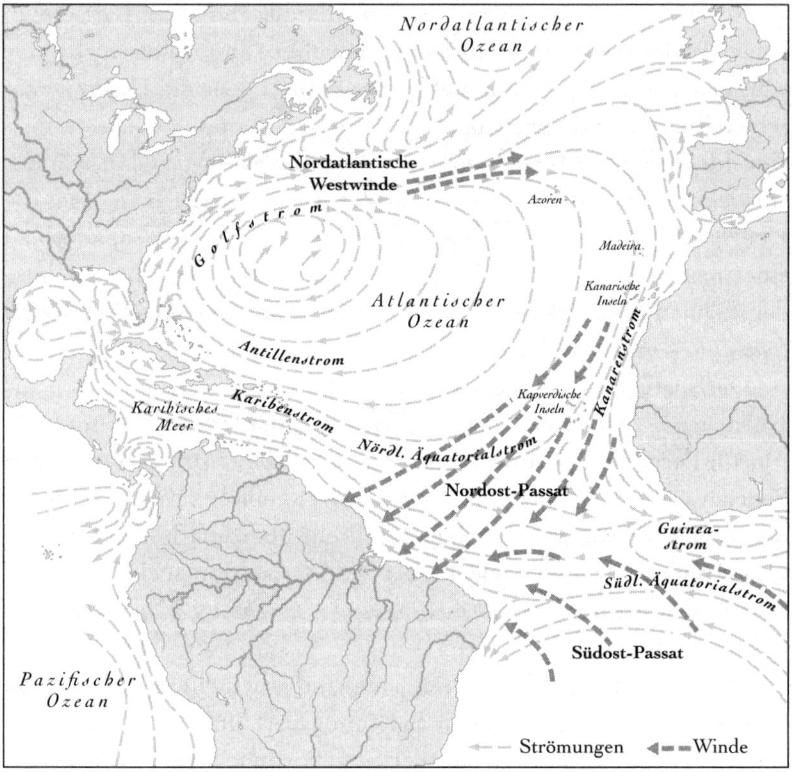

Karte 13: Atlantische Meeresströmungen und Winde

Ausgangshäfen und Fahrtrouten beeinflussten die Auffassungen vom Atlantik. So bezeichneten die Engländer von ihrer Warte aus den Nordatlantik als «Westlichen Ozean» oder Nordsee, während der Südatlantik als «Äthiopische See» und später als «Spanische See» galt.[7]

Es gab also nicht nur einen Atlantischen Ozean, sondern mindestens drei, die sich durch Klima, Umwelt, Wind und Meeresströmungen voneinander unterschieden: Der Nordatlantik verband die Gesellschaften Nordeuropas zunächst mit den Fischbänken Neufundlands und später mit den Siedlungen an der nordamerikanischen Ostküste sowie einigen karibischen Inseln. Der spanische Atlantik führte Sevilla mit der Karibik und den spanischen Besitzungen in Mittel- und Südamerika zusammen. Hinzu kam der Luso-Atlantik (Portugiesischer Atlantik), der von Lissabon nach Brasilien, aber gleichzeitig bis nach Afrika reichte. Im Laufe des 17. und 18. Jahrhunderts wuchsen die Systeme zusammen, wobei schwarze Sklaven ein unfreiwilliges Medium dieses Prozesses darstellten. Auf diese Weise entstanden neben dem amerikanisch-indianischen Atlantik ein Schwarzer und ein Weißer Atlantik, die sich vielfältig überlappten.[8]

2. Die Rivalität zwischen Spaniern und Portugiesen

Spanier und Portugiesen prägten ausgehend von den Kanaren und den Azoren den mittleren und südlichen Atlantik. Dabei hielt der Drang nach Gold den Expansionsgedanken am Leben. Da sich die Goldwäscherei in der Karibik schnell erschöpfte und die vorgefundenen Reichtümer in den seltensten Fällen den Erwartungen der Entdecker entsprachen, stießen die Konquistadoren nach Mexiko, Mittelamerika und weiter nach Peru vor. Die Eroberungen von Cortés in Mexiko und Pizarro in Peru lebten von der Unterstützung durch indianische Alliierte, die gegen die Staaten der Azteken und Inkas rebellierten. Durch strategische Allianzen mit Indianerreichen oder einheimischen Eliten stärkten die Konquistadoren ihre

Stellung und legten die Grundlagen für das spanische atlantische System.

Die indigene Bevölkerung verringerte sich aufgrund der Einschleppung europäischer Krankheiten drastisch (von 10–15 Mio. 1519 auf 1,5 Mio. in Mexiko 100 Jahre später). Gleichzeitig ermunterte die Entdeckung der neuen Silberminen und die Gründung von Kolonialstädten Einwanderer zur riskanten Fahrt über den Atlantik. Bis zum Jahre 1600 emigrierten rund 50 000 Spanier in die Karibik, aber vor allem nach Neuspanien und Neugranada.[9] Die Krone, die Lizenzen zur Einwanderung erteilte,[10] bevorzugte Beamte und Kirchenleute, insbesondere religiöse Orden, zur Verwaltung der neuen Gebiete und zur Christianisierung der einheimischen Bevölkerung. Für Neuspanien (Karibik, Mexiko und Mittelamerika) und Peru (von Panama bis zur Südspitze Südamerikas) wurden Vizekönige eingesetzt. Der Handel wurde ebenso wie der Personenverkehr über den Atlantik von der *Casa de la Contratación* in Sevilla organisiert, wogegen Kaufmannsgilden (*consulados*) in Sevilla, Mexico City und Lima die kommerziellen Angelegenheiten vor Ort regelten.[11]

Die größte Bedeutung hatte in diesem Zusammenhang die Schifffahrt, die *carrera de indias*, die im Wesentlichen von dem neuentwickelten Schiffstyp, der Galeone, bestritten wurde. Seit ca. 1564 teilte man die Flotte in zwei Konvois, die von Sevilla – später von Sanlúcar de Barrameda oder Cádiz – in See stachen. Die Tierra-Firme-Flotte, genannt *galeones*, segelte im August zu den Häfen Cartagena und weiter nach Nombre de Dios (später Portobelo) am Isthmus von Panama. Nach ihrer Ankunft fanden die berühmten Messen statt, auf denen Kaufleute die mitgebrachten Waren erwarben und diese mit Hilfe von Lasttieren, Trägerkolonen und Schiffen weiter nach Süden transportierten. Das peruanische Silber wurde in der umgekehrten Richtung von Callao am Pazifik über die Landenge von Panama zur Retourflotte geschafft und an Bord genommen. Die zweite Konvoi-Flotte, die Neuspanien-Flotte (*flota de Nueva España*), segelte im April mit Hilfe des Nordostpassats in die Karibik und weiter durch die Straße von Yucatán und den Golf von Mexiko nach Veracruz, den Hafen Neuspaniens. Für die gemeinsame Rückreise trafen sich die beiden Flotten im März auf der Reede von La Havanna auf Kuba, um nach der Instandsetzung und Verproviantierung der Schiffe mit westlichen Winden und der Hilfe des Golfstroms nach Sevilla bzw. nach Cádiz und Sanlúcar (je nach Größe der Schiffe) zurückzusegeln. Die Hinreise dauerte für die Neuspanien-Flotte durchschnittlich 75 Tage von Cádiz und 91 Tage von Sanlúcar aus, die Rückreise vom Isthmus von Panama bis zu den Ausgangshäfen dieselbe Zahl von Tagen. Eine vergleichbare Reisedauer hatte die Tierra-Firme-Flotte. Der Durchschnittswert ist allenfalls als Orientierung zu verstehen, da die Fahrten in der Regel entweder länger oder kürzer ausfielen. Neben den Edelmetallen brachten die Schiffe vor allem Koschenille, Indigo, Häute, Zucker, Perlen, Farbhölzer, in späteren Jahrhunderten auch Tabak und Kakao nach Spanien.[12]

Die Entdeckung der Silberminen in Potosí und die Verhüttung des Silbers mit Hilfe des Amalgamationsverfahrens führte zu einer Ausweitung der Silberexporte. Dabei transportierten Lamakarawanen das Edelmetall aus Potosí über die Anden und dann ging es mit dem Schiff zum Isthmus von Panama und weiter nach Europa. Von Sevilla aus floss das Silber im europäischen Handelskreislauf bzw. im Zuge des militärischen Engagements Spaniens in Europa weiter. Eine wichtige Komponente stellte das amerikanische Silber außerdem im Handel mit Asien dar, der ohne das Edelmetall kaum funktioniert hätte. Hierzu diente ein regelmäßiger Schiffsverkehr über den Pazifik zwischen Acapulco und Manila.[13]

Am Ende des 16. Jahrhunderts betrieben Kaufleute aus Mexiko den Warenaustausch zwischen Peru und Asien. Seide und Porzellan aus China sowie die berühmten Lackarbeiten wurden gegen Silber gehandelt, so dass die Geschäfte mit Manila im 17. Jahrhundert zeitweise den spanischen atlantischen Handel übertrafen. Auf Drängen der Sevillaner Kaufleute limitierte die Krone daraufhin die Größe und Anzahl der Schiffe, die von Acapulco nach Manila segelten. Der atlantische Handel ging im 17. Jahrhundert zurück, da Spanien im Angesicht der niederländischen und englischen Konkurrenz zeitweise nicht in der Lage war, die Schifffahrtsrouten zu garantieren bzw. zu sichern.[14]

Die Silberproduktion in Mexiko entwickelte sich langsamer als die in Peru und übertraf diese erst von den 1650er Jahren an. Entsprechend bildete Koschenille das wichtigste Exportgut Mexikos. Die Koschenille – ein roter Farbstoff – gewannen die Indianer von Läusen auf Kakteen. Die indigenen Gemeinden wurden von der Krone und ihren Beamten dazu verpflichtet, ihre Tribute in Form von Koschenille abzuliefern. Aufgrund der Silber- und der gewerblichen Produktion entwickelte sich eine Arbeitsteilung, nach der die ländlichen *haciendas* Weizen für die Spanier und Mais für die übrige Bevölkerung ebenso herstellten, wie sie der städtischen und gewerblichen Wirtschaft Zugtiere (Maultiere, Ochsen, Pferde) zur Verfügung stellten. Neben der einheimischen Keramikproduktion entstanden Luxusgewerbe (Gold- und Silberschmiede, Luxuskleidung, Kutschen, Möbel) für die Eliten. Auf diese Weise wurde Mexiko zum Zentrum eines interkolonialen Netzwerks, in dem man Weizen aus Puebla gegen Tabak aus Kuba handelte, und Kakao und Schokolade, die von den vorkolumbianischen Eliten konsumiert worden waren, avancierten zu einem zentralen Produkt in dem regionalen Handelssystem.[15] Während ein Großteil des Kakaos aus dem heutigen Guatemala stammte, entwickelte sich im 17. Jahrhundert «Venezuela» zum wichtigsten Produzenten von Kakao, der in steigenden Mengen nach Spanien exportiert wurde.

Zur selben Zeit stiegen Kubas Handelsvolumen und Bevölkerungszahl. Hier übernahm 1740 die Havannakompanie das Handelsmonopol für Tabak, so dass jährlich drei Millionen Pfund kubanischen Tabaks nach Sevilla in die königliche Tabakmanufaktur geliefert wurden. Der wachsende Warenverkehr spiegelt nicht nur die erfolgreiche Tätigkeit der Kompanien wider, sondern auch die Herausbildung eines spanisch-atlantischen Handelssystems, in dem ursprünglich an der Peripherie gelegene Regionen wie die des Río de la Plata, Chiles, Venezuelas und Mittelamerikas über Atlantik und Pazifik verbunden waren.[16]

Finanziert wurden die Flotten von Privatleuten, die die Kosten für die Ausrüstung aufbrachten und die Profite einstrichen. Die Krone bzw. die königliche Gesetzgebung garantierte Rechtssicherheit, so dass im Mutterland abgeschlossene Geschäftsverträge gleichermaßen in Mexiko, Lima oder Manila Rechtskraft besaßen bzw. durchsetzbar waren.

Im Laufe der Entdeckung des Seeweges nach Indien begründete die portugiesische Schifffahrt einen südatlantischen Raum. So spielte auf dem Weg zum Kap der Guten Hoffnung die Neu- bzw. Wiederentdeckung von Inseln wie Madeira, den Azoren, den Kapverden oder São Tomé eine wichtige Rolle. Diese bildeten nicht nur erste Anlaufstellen für Handel und Migration, sondern auch Zwischenstationen für Seefahrt und Kommunikation im portugiesisch sprechenden Atlantikraum – eine Funktion, die ihnen bis heute, neben dem boomenden Tourismus, zukommt. Inseln waren wichtig, um Zugang zu neuem Festland zu finden. Um die Bewohner der Inseln zu versorgen, wurden agrarische Produkte angebaut, die im Mutterland ebenfalls Absatz fanden. Neben europäischen Pflanzen kultivierten die Portugiesen auch solche amerikanischer und afrikanischer Herkunft. Auf Madeira und den Azoren siedelten portugiesische Bauern und Händler sowie flämische Landwirte, die von südniederländischen Unternehmern rekrutiert worden waren.

Neben Harzen und Farbstoffen lieferten die Inseln Getreide, Weintrauben, Wein, Salz und Rindfleisch, wozu dann neben Wal- und Fischfang noch die mit Sklaven betriebene Zuckerproduktion kam.

Weniger attraktiv für Europäer, aber unentbehrlich als Versorgungsstation auf dem Weg nach Indien oder nach Brasilien waren die vulkanischen Kapverden, die etwa 500 Kilometer vor der Küste Senegals liegen. Neben der einheimischen Bevölkerung lebten dort vor allem Afrikaner, so dass afrikanische Sprachen dominierten und kreolische Sprachen sich entwickelten. Auch hier wurde Zucker angebaut sowie Viehhaltung betrieben, die zur Versorgung der Schiffe diente. Von Bedeutung war im Golf von Guinea schließlich noch das Archipel von São Tomé und Príncipe, auf dem Portugal sowohl soziale Randgruppen als auch jüdische Kinder, die man ihren Eltern weggenommen hatte, ansiedelte. Das tropische Klima mit zwei Regenzeiten, Wasser und Wald ließen São Tomé ideal für die Zuckerproduktion erscheinen, für die Tausende von Sklaven aus Afrika rekrutiert bzw. zwangsrekrutiert wurden. São Tomé entwickelte sich zu einem wichtigen Sammelpunkt für Sklaven aus dem Golf von Guinea bzw. aus Angola, die weiter nach Amerika transportiert wurden.[17]

Im Laufe des 16. Jahrhunderts griffen die portugiesischen Interessen in Richtung Brasilien und Angola aus. Im Kongo hatte es zunächst einen positiven Austausch zwischen dem Herrscherhaus, das auf militärische und technische Unterstützung hoffte, und Portugal gegeben, das die Christianisierung vorantreiben wollte. Schon bald jedoch nahmen die Interessen der Sklavenhändler überhand, so dass das Gebiet nur noch als Quelle für Sklaven und Elfenbein diente. Die Portugiesen konzentrierten sich auf die Region Ndongo (Kongo) im Süden des Königreiches und nannten sie Angola, abgeleitet von der Bezeichnung für Herrscher, *ngola*. Im Ndongo, wie überall in Afrika, waren sie mit etablierten Herrschafts- und Sozialstrukturen sowie mit tradierten Handelsnetzwerken konfrontiert. Entsprechend konnte man nur in Kooperation mit den einheimischen Netzwerken oder mit Gewalt von den gewachsenen Strukturen profitieren bzw. an ihnen teilhaben. Im Ndongo entschied man sich für Gewalt und gründete die Kolonie Angola (1571) mit Gouverneur und befestigten Stützpunkten. Aber gehalten werden konnte die Stellung nur durch militärische Aggression, Strafexpeditionen und zeitweilige Allianzen mit den einheimischen Fürsten.

Der Sklavenhandel wurde fortgesetzt und erreichte, nachdem Pedro Álvares Cabral im Jahre 1500 Brasilien für Portugal in Besitz genommen hatte, eine neue Dimension. Dadurch, dass Cabral einen eigentlich zum Tode verurteilten Seemann dort unter den Ureinwohnern aussetzte, legte er unabsichtlich die Basis für die weitere Kolonisierung. Vor allem das Interesse Frankreichs an der Brasilienfahrt und der Kaperkrieg zwischen beiden Mächten brachten Portugal in den 1530er Jahren dazu, europäische Siedler anzulocken. Dort, wo aus ökonomischen Motiven der Zuckerrohranbau mit Hilfe afrikanischer Sklaven eingeführt wurde, ergaben sich Impulse für die portugiesische Kolonisation. Einen weiteren Schub erhielt diese 1559 mit der Ernennung eines Generalgouverneurs und der Etablierung einer zentralen Finanz-, Justiz- und Militärverwaltung sowie der Schaffung kirchlicher Strukturen und der Tätigkeit jesuitischer Missionare.[18]

In dieser Zeit wurden nicht nur die Küsten vom Nordosten bis Santa Catarina im Süden besiedelt, sondern auch die wichtigen Häfen Salvador, Recife und Rio de Janeiro an Flussmündungen angelegt. Zucker stellte das wichtigste Exportgut dar. Brasilianischer Zucker und afrikanische Sklaven prägten die gemeinsame atlantische Welt der Portugiesen in Afrika und Brasilien. Obwohl diese Welt durch das niederländische Brasilienabenteuer zwischen 1630 und 1654 herausgefordert wurde, blieben die Kontakte erhalten, da die brasilianischen Pflanzer ebenso wie die Goldsucher Arbeitskräfte benötigten, die allein von Angola geboten wurden. Entsprechend avancierte Brasilien zur Hauptanlaufstelle für afrikanische Sklaven. Daraus entwickelte sich ein Dreieckshandel, der vor allem von Portugiesen in Rio de Janeiro oder Lissabon gelenkt wurde. Dabei bezahlte man die afrikanischen Handelspartner mit Zucker, Tabak und Rum ebenso wie mit geschmuggeltem amerikanischem Silber.[19]

Der Zucker floss über die Meere von Brasilien nach Portugal und weiter in die Niederlande, nach England und in andere europäische Länder, wo man im Austausch Textilien und sonstige Fertigwaren bezog. Darüber hinaus belieferten portugiesische Schiffe – ebenfalls gegen Zucker – Brasilien mit Gewürzen aus Asien.[20]

Erhebliche Auswirkungen auf die europäische Welt hatte der brasilianische Goldboom. In den Jahren 1693–1695 waren in den brasilianischen Gebieten, die heute den Namen Minas Gerais tragen, umfangreiche Goldlager entdeckt worden. Die Nachricht davon löste einen Goldrausch aus und zog Goldschürfer aus den brasilianischen Küstengebieten wie aus Portugal selbst in die Goldgräberstadt Vila Rica de Ouro Preto. Die portugiesische Krone besteuerte im Rahmen des königlichen Bergregals jedes Gramm Gold, das in Minas Gerais sowie in den anderen Goldminen Goiás und Mato Grosso gefunden wurde. Auf diese Weise und durch den Handel kamen im 18. Jahrhundert jährlich 10–15 Tonnen Gold von Brasilien nach Portugal und Europa. Der Hauptprofiteur des Goldes war England, das sowohl Textilien als auch Sklaven nach Portugal bzw. Brasilien lieferte.[21]

3. Zucker, Sklaven und Pelze: Niederländer, Engländer und Franzosen

Die Verbindung zwischen Süd- und Nordatlantik, aber auch zwischen Atlantik und Nord- und Ostsee sowie zwischen Südatlantik und Indischem Ozean unterhielten die Niederländer, die sich schon am Ende des 16. Jahrhunderts dem atlantischen Handel widmeten. Die niederländische Westindien- und Afrikafahrt ist untrennbar mit der *West-Indischen Compagnie* (WIC) verbunden, die 1621 nach Ablauf des zwölfjährigen Waffenstillstands (im Achtzigjährigen Krieg) zwischen den Niederlanden und Spanien gegründet wurde. Wie die früher ins Leben gerufene VOC hatte die WIC das Ziel, den niederländischen Handel mit diesen Erdteilen zu bündeln und vor allem die Konkurrenz der bereits bestehenden niederländischen Handelsgesellschaften zu beenden. Die WIC war als *joint-stock company*, das heißt als Aktiengesellschaft, organisiert. Größere Summen investierten nur wenige Kaufleute, die schon länger im Handel mit der Karibik, Brasilien und Guinea tätig waren und die auch die Direktorenposten der Kompanie übernahmen. Das Startkapital von rund sieben Millionen Gulden konnte aber nur zusammenkommen, weil die Einwohner der nicht direkt mit der Schifffahrt verbundenen Städte gleichfalls erhebliche Summen investierten.

Die Anfangserfolge der WIC blieben bescheiden. Da man sich auf die Eroberung spanischer und portugiesischer Besitzungen verlegte, war das Kapital schnell verbraucht. Hätte nicht Piet Heyn 1628 vor Kuba die aus Mexiko kommende Silberflotte gekapert und dabei über elf Millionen Gulden in die Kasse der WIC gebracht, wäre die Kompanie schnell in Vergessenheit geraten. Für die weitere ökonomische Expansion benötigte sie neben dem Goldimport aus Afrika eine solide wirtschaftliche Grundlage in der Neuen Welt. Eine Möglichkeit eröffnete sich in Brasilien, wo 1630 das Zuckerzentrum Olinda erobert und die Portugiesen zurückgedrängt wurden.[22]

Die Niederländer beherrschten nun zum ersten Mal den internationalen Zuckerhandel und als Folge auch den Sklavenhandel. Allerdings endete ihre Ausbeutung der Zuckerproduktion 1644 abrupt, als eine Revolte brasilianischer Zuckerpflanzer ausbrach, die die Holländer nicht unter Kontrolle bekamen. 1661 wurde Nordostbrasilien gegen die Zahlung von acht Millionen Gulden an Portugal zurückgegeben. Völlig überschuldet, beschränkte sich die WIC deshalb in der zweiten Jahrhunderthälfte auf die Versorgung der westindischen Kolonien der anderen europäischen Mächte, auf den Sklavenhandel sowie auf den Goldimport aus den afrikanischen Besitzungen. In der Karibik war mit niederländischem Know-how und Kapital die Zuckerproduktion verbreitet worden und die Niederländer lieferten den portugiesischen, spanischen und englischen Pflanzern die dafür notwendigen Arbeitskräfte und Gerätschaften. Die schwarze Bevölkerung auf den Inseln wuchs stark an – auf Barbados von 5680 Personen (1645) auf 82 023 Personen (1667) – und immer mehr Pflanzer verschuldeten sich bei den niederländischen Händlern.

Als besonders ertragreich erwies sich der Handel mit Spanisch-Amerika, der sowohl direkt als auch indirekt über das Mutterland lief. Denn hier wurde das Silber verdient, das man für die Einkäufe im Ostseeraum, vor allem aber in Südostasien benötigte. 1679 endete das Quasi-Monopol der WIC im Sklavenhandel mit den spanischen Kolonien, woraufhin sich die Spanier selbst auf den Sklavenmärkten im englischen Jamaika mit Arbeitskräften eindeckten. Aufgrund seiner günstigen Lage vor der amerikanischen Küste blieb das niederländische Curaçao weiterhin das Zentrum für den Transithandel mit Spanisch-Amerika und anderen Inseln der Karibik, die von hier aus mit Leinen, Gewürzen, Wachskerzen, Seide und Papier versorgt wurden.[23]

Auf dem nordamerikanischen Kontinent ließen sich die Holländer zunächst per Zufall nieder. 1609 hatte die VOC den englischen Kapitän Henry Hudson unter Vertrag genommen, um eine Nord-Ost-Passage nach Asien zu finden. Eigentlich sollte er an Skandinavien und Russland vorbeisegeln, aber als er vom arktischen Eis blockiert wurde, drehte er um und versuchte es in nordwestlicher Richtung. In der Hoffnung, eine Passage zum Pazifik zu finden, traf er auf das Flussdelta, das später seinen Namen tragen sollte. Nachdem er den Fluss hinaufgesegelt war, ging er in der Nähe des heutigen Albany an Land, das später das Zentrum der Neuniederlande werden sollte. Sein bereits 1611 publizierter Bericht zog Seefahrer und Kaufleute an (Expedition im Auftrag der Amsterdamer Admiralität 1611–1612) und führte zu einer kartografischen Aufnahme der nordamerikanischen Ostküste. 1614 erhielt eine kleine niederländische Handelskompanie ein Patent für vier Jahre, woraufhin im gleichen Jahr Händler das Fort Nassau am oberen Hudson errichteten. Ab 1621 fielen die Neuniederlande in den Zuständigkeitsbereich der WIC. Die Attraktion für die Niederländer waren Pelze, insbesondere die Biberpelze, die ihnen von den Algonquin am Hudsondelta und von den Mohawks am oberen Hudson angeboten wurden.

Mit der Zeit kamen auch niederländische Siedler in die Hudsonregion. 1624 ankerte die *Nieu Nederlandt* auf der Reede vor Manhattan; an Bord hatte man Saatgut, Setzlinge, Vieh und Ackergeräte zur Errichtung einer Kolonie. 1626 gründete der WIC-Generalgouverneur Peter Minuit zusammen mit einigen Siedlerfamilien, die aus den Niederlanden gekommen waren, Fort Amsterdam, aus dem sich Neu Amsterdam und später New York entwickeln sollten. Es entstand ein lebendiges Handelszentrum mit 8000–10 000 Einwohnern.[24]

Die niederländische atlantische Wirtschaft basierte aber nicht allein auf dem Monopol der WIC im Gold- und Sklavenhandel und der Agrarproduktion der Neuniederlande. Hinzu kamen Kaufleute und Plantagenbesitzer, die die Zuckerproduktion der spanischen, französischen und britischen Karibikinseln finanzierten. Diese Pflanzer waren ebenfalls auf die niederländischen Schiffe angewiesen, die den karibischen Zucker in die Niederlande und speziell in die Zuckerraffinerien Amsterdams transportierten. Im Jahre 1660 verarbeiteten die Zuckerraffinerien mehr als die Hälfte des in Europa konsumierten Zuckers.[25]

Die Vormachtstellung der Niederlande im Atlantik wurde jedoch durch die merkantilistische Politik Frankreichs und Englands beeinträchtigt. Die erste Bedrohung ging von England aus, das mit der Verkündung der Navigationsakte 1651 den Ersten Englisch-Niederländischen Seekrieg (1652–1654) provozierte. Das Vorspiel zum Zweiten Englisch-Niederländischen Seekrieg (1665–1667) fand in den Kolonien statt, wo es der *Royal African Company* gelungen war, in das niederländische Monopol des Sklavenhandels mit Westindien einzubrechen. 1665 erklärte England den Krieg, in dem jedoch die niederländische Flotte der unter Geldmangel leidenden englischen Flotte überlegen war. Der Friede von Breda (1667) war ein Kompromiss, da die Niederländer mit Rücksicht auf das im Süden stärker werdende Frankreich übermäßige Forderungen zurücksteckten. Sie waren bestrebt, die gefährlichsten Streitpunkte zu beseitigen und traten deshalb in Nordamerika die Neuniederlande an England ab. Im karibischen Raum behielt man Surinam, das 1667 erobert worden war, Curaçao und einige kleinere Inseln.[26]

Von hier aus bauten vor allem jüdisch-sephardische Kaufleute neue Handelsnetzwerke auf, die sich sowohl über den karibischen Raum als auch zum nord- und südamerikanischen Festland erstreckten. Ein Beispiel für diesen Händlertyp ist David Cohen Nassy. Dieser hatte während des Aufstandes der portugiesischen Pflanzer gegen die niederländische Herrschaft und der damit verbundenen Verfolgung der jüdischen Bevölkerung zunächst in Curaçao Schutz gesucht. 1659 begab er sich nach Cayenne und von dort 1667 in die noch englische Kolonie Surinam, bevor diese von den Holländern erobert wurde. Hier lebte bereits eine kleine Gruppe jüdischer Siedler. Nassy stand weiterhin in Kontakt zu Amsterdam und baute sein Handelsgeschäft aus. Daran änderte auch die Tatsache nichts, dass aus den Neuniederlanden Neuengland geworden war. Handelspartner waren Glaubensgenossen in New York, Newport, Rhode Island und vor allem in Boston. Regelmäßig lieferten Schiffe aus Boston, New York und Connecticut Pferde, Fisch und koscheres Fleisch – Produkte, die in Surinam stark nachgefragt wurden. Auf dem Rückweg von Surinam nahmen die Schiffe Zucker an Bord, den sie oftmals über Boston und New York weiter nach Amsterdam transportierten.[27]

Obwohl die Niederlande nach der endgültigen Niederlage im Dritten Englisch-Niederländischen Seekrieg (1672–1674) ihre militärische Position im Atlantikraum nicht länger verteidigen konnten, setzte die WIC den Handel mit der spanischen Karibik und dem Festland von Curaçao aus bis zum Jahre 1713 fort, als die Kompanie den Sklavenimport an England abtreten musste. Daneben entwickelte sich in dem neugewonnenen Gebiet Surinam eine niederländische atlantische Wirtschaft, indem man eine Plantagenwirtschaft, die auf Zucker, Kaffee und Indigo basierte, aufbaute. Die Auflage einer speziellen Plantagenanleihe durch das Bankhaus Deutz regte einen Wachstumsboom in der niederländischen Karibik an. Zwischen 1765 und 1772 wurden rund sechs Millionen Gulden jährlich in Anleihen investiert, die Plantagen in der Karibik und in Guyana sowie in Sumatra finanzierten.[28]

Die Niederländer prägten damit weiterhin die atlantische Wirtschaft, die für sie aber nur einen Teil ihres globalen maritimen Netzwerkes darstellte.[29] Entsprechend unterschied sich ihre Präsenz im Atlantikraum quantitativ und qualitativ von der der anderen Europäer. Die holländischen Kolonien waren multiethnisch, polyglott und multireligiös. Niederländer, Deutsche, Hugenotten, Juden und Abkömmlinge anderer europäischer Länder lebten hier zusammen mit schwarzen Sklaven und Mestizen sowie der indigenen Bevölkerung.[30]

Dagegen schickte England im 17. Jahrhundert vor allem Schuldknechte (*indentured servants*) und Gefängnisinsassen in die Neue Welt. Die großen Worte, mit denen Richard Hakluyt 1584 gegenüber der Königin (Elisabeth I.) ein Programm für die atlantische Expansion Englands präsentiert hatte, welches durch die Siedlung in Amerika England ökonomisch autark gemacht hätte, waren schnell der Ernüchterung gewichen.[31]

Zwar führte die Propaganda Hakluyts und anderer zu einer Reihe von Siedlungsunternehmungen wie in Roanoke Island (1580er Jahre), Virginia (Jamestown 1607) und auf den Bermudas (1609) oder in Neuengland in den 1620er Jahren mit der Ankunft der Pilgerväter.[32] Aber trotz des Enthusiasmus blieben die meisten englischen

Kolonien in Amerika unwirtliche Orte, deren Siedler um das pure Überleben kämpften. Es gab zwar Überbevölkerung im England des 16. und 17. Jahrhunderts, aber die daraus resultierende Migration führte zunächst in die großen Städte und dann vor allem nach Irland, das durch Engländer, Waliser und Schotten im Laufe der Jahrhunderte britisch wurde. Während die Schotten nach Irland, aber insbesondere im 17. Jahrhundert in den Ostseeraum migrierten, zog es allein die Engländer nach Amerika, namentlich nach Chesapeake, und in die Karibik.[33] Häufig wurden sie von ihren Herren wie eine Ware behandelt und gegen Güter oder Land getauscht. John Stotter, der 1635 von London mit der *Falcon* nach Barbados gekommen war, diente fünf Jahre später noch immer und wurde zusammen mit einem Schwein und einigen Farmgerätschaften verkauft.

Die Schiffspassagen waren in dieser Frühzeit noch unsicher und unregelmäßig. Jeder Kapitän, Reeder oder Kaufmann hatte die Qual der Wahl, die Passage entweder nach den Bedürfnissen des Handels oder nach denen der Passagiere auszurichten.[34]

Die Arbeitskräfte wurden von Unternehmern und Plantagenbesitzern mit Werbepamphleten rekrutiert. Zwei Drittel der 300 000 englischen Migranten endeten in der Karibik, wo viele dem mörderischen Klima zum Opfer fielen. Freilich bildeten diese nur einen Bruchteil der gesamten Migration, die zum größten Teil aus der Zwangsmigration schwarzer Sklaven bestand. Die europäischen Einwanderer waren hauptsächlich Männer, während die Sklavengesellschaft immerhin ein Drittel Frauen zählte. Hieraus erklärt sich die unterschiedliche demografische Entwicklung, da sich die weißen Zwangsarbeiter nicht und die Sklaven nur unter schwierigen Umständen vermehren konnten. Das heißt, dass die Kolonien ohne Migration nicht hätten fortbestehen können. Erst im ausgehenden 17. Jahrhundert, mit der Gründung von Pennsylvania, verfügte England über eine Reihe von lebensfähigen Kolonien, deren Bewohner dann schon nicht mehr nur von den Britischen Inseln kamen. Wichtig für den weiteren Verlauf war die Mobilität der Migranten, die sich vom amerikanischen Festland in die Karibik und an andere Orte begaben.

Seeleute bauten Netzwerke zwischen den entstehenden Hafenzentren und den in der Peripherie gelegenen Gebieten auf. Gleichzeitig riss die Verbindung nach London nicht ab, so dass sich Beziehungsgeflechte zwischen dem Mutterland, dem amerikanischen Festland und den Inseln in Westindien herausbildeten. Handel und Migration über den Atlantik und in die Karibik verbanden die verschiedenen Regionen miteinander und festigten den Kontakt zwischen England und seinen Kolonien sowie mit denen anderer europäischer Staaten. Diese Verbindungen wurden durch einen ständigen Strom von Briefen und persönlichen Begegnungen auf beiden Seiten des Ozeans aufrechterhalten.[35]

Ökonomisch brachte die Passage über den Atlantik den englischen Siedlern zunächst nur Fisch und Pelze. Erst der Anbau von Agrarprodukten, die auf dem europäischen Markt zu einem so hohen Preis verkauft werden konnten, dass sich der Transport über den Atlantik lohnte, gab den Siedlern eine breitere ökonomische Basis. Allein hierdurch erhielten «die Amerikaner» Geld und Kredit, um die notwendigen europäischen Waren und Geräte zu erwerben. Bis dahin versuchte man sich an den karibischen Produkten. Außerdem ermöglichte es die Eroberung Jamaikas 1655 den Engländern, durch Handel, Schmuggel und Plünderung am Reichtum Spanisch-Amerikas zu partizipieren. So schmuggelten Schiffe aus Neuengland Zucker oder Tabak, die sie mit einer dünnen Schicht von Fisch oder Mehl überdeckten. Behindert wurde der Handel allerdings durch die Ausfuhrbestimmungen des *Navigation Act*.

Dementsprechend stellte der Tabak, den man in Virginia im zweiten Jahrzehnt des 17. Jahrhunderts heimisch machte, die amerikanischen Siedler auf eine neue ökonomische Basis. Tabak war einfach anzubauen und benötigte daher keine großen Investitionen. Der hohe Preis, den der Tabak in Europa erzielte, machte ihn äußerst profitabel. Dies führte zur Ausweitung des Anbaus in Chesapeake und anderen Regionen, ebenso zur weiteren Einwanderung nach Amerika. Zahlen für die Tabakeinfuhr (zehn Mio. Pfund 1660; 50 Mio. Pfund 1730; 100 Mio. Pfund 1770 mit einem wachsenden Reexportanteil) weisen auf die zentrale Bedeutung des Produktes hin.

Tabak hatte auch in der Karibik eine Rolle gespielt, war aber durch den Zucker verdrängt worden. Im ausgehenden 17. Jahrhundert kam ein weiteres Agrarprodukt hinzu, das vor allem in den Carolinas angebaut wurde: Reis. Außerdem begann man mit dem Indigoanbau in großem Stil. Alle drei Produkte – Zucker, Reis und Indigo – basierten auf der Arbeit schwarzer Sklaven und zogen einen weiteren Sklavenstrom in die Karibik und auf das amerikanische Festland. Die Plantagenkolonien im Süden wurden zum wichtigen Markt für die Kolonien im Norden, die keine Produkte anboten, die in England marktfähig waren. Neben Getreide und Fisch schickte der Norden eingepökeltes Fleisch und Holz als Rohstoff für Fässer und Gebäude sowie als Brennstoff in den Süden und in die Karibik, denn dort (in der Karibik) hatte die Rodung für den Zuckeranbau die Holzvorräte weitgehend vernichtet.[36]

Das «Wohlstandsgefälle» zwischen den nördlichen und den südlichen Kolonien war augenfällig. Davon profitierten überregional operierende Kaufleute, wie etwa der Kaufmann English in Salem, der seine Schiffe nach Barbados, Honduras, Surinam, Bilbao, Madeira, zu den Azoren und entlang der Küste von Nova Scotia sowie nach Virginia schickte.[37] Im Laufe des 18. Jahrhunderts kamen neue Schiffsverbindungen im Atlantik hinzu: Vigo, Bilbao, Campeche, Cayenne, Ceuta, Cowes, Providence Island und andere.

Über Europa war auch der Indische Ozean mit seinem Warenangebot in den atlantischen Handel einbezogen. Asiatische Seide, Porzellan und im 18. Jahrhundert chinesischer Tee wurden über England in die nordamerikanischen Kolonien gebracht. Daneben segelten regelmäßig Schiffe aus New York, Boston oder Rhode Island in den Indischen Ozean. Die Unterschiede zwischen Handel und *privateering* waren nicht immer klar. Denn jegliche private Handelsunternehmung, die außerhalb des von der Englischen Ostindienkompanie beanspruchten Monopols durchgeführt wurde, galt als Freibeutertum und war, wenn man auf englische Kriegsschiffe traf, lebensgefährlich. Dennoch orderten amerikanische Kaufleute, wie die New Yorker Frederick und Adolph Philipse, Porzellan und Lackwaren. Sie rüsteten das Schiff *Margarete* aus und beauftragten dessen Kapitän Samuel

Burges, diese Güter im Tausch in Madagaskar oder anderswo zu besorgen.[38]

Die französische Migration über den Atlantik verlief zunächst über die Fischer und Händler an der Atlantikküste, deren Wirtschaft eng mit der kolonialen Expansion verbunden war. Den Anreiz bildeten vor allem Pelze, die von den Indianern angeboten wurden und in Europa als besonders modern galten. Mit den Indianerstämmen fand bereits vor der dauerhaften Ansiedlung ein enger ökonomischer Austausch statt.

Nachdem Jacques Cartier in den 1530er Jahren auf seiner Suche nach den Fischgründen Neufundlands den St.-Lorenz-Strom entdeckt hatte, aber wieder nach Frankreich zurückgekehrt war, gaben erst die Entdeckungen Samuel de Champlains im beginnenden 17. Jahrhundert den Anstoß zur Gründung einer Handelskompanie im Jahre 1627 (*Compagnie de la nouvelle France*).[39]

Neben einer kleinen Zahl von französischen Siedlern, die in dieser Zeit nach Kanada einwanderten und sich im 18. Jahrhundert von dort nach Louisiana begaben, emigrierten die meisten Franzosen, ähnlich wie die Mehrheit der Engländer, in die Karibik. In der französischen Karibik stellten die schwarzen Sklaven ebenfalls die Masse der Einwanderer. Rund 800 000 wurden nach Saint-Domingue (Haiti) gebracht, 200 000 nach Martinique. Geringer war die Sklavenbevölkerung in Guadeloupe und auf dem nordamerikanischen Festland. Da die französische Krone «Nicht-Katholiken» die Einreise in ihre Kolonien verbot, wanderten französische Hugenotten in den niederländischen oder englischen Raum aus, nach New York oder in die Kapkolonie.

Anders als das nordamerikanische Festland wurden die französischen Kolonien der Karibik in großem Stil zu Zentren der Zucker-, Kaffee- und Indigoproduktion ausgebaut. Insbesondere in Saint-Domingue legten Pflanzer, oft freie Schwarze, Kaffeeplantagen in den Bergen an. Die koloniale Plantagenwirtschaft sollte Frankreichs Handel in Europa einen neuen Schub geben; zum Beispiel eroberten französische Kaufleute dank des Booms der Plantagenwirtschaft um die Mitte des 18. Jahrhunderts den Hamburger

Markt. Siedlungsprojekte wie etwa in Kourou in Französisch-Guyana scheiterten, da die Mehrheit der Siedler das dort grassierende Gelbfieber nicht überlebte. Entsprechend blieben Kourou und seine Teufelsinsel in der kollektiven Erinnerung Frankreichs in erster Linie als Strafkolonie lebendig. Wie die meisten Karibikinseln waren Saint-Domingue, Martinique und Guadeloupe zu ihrer Versorgung auf Nahrungsmittel und Holz aus Neuengland angewiesen, im Gegenzug segelten die Schiffe – legal oder illegal – mit Melasse beladen zurück.[40]

Der Plantagenboom auf den französischen Atlantikinseln hatte weitreichende politische Folgen. Aufgrund des Sklavenaufstandes in Saint-Domingue schaffte die französische Nationalversammlung 1794 die Sklaverei in ganz Frankreich ab. Der Versuch, die Emanzipation im beginnenden 19. Jahrhundert rückgängig zu machen, führte zu einer erneuten Revolte Haitis und zu dessen Unabhängigkeit (1804). Dagegen wurden in Guadeloupe und Guyana die Schwarzen wieder versklavt; in Martinique war die Sklaverei unter britischer Besetzung ohnehin beibehalten worden. Eine Folge der Unabhängigkeit Haitis war der Aufstieg Kubas zum bedeutenden Zuckerproduzenten und der Verkauf Louisianas an die USA (1803). Zwar hatte Napoleon den spanischen Teil Louisianas für Frankreich wieder in Besitz genommen, aber der Widerstand auf Haiti bewog ihn, dem Kaufangebot Präsident Jeffersons zuzustimmen. Die Flüchtlinge aus Haiti, weiße und schwarze Pflanzer, hatten zunächst auf Kuba ihr Heil gesucht, wurden aber von dort vom spanischen Gouverneur vertrieben, nachdem die Neuigkeiten von der französischen Invasion Spaniens Kuba erreicht hatten. Die Haitianer begaben sich 1809 nach Louisiana, wo sie New Orleans bevölkerten und Ideen über Emanzipation von der Sklaverei in Amerika verbreiteten.[41]

4. Afrikaner und indigene Amerikaner

Während die Rolle der Afrikaner und damit der *Black Atlantic*[42] inzwischen im Zentrum der Aufmerksamkeit steht, findet das indigene Amerika bei «atlantischen» Historikern ein geringeres Interesse.

Vor der Ankunft der Europäer spielten die Meere kaum eine Rolle im Leben der Afrikaner. Es gab zwar einige Häfen, insbesondere am Indischen Ozean, aber die Verbindungen zur arabischen Welt und zum Mittelmeer liefen über den Transsaharahandel. Natürlich wurde im Meer gefischt oder an den Küsten Salz verhandelt, aber die großen Flüsse und Lagunen Westafrikas machten Fahrten hinaus auf den Atlantik überflüssig. Dies sollte sich im 16. Jahrhundert grundlegend ändern, da in den folgenden drei Jahrhunderten rund zwölf Millionen Afrikaner als Sklaven über den Atlantik verschifft wurden. Etwa 1,5 Millionen von ihnen kamen nicht in Amerika an, weil sie unterwegs verstarben. Im Zuge des Sklavenhandels entwickelte sich eine Infrastruktur mit Tausenden von Dolmetschern, Soldaten, Schiffern und Wachleuten, die das Sklavensystem erst funktionsfähig machte.[43] Entsprechend sammelten viele Afrikaner maritime Kenntnisse, indem sie die europäischen Schiffe, die einige Meilen vor der Küste ankerten, mit Zubringerbooten versorgten. Ehemalige Fischerdörfer, Salzproduktions- und Handelsplätze wurden zu Häfen, so beispielsweise Luanda, Cabinda und Benguela im heutigen Angola. Hinzu kamen die zahlreichen Stützpunkte der europäischen Mächte, wie etwa das portugiesische und ab 1637 niederländische Elmina. Obwohl in der Geschichtswissenschaft lange Zeit Gold und Sklaven als die wichtigsten Güter im Handel mit Afrika angesehen und eine Dominanz der Europäer behauptet wurde, zeigt die jüngere Forschung vielfältige Warensortimente sowie eine zentrale Rolle der Afrikaner in diesem Austausch.[44] Um den Handel auf die Küste oder kleine Inseln zu konzentrieren, beschränkten einheimische Herrscher europäische Stützpunkte lange Zeit auf die Küstenregionen. Allein in Angola konnten die Portugiesen Landbesitz erwerben. Auch die sogenannten europäischen Forts und Faktoreien waren in der Realität eher afrikanisch-europäische *joint ventures* und dienten in erster Linie dem Schutz vor anderen europäischen Mächten.[45]

Durch den Sklavenhandel erhielt Westafrika einen Kommerzialisierungsschub. Kaufleute, die sich darauf spezialisierten, gewannen ebenso an Bedeutung wie Regionen im Hinterland und neue einheimische Dynastien. Zwischen Europäern, insbesondere den Repräsentanten der Handelskompanien, und Afrikanern entwickelten sich Kredit- und Vertrauensbeziehungen; das galt auch für Schiffskapitäne, die immer wieder an dieselben Orte und zu ihren vertrauten Handelspartnern zurückkehrten. Vor allem waren afrikanische Herrscher und Kaufleute gut über das Warenangebot der Europäer informiert und schufen eine Verbindung mit ihrer eigenen gewerblichen Produktion. Colleen Kriger hat ausführlich die afrikanische Textilproduktion und den Textilhandel untersucht. Bereits bevor die Europäer kamen, wurde Baumwolle produziert, so zum Beispiel die sogenannten *Benin Cloths*, die die Europäer weiter an die Goldküste, nach Angola, São Tomé sowie nach Westindien und Brasilien verschifften. Neben den einheimischen Stoffen waren Importtextilien gefragt, etwa gefärbte und bedruckte Baumwolltuche aus Indien.[46]

Westafrikanische Händler, die die Vielfalt der Waren kannten, waren wählerisch, was die Kosten des Handels mit den Afrikanern nach oben trieb. So forderte zum Beispiel der König der Aschanti von der Goldküste von den Kaufleuten der *Royal African Company* im Jahre 1706 ein Messingbett mit Vorhängen aus Baumwollstoff. Die Engländer wunderten sich darüber, woher diese konkreten Vorstellungen kamen.[47]

Was die Zahlungsmittel betrifft, so gab es ausgeprägte regionale Präferenzen: beispielsweise Kauris aus dem Indischen Ozean in der Bucht von Benin und Tabak aus Brasilien an der Sklavenküste. Dafür erwarben die Europäer neben Gold, Elfenbein und Sklaven auch Leder, Pfeffer, Bienenwachs, Gummiarabikum, Farbhölzer und Palmöl.

Ein weiteres Resultat des Sklavenhandels war die Entstehung einer afrikanischen Diaspora in der Neuen Welt, was zu der Verbreitung von afrikanischen Glaubensvorstellungen und -praktiken führte.

Ethnizität spielte eine große Rolle in der Neuen Welt, wenn die brasilianischen Sklaven beispielsweise aus dem zentralen Westafrika kamen und wie die Mbundu und Bakongo ihre spezifischen Praktiken und Rituale beibehielten. Gleichzeitig entstanden neue, hybride Kulturen. Wie aus den Afrikanern Afro-Amerikaner wurden, war überall unterschiedlich. Jedoch formten sich in Städten wie Havanna oder Salvador in Brasilien neue afrikanische Identitäten, die bis heute in Ereignissen wie dem Karneval sichtbar sind.

Afrikaner waren für die atlantische Welt wichtiger als die atlantische Welt für die Afrikaner.[48] Dies wird deutlich, wenn wir die Einführung afrikanischer Pflanzen und Lebensweisen in der Neuen Welt betrachten. Nach ihrer Ankunft in der Neuen Welt bauten Sklaven beispielsweise Pflanzen an, die sie mit an Bord genommen hatten. Auch asiatische Pflanzen, die Amerika lange vor dem großen transatlantischen Sklavenhandel erreicht hatten, waren Gegenstand dieses Konsums. Hierzu gehörten Taro (Knollen), Yamswurzel, Ingwer und Bananen. Sklavenkapitäne kauften in den westafrikanischen Häfen nicht nur die eingeführten indianischen Pflanzen wie Mais, Maniok, Erdnüsse und Süßkartoffeln, sondern auch afrikanische Nahrungsmittel wie Hirse, Reis, Yamswurzeln und schwarze Erbsen. Außerdem nutzte man die für ihre stimulierende Wirkung bekannte Kolanuss dazu, die Qualität des an Bord der Schiffe gebunkerten Trinkwassers zu verbessern. Mit Hilfe dieser Nuss, die in die Wasserfässer gelegt wurde, konnte das faulige Wasser während der langen Transatlantikfahrt wieder aufgefrischt und trinkbar gemacht werden. In Amerika angekommen, versuchten die Sklaven, ihre gewohnten Pflanzen zu kultivieren. Plantagenbesitzer entdeckten neue Pflanzen in den Gärten und Kochtöpfen ihrer Sklaven und bis heute tragen einige Speisen, wie zum Beispiel der berühmte Gumbo aus New Orleans, afrikanische Namen.[49]

Afrikaner überquerten aber nicht nur als Sklaven in der berüchtigten Mittelpassage den Atlantik, sondern auch als Seeleute. Einer der interessantesten Protagonisten war Olaudah Equiano, der 1789 einen Lebensbericht hinterließ. Darin erzählt er, dass er in Westafrika geboren, gefangen, versklavt und mit einem Sklavenschiff in die

Karibik transportiert worden sei. Nach anderen Quellen wurde Equiano in South Carolina geboren und erhielt, nachdem er sich freigekauft hatte, nach dem schwedischen König Gustav Vasa den Namen Gustavus Vassa.[50] Er verbrachte aber nur kurze Zeit auf einer Plantage und wurde 1754 an den Leutnant der *Royal Navy* Michael Henry Pascall verkauft. Als Bursche des Seeleutnants nahm er an mehreren Seeschlachten während des Siebenjährigen Krieges teil und gelangte schließlich nach London. Entgegen seiner Hoffnung wurde er zurück in die westindische Sklaverei verkauft, aber sein neuer Herr Robert King, ein Quäker auf der Insel Montserrat, erkannte Equianos Fähigkeiten und schickte ihn als Schiffer auf Sklavenfahrten nach South Carolina und Georgia. Durch seinen privaten Handel konnte sich Equiano im Jahre 1766 für 70 Pfund freikaufen und nach London zurückkehren. Von dort segelte er nicht nur wieder nach Nordamerika und in die Karibik, sondern auch in das östliche Mittelmeer bis nach Smyrna (Izmir). 1773 nahm er sogar als Freiwilliger an der Nordpolexpedition[51] der *Royal Navy* teil. Nach einer weiteren Zwischenstation als Sklavenaufseher an der Moskitoküste[52] vertraute man ihm nach dem Amerikanischen Unabhängigkeitskrieg als neue Aufgabe die Ansiedlung armer schwarzer Loyalisten in Sierra Leone an. Bevor es dazu kam, wurde er indes entlassen und betätigte sich als Publizist für die Abschaffung der Sklaverei.[53] Auf Lesereise tourte er durch Großbritannien und heiratete einen seiner weiblichen Fans, die er dort getroffen hatte.[54]

Auf die indigene Bevölkerung trafen die Europäer zunächst in der Karibik. Die Bewohner der Karibik waren vor rund 6000 Jahren mit dem Boot vom Festland gekommen. Sie lebten vom Meer und fanden bald außerdem Tiere und Pflanzen im Inneren der Inseln. Spätere Generationen betrieben Ackerbau und Handwerk.[55] In den kolonialen Quellen wird die einheimische karibische Gesellschaft als hierarchisch strukturiert wahrgenommen, an ihrer Spitze standen gewählte Häuptlinge, sogenannte «Kapitäne». Insbesondere bei Auseinandersetzungen mit Engländern oder Franzosen brachten diese «Kapitäne» eine große Zahl von Kriegern unter ihr Kommando, so zum Beispiel «Captain» Warner, der Sohn des englischen Gouverneurs von

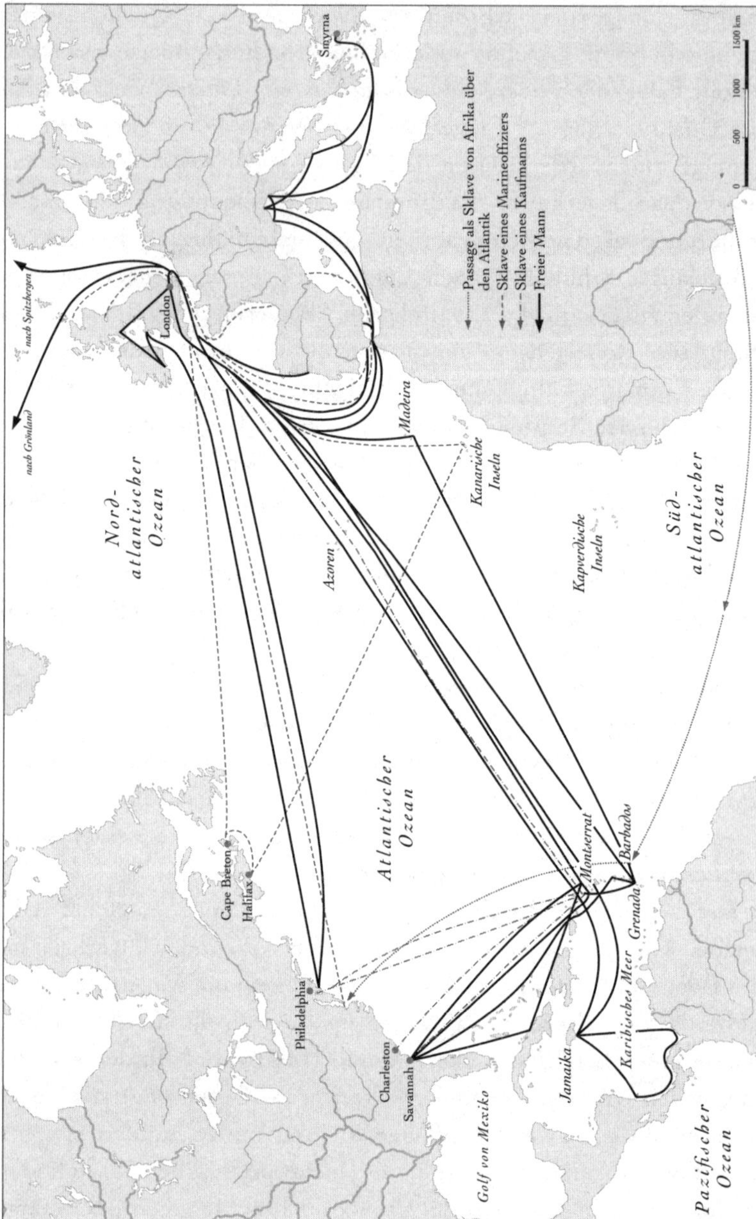

Karte 14: Die Reisen des Olaudah Equiano

St. Christopher (St. Kitts) und einer karibischen Frau, der 1663 als Führer von Dominica mit 600 Leuten in 17 Kanus den Engländern bei der Attacke auf St. Lucia zu Hilfe kam. Zu der Stellung eines «Kapitäns» gehörte der Besitz eines Kanus, einer sogenannten *piragua*, mit dem 40 bis 50 Leute sowie eine größere Ladung transportiert wurden und die in Flotten oder Konvois operierten.[56]

Eine andere Gruppe waren die Taíno, ursprünglich Ackerbauern, die nebenbei jagten. Die Taíno, von denen die Europäer die Hängematte übernahmen, entwickelten die Plünderung spanischer Schiffe zu einem wichtigen Nebengewerbe, was dazu führte, dass sie von den Engländern auf Jamaika für Überfälle auf spanische Städte, Schiffe und Maultierkarawanen in Dienst genommen wurden.[57]

Die indigene Bevölkerung auf dem Festland war ebenfalls von der Schifffahrt und dem Handel über den Atlantik betroffen. Hierzu hat der Historiker Alfred W. Crosby[58] den Begriff «kolumbianischer Austausch» geprägt, der die Verbreitung amerikanischer Pflanzen und Tiere, wie Mais, Kartoffel, Erdnüsse, Tabak, Kakao, aber auch Truthähne, in Europa und *vice versa* bezeichnet. Von indigener Seite werden in diesem Zusammenhang die von den Europäern eingeführten Nutztiere, vor allem aber die eingeschleppten Krankheiten wie Pocken genannt, die einen erheblichen Teil der einheimischen Bevölkerung Mittel- und Südamerikas dezimierten. Eine solche Sichtweise würde aber einheitliche Lebensräume und Lebensstile der einheimischen Bevölkerung vor und nach der Ankunft der Europäer suggerieren.

In der Realität wurde der *modus vivendi* immer wieder neu ausgehandelt. Die indigene Bevölkerung interagierte und kommunizierte mit Händlern, Missionaren und Soldaten, wobei die Aushandlungsprozesse vom friedlichen Austausch bis zum militärischen Konflikt reichen konnten. Die indigenen Bewohner, die an den Küsten lebten und oft den ersten Kontakt zu den Neuankömmlingen herstellten, bildeten die für den Atlantikhandel bedeutendste Gruppe. So entwickelte sich der Pelzhandel in Nordamerika über die Algonquin, die als Fischer den Nutzen von Metall (zum Beispiel Kessel, Fischhaken, Messer oder Äxte) schätzen lernten. Im Gegenzug offerierten die Indianer Biberpelze, aus denen in Europa die modernen Biberhüte gefertigt wurden.[59]

Die europäischen Pelzhändler waren schon früh in die indigenen Gesellschaften und Netzwerke integriert, wobei Verbindungen mit einheimischen Frauen eine hilfreiche Rolle spielten. In den Gesellschaften der Huronen und Irokesen waren europäische Waren im Umlauf, bevor diese Siedler in größeren Gemeinschaften zu Gesicht bekamen. Neben den Pelzhändlern, die in engem Kontakt zu ihren indigenen Zulieferern standen, waren die jesuitischen Missionare die einzigen, die am Austausch und am Kontakt mit den Indianergesellschaften interessiert waren und denen es gelang, unter den Irokesen «christliche» Gemeinschaften zu etablieren.[60] Die französische Herrschaftsdurchdringung war gering und die Konkurrenz zwischen Frankreich und Großbritannien im 18. Jahrhundert gab den indigenen Stämmen große Möglichkeiten, ihre Autonomie immer wieder neu auszuhandeln.[61]

Interessiert waren die Indianer vor allem an Feuerwaffen. Diese wurden den Huronen und Innu in Québec am St.-Lorenz-Strom von den Franzosen und den Irokesen am Hudson von den Niederländern geliefert. Die Irokesen wiederum monopolisierten den Handel mit Waffen, Geräten und Textilien, indem sie diese Waren im Austausch gegen Pelze an andere Stämme weiter im Hinterland verhandelten.[62]

Im Süden Nordamerikas, in den Carolinas, waren Felle und Häute, insbesondere Hirschleder, ebenfalls ein nachgefragtes Handelsgut. Von Charleston aus wurden Handelskarawanen mehrere tausend Kilometer ins Innere des Landes geschickt. Hier hatten die Creeks seit langem mit den Spaniern in Florida, mit den Franzosen in Louisiana und mit den Engländern in Carolina Waren und Geschenke ausgetauscht.[63]

Neue Mobilität und neue ökonomische Möglichkeiten brachte den Indianern das Pferd. Ein gutes Beispiel sind die Comanchen, die auf der Basis von Pferdezucht und -handel ein eigenes Reich («Empire») aufbauten. Ihr Handelsnetzwerk umfasste nicht nur spanische und französische Besitzungen, sondern auch die Indianergesellschaften der Great Plains und der Stämme im Osten und im Westen. Pferde, Waffen, Pelze und Agrarprodukte flossen über diese Handelskanäle und das Comanchenreich expandierte mit Hilfe von Handel, Krieg, Verträgen und Klientelsystemen.[64]

Hier boten die entstehenden europäischen kolonialen Strukturen gerade den Indianern ungeheure neue Möglichkeiten. In den sich vielfältig überlappenden Grenzgebieten der Stämme konnten die kolonialen Mächte aber ebenso operieren und ihre eigene Agenda verfolgen. Entsprechend existierten interkulturelle Interaktionsräume, die – unabhängig von den europäisch-indianischen Beziehungen – sowohl durch Gewalt als auch durch friedlichen Austausch geprägt waren. Klientelbeziehungen bildeten den Kern für die Bestimmung von Zugehörigkeit und Nähe bzw. Ferne zum Häuptling und zu den Stammesältesten.[65]

Diese Komplexität sollte sich bis in die zweite Hälfte des 19. Jahrhunderts nicht grundlegend verändern, obwohl die europäischen Quellen zeitweilig ein anderes Bild suggerieren.

5. Matrosen, Bukaniere und Pastoren

Die Verbindung über den Atlantik wurde durch kommerzielle, administrative, religiöse und familiäre Netzwerke hergestellt. Sie wäre aber ohne die harten und entbehrungsreichen Leistungen der immer gefährdeten Seeleute nicht möglich gewesen. So schreibt Edward Barlow um 1700 in seinem Journal, das beredten Aufschluss über das seemännische Leben gibt:

> «In der Nacht, wenn wir ruhen wollten, fanden wir niemals mehr als vier Stunden Schlaf; und viele Male blies der Sturm so heftig, dass wir nicht einmal eine Stunde liegen konnten, oft wurden wir an Bord gerufen, nachdem wir uns gerade hingelegt hatten, und gezwungen, auf den Hauptmast oder den Vormast zu klettern und die Topsegel einzuholen, halb wach, halb schlafend, nur mit einem Schuh an den Füßen. [...] In stürmischem Wetter, wenn unser Schiff rollte und taumelte, als ob ein großer Mühlstein auf einen Berg und wieder hinunter gerollt würde, hat-

ten wir große Mühe, uns an einem Tau festzuhalten, um nicht über Bord zu gehen.»[66]

Edward Barlow hatte als Schiffsjunge angefangen, nachdem ihm seine Lehrzeit bei einem Bleicher und einem Gastwirt nicht gefallen hatte. Als er 1703 im Alter von 61 Jahren die Seefahrt beendete, hatte er fast 50 Jahre auf rund 30 verschiedenen Schiffen verbracht und beinahe die ganze damals bekannte Welt gesehen. Er befuhr nicht nur die Ostsee und das Mittelmeer, sondern außerdem den Atlantik und die Karibik auf dem Weg nach Brasilien, Barbados und Jamaika. Auf Schiffen der *English East India Company* war er nicht nur mehrfach in Indien und China gewesen, sondern hatte dabei viel erlebt: einen Beinahe-Schiffbruch nahe Mauritius, die Gefangenschaft durch die Niederländer in Ostindien, die Bordelle von Calicut und die regelmäßigen blutigen Auseinandersetzungen an Bord, denn die Schiffscrews waren bunt zusammengewürfelt. Englische Seeleute dienten zusammen mit Matrosen aus den Niederlanden, Frankreich und Spanien, aber auch aus Afrika, Nordamerika und der Karibik sowie aus vielen Teilen Asiens. Vor allem für schwarze Seeleute aus der Karibik bot die Schifffahrt eine Freiheit, die sie auf den Plantagen als Sklaven nicht besessen hatten, obwohl sie an Bord oftmals diskriminiert und ihnen die niederen Aufgaben als Köche, Diener oder Musiker zugewiesen wurden.[67]

Die Klagen Barlows und anderer Seeleute kreisten immer um dieselben Themen: eine strenge Disziplin, unsichere Löhne, schlechtes Essen, viele Ungerechtigkeiten. Insbesondere die «Tyrannei» der Schiffskapitäne und Offiziere, die oft zu Meutereien führte, die dann wiederum blutig unterdrückt wurden, lassen die Meere in einem anderen Licht erscheinen, als wir das aus der Kaufmannskorrespondenz oder privaten Briefen gewohnt sind. Neben Gefahren für Leib und Leben durch körperliche Strafen, Schiffbruch, Kaperei und Gefangenschaft empfanden die Seeleute vor allem Lohnkürzungen als schmerzlich, ein Mittel, zu dem die Kaufleute griffen, wenn sie die Besatzung für den Verlust oder die Beschädigung ihrer Waren verantwortlich machten.

Dies fiel besonders ins Gewicht, weil man sich aufgrund des geringeren Lohns auch an Land nicht richtig satt essen konnte. Vor diesem Hintergrund ist es wirklich erstaunlich, dass Barlow so lange durchhielt und sich nicht der Piraterie zuwandte.[68]

Neben den Piraten, die auf eigene Rechnung tätig waren und als Marodeure der See gefürchtet und verfolgt wurden, gab es überdies Freibeuter in mehr oder weniger öffentlichem Auftrag, die als *buccaneers* oder *privateers* bezeichnet wurden.

Englands Gouverneure auf Jamaika stellten Freibriefe für die Bukaniere aus, die spanische Siedler und Schiffskapitäne terrorisieren sollten. Hierzu gehörte die Einnahme von Portobelo (1668) und Panama (1670) durch Henry Morgan. Die Freibeuter kämpften auf allen Seiten und entzogen sich gleichzeitig der Kontrolle ihrer Auftraggeber. Ein erfolgreicher Bukanier wie Morgan konnte durchaus zum Gouverneur von Jamaika aufsteigen und andererseits, wenn er in Ungnade fiel, im Londoner Tower eingekerkert werden. Der Übergang zum *privateer* oder Freibeuter war fließend, wobei das private Geschäft der Freibeuter, die durchaus in staatlichem Auftrag handelten, oftmals im Mittelpunkt stand.

Einer der berühmtesten war William Dampier (1651–1715), der außerdem in großem Stil Erkundungsreisen betrieb. Bemerkenswert ist er vor allem, weil er die atlantische Welt mit der des Pazifiks und des Indischen Ozeans verband. Dampier segelte im Laufe seines Lebens drei Mal um die Welt, in erster Linie auf der Jagd nach spanischem Silber. Ihn interessierten aber ebenso exotische Pflanzen, Tiere und Menschen, über die er in seinem berühmten Journal berichtete.

Der Sohn eines Bauern aus Somerset hatte den Atlantik auf einem Handelsschiff nach Neufundland überquert, um sich danach im Dritten Englisch-Niederländischen Seekrieg in der Karibik zu betätigen. Danach schloss er sich einer Gruppe von Bukanieren an, die den Versuch unternahmen, nach dem Vorbild von Kapitän Morgan Portobelo und Panama zu plündern. Das Scheitern dieses Unternehmens führte ihn in den Pazifik, wo er und seine Kumpane auf der Suche nach einer Manilagaleone Guam erreichten. Da ihnen aber nur klei-

Abb. 7: Porträt von William Dampier

nere Schiffe in die Hände fielen, verbrachte Dampier seine Zeit damit, die einheimischen Pflanzen und Menschen zu beschreiben. Schließlich segelte er über die Philippinen nach Australien und von dort weiter in den Indischen Ozean. Seine Publikation *A New Voyage Round the World*[69] (1697) wurde ein Bestseller und ließ die englische Admiralität auf ihn aufmerksam werden.

Mehrere Freibeutermissionen während des Spanischen Erbfolgekrieges (1700–1713/14) führten 1709 letztendlich zur Kaperung einer spanischen Galeone vor Mexiko. Nachdem er sich nach London zurückgezogen hatte, wollte er etwas für seine Reputation tun und seinen Nachruhm als Forscher festigen. Dies erscheint verständlich in einer Zeit, in der die europäischen Staaten eine Grenze zwischen Freibeutertum und Krieg, das heißt zwischen illegaler Piraterie einerseits und legaler Gewaltausübung andererseits, zu ziehen versuchten.[70]

Obwohl die Piraterie bis in die Gegenwart in Filmen und Büchern mystifiziert wird, bildet sie ein durchgehendes Kapitel der Gewalt auf den Meeren.[71] Dabei gelten die Jahre 1716–1727 als Goldene Zeit der Piraterie, in der der gerade erst etablierte «atlantische» Wirtschaftskreislauf nachhaltig gestört und destabilisiert wurde.

Die Piraten folgten dem Muster der Bukaniere und Freibeuter und wählten ihre Basen in der Karibik, aber ebenso im Indischen Ozean. Insbesondere die Bahamas, die von der englischen Krone weder verteidigt noch regiert wurden, zogen Seeräuber in großer Zahl an. Die afrikanischen Küsten waren ebenfalls nicht frei von Piraterie, so wurde Madagaskar zum Beispiel zur Lagerung von Beute und als zeitweiliger Stützpunkt genutzt.

Oft kamen die Piraten von den Handelsschiffen. Denn angesichts der dortigen Zustände konnte es durchaus attraktiv sein, in Piratendienste zu treten. Das Essen war reichhaltiger, die Bezahlung besser und die Arbeitszeiten kürzer. Die Beute wurde nach Fähigkeiten und Funktionen auf dem Schiff verteilt, wobei die Gewinnunterschiede geringer als auf den Handelsschiffen oder bei der Marine waren. Während unter der Piratenflagge, dem *Jolly Roger*, eine Gruppenidentität vermittelt wurde, identifizierten sich die Seeleute auf den Handelsschiffen deutlich weniger mit ihren Kapitänen, Reedern oder Befrachtern.

Jedoch wurden die Seeräuber als Bedrohung für die kommerziellen Netzwerke angesehen und verfolgt. Am Ende des 17. Jahrhunderts versuchten die Briten, die Piraten mit einem Amnestieangebot zur Aufgabe zu bewegen, was für die Mehrheit der Piraten allerdings nicht akzeptabel war, da es eine Rückkehr in die alten miserablen Verhältnisse an Bord der Handelsschiffe bedeutet hätte. Daher verstärkten die Briten den Krieg gegen die Piraten und hatten einigen Erfolg. Zur Abschreckung wurden in den Jahren 1716–1721 zwischen 500 und 600 Seeräuber in den Häfen der Karibik aufgehängt. Gleichermaßen wurde allen Unterstützern der Piraten mit der Todesstrafe gedroht.

Die Massenhinrichtungen, zum Beispiel der Mannschaft von Black Bart Roberts (1722), zeitigten zusammen mit einer Medienkampagne der Pastoren und Beamten schließlich Erfolge. Der Piratenberuf verlor an Attraktivität und die Zahl der Seeräuber ging zurück, auch weil die Navy wieder vermehrt Seeleute suchte. Anders als ihre Gegner, die Kaufleute und der Staat, hatten es die Piraten – zumindest in der Karibik – nicht geschafft, stabile soziale und ökonomische Netzwerke aufzubauen, mit deren Hilfe sie sich selbst erhalten und permanent neu ergänzen konnten.[72] Dies gelang allein den im Mittelmeer und Ostatlantik operierenden «Barbaresken» Nordafrikas.[73]

Es waren aber nicht nur Seeleute, Freibeuter und Piraten, die den Atlantik und andere Meere prägten bzw. miteinander verbanden. Hierzu gehörten die vielen Soldaten, die zum Beispiel gleichermaßen in der Niederländischen Ost- wie Westindischen Kompanie dienten, auf den Schiffen die Weltmeere bereisten und darüber von Zeit zu Zeit berichteten. Hinzu kamen Missionare, Pastoren und Kaufleute, Gruppen mit ausgeprägten Familiennetzwerken.

Ein gutes Beispiel ist der Fall Margrieta van Varick, die mit ihrem zweiten Ehemann, einem Pastor der niederländisch-reformierten Kirche, 1686 in New York ankam und viele Jahre in Flatbush im heutigen Brooklyn verbrachte. Da ihre Eltern früh verstarben, reiste Margrieta, die 1649 in den Niederlanden geboren war, mit ihrer Schwester und ihrem Onkel nach Malakka. Hier heiratete sie 1673 Egbert van Duins, einen Kaufmann, der im Handel zwischen Malakka und Bengalen tätig war. Nach Duins' frühem Tod lernte sie Roelof (Rudolphus) van Varick kennen, der als Pastor die reformierte Kirche in Malakka betreute. Das Paar kehrte zurück in die Niederlande und heiratete dort, aber bald schon erreichte Roelof van Varick das Angebot aus Flatbush. Daraufhin machte sich die Familie mit ihren Kindern auf den Weg in die Neue Welt. Margrieta brachte aber nicht nur ihren niederländischen Hausstand über den Atlantik, sondern auch die in Asien erworbenen Güter. Hierzu gehörten Möbel, Porzellan, Kleider, Textilien, Lackwaren, chinesische Figuren und eine Betelbox. Hinzu kam eine Sammlung von niederländischen Gemälden, Darstellungen von Ostindien sowie Silbergefäße. Obwohl dieses reichhaltige Inventar aus östlichen und westlichen Gütern einmalig erscheint, ist es nur das am besten dokumentierte, das wir für eine solche «Globetrotterin» des 17. Jahrhunderts haben.[74]

Die vielen Engländer, die sich in die Neue Welt begaben, hatten oft ebenfalls schon Erfahrungen mit anderen Welten gemacht. Hierzu gehörte nicht nur die Überquerung der Irischen See, sondern häufiger der Aufenthalt im Mittelmeerraum. So hatte John Winthrop der Jüngere, der spätere Gouverneur von Connecticut, nicht nur an der Kampagne zum Entsatz der Hugenotten in der von Frankreich belagerten Festung La Rochelle (1628) teilgenommen, sondern auch – wie zahlreiche seiner Landsleute – das Mittelmeer und die Levante bereist.

Koloniale Erfahrungen aus anderen maritimen Räumen wurden bei neuen Projekten nutzbringend angewandt. So plante der englische Admiral William Monson eine Kolonie auf Madagaskar, deren Vorteile er mit den amerikanischen und karibischen Siedlungen verglich.[75]

6. Die Wahrnehmung des Atlantiks

Wie wir oben gesehen haben, standen im Zusammenhang mit dem Atlantik lange Zeit die Überquerung und die Passage zu anderen Kontinenten und Meeren im Mittelpunkt. Es sollte noch Jahrhunderte dauern, bis sich der Name «Atlantik», der auf die antike Mythologie zurückgeht und «Meer des Atlas» (Ἀτλαντὶς θάλασσα) bedeutet, auf den Karten durchsetzte. So unterteilt Abraham Ortelius, der als Hofkosmograf Philipps II. in Sevilla die spanischen Karten studieren konnte, den Atlantik 1570 in *Mar del Nort* und *Oceanus Aethiopicus*.[76] Bei Lucas Janszoon Waghenaer heißt der Atlantik *Maris Oceani* bzw. *De Groote Zee Oceanus*. Daneben bietet Waghenaer dem Seemann gleichsam als Handbibliothek Informationen zur Navigation und Kosmografie, Gezeitentafeln sowie Segelinstruktionen.[77]

Im Laufe der Zeit wurden dann vor allem Küsten- und Meeresabschnitte in den Blick genommen, wie etwa in Dampiers Beschreibung seiner Weltumsegelung. In seinem 1699 veröffentlichten Bericht beschreibt er die Probleme, die bei einer Schiffspassage über die Ozeane entstehen können und kartiert auch die Winde über dem Atlantik, dem Indischen Ozean und dem Pazifik. Dampier war einer der Ersten – möglicherweise folgte er damit englischen Seeleuten –, der den Begriff «Atlantik» für den Norden und den Süden dieses Ozeans benutzte.

Die englischen Bemühungen um die Atlantikschifffahrt führten dazu, dass das Parlament 1714 als Folge des Schiffbruchs von Sir Cloudesley Shovell den berühmten Longitude-Preis (Längengrad-Preis) aussetzte, den schließlich – nach langem Hin und Her – der Uhrmacher John Harrison mit seinem Chronometer gewann und damit alle anderen Konkurrenten und Experten ausstach, die den Längengrad mit alten Navigationstechniken bestimmen wollten.[78]

In Frankreich hatte man unter Jean-Baptiste Colbert ein hydrografisches Büro in der *Académie Royale des Sciences* etabliert und ein Kartenwerk *Le Neptune françois* in Auftrag gegeben, das gleichermaßen wissenschaftlichen Zwecken wie königlicher Repräsentation und nationalem Prestige dienen sollte. Bei den alten Kolonialmächten Spanien und Portugal wurden Schiffsrouten und Navigationstechniken, insbesondere über den Südatlantik, in der *Casa de la Contratación* in Sevilla und der *Casa da Índia* in Lissabon erarbeitet. Kartografisch und publizistisch ragen aber bis ins 18. Jahrhundert die Niederlande hervor, die, anders als ihre meisten Konkurrenten, ihre Erkenntnisse auf dem freien Markt publizierten. So boten die Atlanten von Waghenaer bereits im ausgehenden 16. und beginnenden 17. Jahrhundert genaue Beschreibungen für die Schifffahrt auf Nord- und Ostsee, an der Atlantikküste und im Mittelmeer. Mit der Expansion nach Brasilien und vor allem Ostindien entstanden im Folgenden umfangreiche Karten, Länder- und Reisebeschreibungen, die die Welt für Europa erschlossen. Ein Meilenstein war die Berufung von Johann Moritz von Nassau-Siegen 1636 zum Gouverneur der Niederländischen Westindischen Kompanie in Brasilien. Zu seinem Stab aus Gelehrten gehörten auch die Maler Frans Post und Albert Eckhout, die das Land nach den Regeln der Kunst und Wissenschaft erfassen sollten. Die Künstler malten fast alles, was ihnen vor den Pinsel kam – Post vor allem Landschaften, Eckhout überwiegend Menschen –, und leisteten damit einen wichtigen Beitrag zur Kenntnis Brasiliens im Europa des 17. Jahrhunderts. Obwohl die niederländische Herrschaft in Brasilien eine Episode blieb und Johann Moritz 1644 nach Europa zurückkehrte, haben die über hundert Bilder Posts und Eckhouts das Brasilienbild maßgeblich beeinflusst.[79] Zusammen mit dem Gedicht von Jacob Steendam *'t Lof van Nieuw-Nederland* (1661), Johan Nieuhofs *Gedenkweerdige Brasiliaense Zee- en Lant-reize* (1682) sowie den dekorativen Karten von Johannes Janssonius und Willem Blaeu in der Sammlung *Nova Belgica* (1635) können sie als «Multimediaschau» der niederländischen atlantischen Welt verstanden werden.[80]

Neben Luxusbüchern von Olfert Dapper über Afrika (1668) und Arnoldus Montanus über Amerika (1671) bot Johan Nieuhof mit der Zusammenfassung seiner Reisen (*Voyages and Travels, into Brasil, and the East Indies,* 1703), einen Überblick, der den Leser wie den Seemann von Westindien und Brasilien in den Indischen Ozean und in den Pazifik führte und den Weg für eine neue Gattung der niederländischen globalen Reisebeschreibungen ebnete.

Aber auch in Nordamerika war man nicht untätig geblieben. So gab Benjamin Franklin 1768 in seiner Funktion als stellvertretender Generalpostmeister der amerikanischen Kolonien eine Karte des Golfstroms in Auftrag. Er war vom *Board of Trade* gefragt worden, warum die Post von England nach Boston länger unterwegs war als die in der Gegenrichtung. Franklin fragte einen seiner Cousins im Walfang- und Schifffahrtszentrum Nantucket. Timothy Folger, der als Kapitän selbst Schiffe zwischen England und Neuengland kommandierte und steuerte sowie viele Walfänger persönlich kannte, konnte Franklin die Sache erklären. Der Golfstrom in seiner Ostrichtung behindere die Schiffe, die in westlicher Richtung fahren, aber beschleunige den Schiffsverkehr nach Osten in Richtung England. Franklin bat seinen Cousin, die Strömungen zu markieren und regte an, diese zum Nutzen der Kapitäne der Postschiffe in Kupferstichen zu vervielfältigen.[81]

Einen weiteren Bewusstseinsschub für den Atlantik lieferten sowohl die französisch-britischen Auseinandersetzungen während des Siebenjährigen Krieges (1756–1763) als auch die amerikanische Unabhängigkeit. Jetzt tauchte in den Zeitungen zunehmend «Atlantik» als Bezeichnung des Meeres zwischen Großbritannien und Amerika auf. Gleichzeitig gab die Admiralität ein neues Atlaswerk (*Atlantic Neptune*) sowie die Erforschung der Küsten in Auftrag. Insbesondere die Suche nach einer Nordwestpassage erhielt neue Impulse. Bereits 1745 hatte das Parlament 20000 Pfund ausgesetzt für denjenigen, der von der Hudson Bay zur Südsee (wie man den Pazifik damals nannte) segeln würde. Obwohl erst die Eisbrecher des 20. Jahrhunderts und die Erderwärmung der Gegenwart eine Nordwestpassage möglich gemacht haben, wuchs das Wissen über den Nordatlantik ebenso wie das Interesse am Pazifik.[82]

VIII.
Pazifik

«Omai, der außer der Natur keine Lehrer besessen hatte, tritt in einer neuen Welt wie ein Mann auf, der sein gesamtes Leben die gesellschaftlichen Umgangsformen begleitet von unermüdlichem Fleiß und stetiger Gewissenhaftigkeit studiert hat, um seine guten Manieren auszubilden und um seine Erscheinung und sein Verhalten höflich ungezwungen und sorgfältig wohl gebildet zu machen. [...] Ich meine, das zeigt, wieviel mehr die Natur ohne die Kunst erreichen kann als die Kunst, mit all ihrer Raffinesse, ohne die Unterstützung durch die Natur.»[1]

Fanny Burney

Mit der Entdeckung der Südsee – wie der Pazifik lange Zeit genannt wurde – verbinden sich vielerlei europäische Sehnsüchte. Neben einer exotischen Tier- und Pflanzenwelt meinte man hier den «edlen Wilden» gefunden zu haben. So sprach Fanny Burney in höchsten Tönen von dem Polynesier Omai, den Cook auf seiner zweiten Reise an Bord genommen und mit nach Hause gebracht hatte, wo er dem König vor- und in die Gesellschaft eingeführt wurde. Auch Adalbert von Chamisso, der 1815–1817 auf der *Rurik* die Welt umsegelt hatte, sah in den Polynesiern einen Adel erhalten, desgleichen er in Europa vergeblich suchte.[2]

Das Zusammentreffen von Europäern und Südseeinsulanern war aber nicht immer so freundlich, wie man es sich in Europa vorstellte oder im Nachhinein glorifizierte. Im Gegenteil, für beide Seiten konnte es (im besten Falle) desillusionierend, wenn nicht sogar gefährlich bis tödlich sein. Wie schon Francisco de Almeida am Kap der Guten Hoffnung, verloren auch Fernando Magellan auf den Philippinen und James Cook auf Tahiti in Auseinandersetzungen mit den

Einheimischen ihr Leben, während die Eingeborenen in großer Zahl an eingeschleppten Krankheiten starben.

Bevor aber die Europäer, gefangen in ihren eigenen Schiffswelten, auf die Pazifikinsulaner trafen, hatten diese über viele Jahrtausende den Raum im Pazifischen Ozean besiedelt. Dieser Raum, der sich von Ost nach West über 12 000 km erstreckt und in dem über 1000 Sprachen gesprochen werden, wird seit dem französischen Entdecker Jules-Sébastien-César Dumont d'Urville in Mikronesien, Melanesien und Polynesien unterteilt.

Neben den «Kleinen Inseln» (Mikronesien) nördlich von Neuguinea und östlich der Philippinen befinden sich die nach der Hautfarbe ihrer Bewohner sogenannten «Schwarzen Inseln» (Melanesien), die von Neuguinea bis nach Fidschi reichen. Die «Vielen Inseln» (Polynesien) erstrecken sich von Hawaii im Norden bis zur Osterinsel im Osten und Neukaledonien im Süden.[3]

Vor rund 50 000 Jahren, als Neuguinea und Australien aufgrund des niedrigeren Meeresspiegels eine Einheit bildeten, gelangten Menschen von Südostasien über Neuguinea nach Australien, wo sie in Gestalt der Aborigines bis heute leben. Andere Völker fuhren um 4000 vor Chr. über See von Taiwan nach Melanesien, Mikronesien und Polynesien, nach Hawaii und zur Osterinsel.

Die austronesischen Seefahrer nutzten hierzu Auslegerkanus und navigierten nach den Sternen bzw. orientierten sich an Wasser, Luft, Wolken oder Vögeln, um nahes Land zu erkennen. Das über Generationen tradierte nautische Wissen ermöglichte es den Austronesen, kulturelle, ökonomische und soziale Kontakte über große Teile des Pazifiks zu unterhalten und aufzubauen. Greifbar werden diese Seefahrer und ihre Kontakte in der sogenannten Lapida-Kultur, die sich in einer speziellen Keramik ausdrückt, die an mehr als hundert Orten im Pazifikraum vom Bismarck-Archipel über die Salomonen bis nach Fidschi, Tonga und Samoa gefunden wurde. Weitere Objekte wie Obsidian, Muscheln, Herdsteine, Schmuck und Beile zirkulierten weit entfernt von ihrem Herstellungsort und dokumentieren die weitläufigen wie engen Austauschnetzwerke, in die die Europäer nur ganz allmählich eindrangen. Nach dem ersten Auftauchen im Jahre

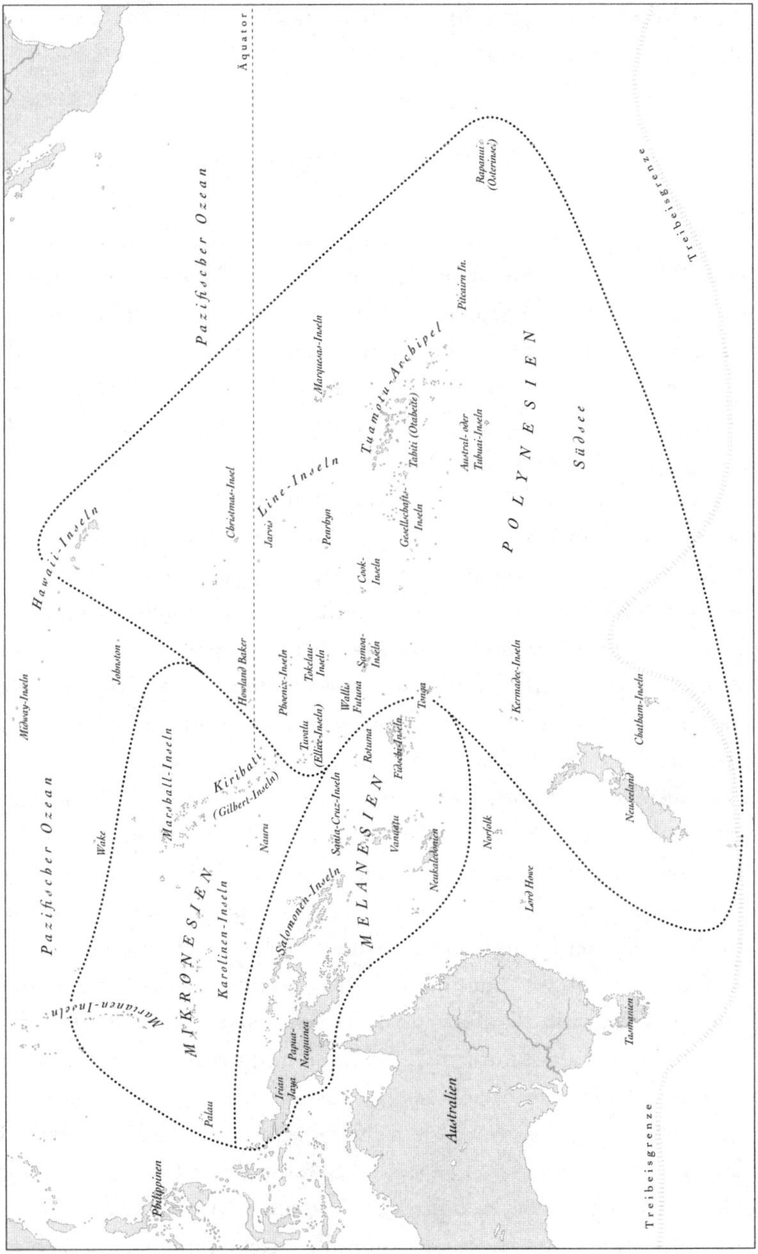

Karte 15: Pazifik

1521 sollte es noch 400 Jahre dauern, bis alle Pazifikinsulaner einen Europäer zu Gesicht bekommen hatten.[4]

1. Entdeckung und Begegnung

Wie oben erwähnt, war der erste Europäer, der den Pazifik erblickte, Vasco Núñez de Balboa, nachdem er 1513 den Isthmus von Panama durchquert hatte. Im Zuge der Inbesitznahme der Molukken und Neuguineas hatten sich die Portugiesen ein Jahr zuvor von der anderen Seite dem Pazifik genähert. Da auch die spanische Krone nach dem Vertrag von Tordesillas 1494 dieses Gebiet beanspruchte, sandte sie 1519 eine Flotte von fünf Schiffen unter dem Kommando des gebürtigen Portugiesen Fernando Magellan mit dem Auftrag aus, die Inseln vom Atlantik aus in westlicher Richtung zu erreichen. Es dauerte Monate, bis Magellan nach mehreren vergeblichen Versuchen eine Durchfahrt in den scheinbar Stillen Ozean (Pazifik) fand, die später nach ihm benannte Magellan-Straße. Sein gewählter Kurs führte ihn unwissentlich auf hoher See an allen Inseln vorbei, die er (wie spätere Seefahrer) als Zwischenstation und zur Versorgung hätte nutzen können. Seine Schiffsbesatzungen hungerten, viele starben an Skorbut und anderen Krankheiten und es kam zu Meutereien. Im März 1521 erreichten die Überlebenden Guam, wo sie sich sofort auf Auseinandersetzungen mit den einheimischen Chamorros einließen. Magellan befahl die Weiterfahrt, nur um auf den Philippinen in einem weiteren Kampf sein Leben zu verlieren. Allein ein einziges Schiff unter dem Kommando von Sebastian Elcano und mit dem Chronisten Antonio Pigafetta an Bord erreichte über den Indischen Ozean und den Südatlantik 1522 Spanien und brachte damit die erste Weltumsegelung zum Abschluss.

Weitere Versuche unter dem Kommandanten García Jofre de Loaísa folgten 1525–1527. Die sieben Schiffe dieser Flotte wurden jedoch bereits nach der Passage der Magellan-Straße in alle Winde zerstreut, so dass nur zwei von ihnen die Insel Mindanao erreichten. Die wenigen Überlebenden, die es bis zu den Gewürzinseln schafften, mussten auf portugiesischen Schiffen nach Portugal gebracht werden. Einer der Überlebenden war der Baske Andrés de Urdaneta, der nach Neuspanien (Mexiko) zurückkehrte und in den Orden der Augustinereremiten eintrat. 1564 brach Fray Andrés, wie er nun hieß, erneut zu einer Expedition auf die Philippinen auf, wo er erste Kirchen gründete. Am 1. Juni 1565 stach er noch einmal in See, um erstmals eine Passage von den Philippinen nach Mexiko zu finden, die nicht über den Indischen Ozean und den Atlantik führte. Urdaneta wählte eine nördliche Route am 32. Breitengrad und verließ sich auf den geistigen Beistand des heiligen Petrus, des Namenspatrons seines Schiffes. Ohne die Möglichkeit, Wasser und Lebensmittel an Bord zu nehmen, passierte die *San Pedro* die Weiten des Nordpazifik, bis sie schließlich der Kalifornienstrom nach Süden trieb. Am 8. Oktober erreichte Urdaneta Acapulco. In 130 Tagen hatte er mehr als 12 000 Seemeilen zurückgelegt, 16 der ursprünglich 44-köpfigen Mannschaft waren – zumeist an Skorbut – gestorben. Urdanetas Route wurde zur Standardpassage für die Galeonen zwischen Mexiko und den Philippinen, nachdem 1571 Manila gegründet worden war.[5] Seine Kartierungen von Wind und Strömungen blieben bis in das 18. Jahrhundert (James Cook) in Gebrauch. Dagegen war Kalifornien, dessen Name sich von einem sagenhaften Eiland ableitet, für die Spanier lange Zeit uninteressant. Vereinzelte Fahrten, wie die von Juan Cabrillo, führten 1540 aber zur Entdeckung des heutigen San Diego, der Santa-Barbara-Inseln sowie der Bay Area.[6]

Das Silber der Neuen Welt und die spanischen Silberflotten lockten bald auch Engländer und Niederländer in den Pazifik. Francis Drake plünderte während seiner Weltumsegelung 1577–1580 spanische Besitzungen, soweit er ihrer habhaft werden konnte. Auch die Nassau-Flotte, die erste größere niederländische Flottenunternehmung im Pazifik, hatte die Aufgabe, die spanische Silberflotte zu kapern und den Kriegsgegner Spanien so von seinem Silberzufluss abzuschneiden. Der Weg war bekannt, da Olivier van Noort bereits 1598–1601 sowie Joris van Spilbergen 1614–1616 über Atlantik und Pazifik nach Java gelangt waren. Spilbergen hatte, nachdem er nach Holland zurückgekehrt war (1617), einen entsprechenden Reisebericht veröffentlicht. Was die Nassau-Flotte (1623/24) anging, lief dagegen alles schief. In der Nordsee wurde sie durch ein Leck und vor Afrika durch einen mörderischen Barbier aufgehalten, der einen Teil der Mannschaft vergiftete. Dadurch verpassten die Niederländer nach einer mühevollen Passage um Kap Hoorn die spanische Flotte um fünf Tage. Mit einer Hafenblockade Callaos und der Zerstörung zahlreicher Schiffe hielten sich die Holländer schadlos, mussten aber unverrichteter Dinge und ohne Schätze über Ostindien nach Europa zurückkehren. Es war daher sinnvoller, die spanische Silberflotte in der Karibik zu kapern, wie es Piet Hein 1628 erfolgreich vor Kuba praktizierte. Dennoch ließ das niederländische Interesse am Pazifik nicht nach. In den 1640er Jahren wurde erneut eine kleinere Flotte in den Pazifik geschickt, um mit den Indianerstämmen in Chile eine Allianz gegen Spanien aufzubauen.[7]

Unabhängig von den Aktivitäten im östlichen Pazifik übernahm die VOC von Batavia aus mehrere Versuche, den Stillen Ozean zu erforschen. Zu diesem Zweck schickte Generalgouverneur van Diemen 1642 seinen Mitarbeiter Abel Tasman auf Entdeckungsreise, um Australien zu finden. Tasman segelte südlich an Australien vorbei, entdeckte Van-Diemens-Land, das später nach ihm benannte Tasmanien, Neuseeland (benannt nach der niederländischen Provinz) und setzte seine Fahrt nach Tonga, Fidschi und Neuguinea fort, bevor er nach Batavia zurückkehrte. Auf einer weiteren Reise gelangte er an die Nordwestküste Australiens, wo von Zeit zu Zeit auch VOC-Schiffe, wie die *Batavia* 1629, auf Riffs liefen. Jedoch boten die neuen Entdeckungen keine ökonomischen Perspektiven, so dass eine weitere Nutzung und Erkundung unterblieb – Neuseeland wurde erst 1769 durch Cook erneut wahrgenommen.

Ursache hierfür war die Konkurrenz zwischen Frankreich und Großbritannien, die sich nicht nur in Auseinandersetzungen zu Lande in Europa, Amerika und Indien, sondern auch auf den Weltmeeren abspielte. Im Pazifik operierten sie dabei in einem Ozean, den Spanien als «sein Meer» beanspruchte, da er an seine Kolonien grenzte.[8] Dennoch kam es zu einem Wettlauf der Entdeckungen und der Inbesitznahme von Inseln. So beauftragte Großbritannien 1765

John Byron, nicht nur die Falkland-Inseln im Südatlantik in Besitz zu nehmen, sondern auch den südlichen Kontinent (Australien) sowie die Nordwestpassage zu suchen. Nahezu die gleiche Aufgabe erhielt Louis Antoine de Bougainville vom französischen König. Da Byron nur die Falklands für Großbritannien sicherte, wurden zwei weitere Kapitäne zur endgültigen Entdeckung Australiens losgeschickt. Samuel Wallis nahm 1767 schließlich Tahiti für den englischen König in Besitz, ein Jahr später tat dies Bougainville für die französische Krone noch einmal. Bougainvilles Reisebeschreibung verbreitete den Mythos Tahitis als «Garden Eden» und inspirierte auch James Cook, der 1769 nochmals Tahiti, dieses Mal im Auftrag Großbritanniens, anlief.

Cooks erste Weltumsegelung hatte durchaus einen wissenschaftlichen Anlass. 1769 war ein Jahr der Venuspassage, in dem der Vorbeizug des Planeten Venus an der Sonne von der Erde aus beobachtet werden konnte. Indem man diesen an verschiedenen Stellen der Erde registrierte und maß, versprach man sich wichtige Erkenntnisse für die Navigation zur Bestimmung der Längengrade. Tahiti schien dafür ein geeigneter Ort zu sein. Auf einem umgebauten Kohlenfrachter, der *Endeavour*, brach James Cook, der sich als Navigator und Kartograf der *Royal Navy* im Nordatlantik (vor der Küste Kanadas) einen Namen gemacht hatte, am 26. August 1768 auf und erreichte am 13. April 1769 Tahiti. Nach Durchführung der Messungen folgte Cook den ihm mitgegebenen Befehlen der Admiralität und machte sich auf die Suche nach Australien. Zunächst entdeckte er ein weiteres Mal Neuseeland und kartierte es, und im April 1770 erreichte er die Südostküste Australiens. Er ging beim heutigen Sydney an Land und traf erstmals auf die Ureinwohner. Diesen bisher als Neuholland bekannten Teil Australiens nahm er unter dem Namen New South Wales für Großbritannien in Besitz. Bei der Weiterfahrt lief die *Endeavour* am Great Barrier Reef auf Grund, konnte aber durch die Aufgabe von Teilen der Ladung wieder flott gemacht und weiter Richtung Neuseeland gesteuert werden.[9]

In jeder Hinsicht bemerkenswert war das Zusammentreffen mit der einheimischen Bevölkerung, das im Verlauf der Reise von teilnehmender Beobachtung zu freundschaftlichen Kontakten, aber auch zu Ablehnung und militärischem Konflikt führen konnte. Dabei tolerierte es Cook, wenn Mitglieder seiner Mannschaft von Maori auf Neuseeland getötet und verspeist wurden, aber er bestrafte diejenigen gnadenlos, die von seinem Schiff etwas stahlen. Während einer solchen Strafaktion gegen Diebe auf Hawaii fand Cook 1779 den Tod.

Die wohl beeindruckendste Begegnung hatte er auf Tahiti, als er den Priester und Navigator Tupaia traf. Tupaia lotste Cook nicht nur in den Pazifik, sondern setzte sein reiches Wissen über die pazifische Inselwelt zusammen mit Cook auf einer Karte um.[10] Auf dieser sind 70 Inseln von einer ursprünglichen Liste von 130 in konzentrischen Ringen abgebildet, wobei Tupaias Heimatinsel Ra'iatea (Ulietea) im Zentrum liegt. Cook, von dessen Hand die überlieferte Karte stammt – der Entwurf Tupaias ist verloren gegangen –, setzte damit einheimisches tradiertes Wissen in einem europäischen Medium um, das durch die Veröffentlichung Johann Reinhold Forsters remedialisiert wurde. Auch in Aquarellen stellte Tupaia die Begegnung zwischen Einheimischen und Europäern auf der weiteren Reise dar. Diese führte ihn aber nicht, wie erhofft, weiter in den Indischen Ozean oder nach Europa, denn er starb in Batavia an Malaria.

Bevor die *Endeavour* am 10. Juli 1771 Großbritannien erreichte, starben auf dem Weg zum Kap der Guten Hoffnung und der anschließenden Weiterreise noch zahlreiche Crew-Mitglieder. Dennoch galt die Reise als ein Erfolg, der sich in der Publizistik wie in den Sammlungen niederschlug. Es war keine Frage, dass Großbritannien eine weitere Expedition Cooks, dieses Mal mit der *Resolution*, ausrüstete. Sie führte 1772–1775 zwei Mal über den Atlantik, den südlichen Indischen Ozean – mit Abstechern zum Südpolarkreis – nach Neuseeland und von dort in den Südpazifik. Dokumentiert wurde die Reise nicht nur durch das gedruckte und illustrierte Journal, sondern vor allem durch die Gemälde von William Hodges, der Cook begleitete. Seine Porträts und Landschaften vermittelten der britischen Öffentlichkeit das Erlebnis der Südsee – einschließlich von Meer und Eisbergen.[11]

Der mediale Erfolg ließ die *Royal Navy* gleich eine weitere Expedition planen. Diesmal sollte endlich die langgesuchte Nordwestpassage gefunden werden. Cook segelte 1776 auf der üblichen Route über Atlantik und Indischen Ozean nach Neuseeland und von dort aus weiter nach Tonga und Tahiti, bevor er nach Norden abbog und sich an Hawaii vorbei zur Westküste Nordamerikas begab, um diese zu kartieren. Er folgte der Küste durch die Beringstraße, bis ihn das Eis in der Beringsee zur Umkehr zwang. Um den Winter in wärmeren Gefilden zu verbringen, steuerte er erneut Hawaii an, wo er am 14. Februar 1779 in einer Auseinandersetzung mit Einheimischen getötet wurde. Sein Navigator William Bligh, gegen den später die Mannschaft der *Bounty* meutern sollte, führte die *Resolution* nach Großbritannien zurück. Die Erfolge Cooks riefen Frankreich auf den Plan, wo Ludwig XVI. 1785 eine Pazifik-Expedition unter dem adligen Jean-Francois Galup de La Pérouse beauftragte, ebenfalls die Nordwestpassage zu suchen. Nachdem sich dies einmal mehr als vergebliches Unterfangen herausgestellt hatte, segelte La Pérouse in südlicher Richtung an Japan vorbei und weiter nach Tonga und Samoa. In Australien traf er auf die ersten britischen Sträflinge, die dort 1788 ausgesetzt worden waren. Wenig später liefen die Schiffe bei den Salomonen auf Grund und keiner überlebte. In Frankreich wartete man vergeblich auf Nachrichten, und auch die ausgeschickten Suchschiffe fanden keine Spuren.[12] Weitere erfolglose Versuche, die Nordwestpassage zu finden, wurden von dem Briten George Vancouver 1791–1795 sowie dem in spanischen Diensten stehenden Italiener Alessandro Malaspina 1789–1794 unternommen. Malaspina, der ebenfalls die Nordwestküste Amerikas einschließlich der Berge Alaskas vermaß, fand heraus, dass der Verzehr von Zitrusfrüchten dem Skorbut vorbeugte, und hatte dadurch nur wenige dieser Krankheitsfälle zu verzeichnen.[13]

Darüber hinaus konzentrierte sich das spanische Interesse auf die kalifornische Küste, wo im Laufe des 18. Jahrhunderts, wie Perlen an einer Kette aufgereiht, sogenannte Missionen gegründet wurden. Dies war das Werk von Miguel José Serra, einem von Mallorca stammenden Priester, der sich trotz einer vielversprechenden geistlichen Karriere auf den Balearen zur Indianermission berufen fühlte. Um die Mitte des Jahrhunderts machte er sich nach Spanisch-Amerika auf und musste sich, wie die Legende erzählt, auf dem Weg dorthin nicht nur mit einem englischen «Ketzer» als Kapitän auseinandersetzen, sondern auch Sturm und schwindende Lebensmittel- und Wasservorräte überstehen. In Mexiko angekommen, wurde er auf dem Weg in die Hauptstadt von einem Skorpion oder einer Tarantel gestochen, so dass er Mexico City nur hinkend erreichte. Serra begab sich in die Wildnis der Sierra Madre, wo er acht Jahre lang predigte, taufte und auf eine neue Aufgabe wartete. 1765 schloss er sich einer Expedition an, die (unter der Führung von Gaspard de Portola, dem Gouverneur von Baja California) Kalifornien kolonisieren und missionieren sollte. Man brach in fünf Gruppen auf – drei per Schiff, zwei auf Pferden und Maultieren über Land – und erreichte schließlich die Bay Area.

Serra gründete Missionsstationen, die er nach San Gabriel, San Buenaventura, San Luis Obispo und San Antonio de Padua benannte; weitere folgten in San Juan Capistrano, Santa Clara und Santa Barbara. In San Diego, Santa Barbara, Monterrey und San Francisco errichtete die Armee *presidios*, und auch erste Siedler, gefördert von der spanischen Krone, stellten sich ein. Die Missionen evangelisierten die lokalen Indianer wie die Chumash, beuteten diese aber auch als Arbeitskräfte in der Landwirtschaft und im Handwerk aus und exportierten die angebauten Agrarprodukte sowie Kuhhäute und Talg.[14] Im beginnenden 19. Jahrhundert wurden die an den Missionsstationen entstandenen kalifornischen Ankerplätze regelmäßig von Schiffen mit Kaufleuten etwa aus Boston aufgesucht, die Kuhhäute im Austausch gegen Fertigwaren erwarben und diese zur Verarbeitung zu Leder an die amerikanische Ostküste brachten.[15]

Bei ihren Fahrten liefen die Schiffe auch russische Handelsplätze im nördlichen Pazifik an. Hier waren russische Händler und ab 1799 die Russisch-Amerikanische Handelskompanie aktiv, die im beginnenden 19. Jahrhundert (1812) mit Fort Ross eine Dependance nördlich von San Francisco errichtete. Die russische Expansion im Nordpazifik und insbesondere nach Amerika hatte sich in mehreren

Etappen vollzogen. Zunächst waren von dem russischen Pazifikstützpunkt Ochotsk aus unter der Führung des dänischen Kapitäns Vitus Bering im Verlauf zweier Expeditionen Kamtschatka und die russische Pazifikküste erforscht sowie die Aleuten und Alaska entdeckt worden. Schon bald schickten russische Kaufleute Pelztierjäger zum Robben- und Seeotterfang in die Küstenregion. Niederlassungen in Kodiak und Sitka folgten; allerdings erwies sich deren Versorgung von Russland aus als schwierig, so dass es nahe lag, sich an die Spanier in Nordkalifornien zu wenden bzw. eine eigene Landwirtschaft an einem Stützpunkt (Fort Ross) zu betreiben.

Die russischen ökonomischen Interessen in der Region regten dazu an, weitere Expeditionen in diesen Raum zu unternehmen, von denen diejenigen Krusensterns und Kotzebues die bedeutendsten waren. Interessanterweise wurden sie von deutschbaltischen Offizieren geführt, die zuvor schon auf anderen Weltmeeren unterwegs gewesen waren. So hatte Adam Johann von Krusenstern nicht nur im Schwedisch-Russischen Krieg (1788–1790), sondern auch in der *Royal Navy* im Atlantik und Indischen Ozean gedient.

Die von Zar Alexander I. angeordnete und geförderte Weltumsegelung sollte vor allem den Handel mit Japan anbahnen. Krusensterns Schiff, die *Nadežda*, stach am 7. August 1803 in See, umsegelte am 3. März 1804 Kap Hoorn und lief nach Stationen auf den Marquesas und Hawaii die Halbinsel Kamtschatka an. Deren Ostküste wurde ebenso erforscht und kartiert wie Sachalin, die Aleuten und die Kurilen. Man folgte der japanischen Küste bis nach Nagasaki, wo aber immer noch die Niederländer das Monopol des Japanhandels besaßen. Am 19. August 1806 traf die *Nadežda* nach der Rückfahrt über den Indischen Ozean und den Atlantik wieder in Kronstadt ein. Die Forschungsergebnisse wurden in der *Reise um die Welt* sowie in einem Atlaswerk des Pazifischen Ozeans publiziert.[16] An Bord der *Nadežda* war auch der junge Otto von Kotzebue, der Sohn des damals populärsten Bühnenautors August von Kotzebue, gewesen und hatte Erfahrungen auf See gesammelt. Entsprechend empfahl ihn Krusenstern dem russischen Außenminister Graf Rumjanzew als Kapitän einer erneuten Fernostexpedition.

Diese Forschungsreise (1815–1818) ist nicht allein wegen des wissenschaftlichen Ertrages bemerkenswert – über 400 Inseln im Pazifik wurden kartiert –, vielmehr waren an Bord auch der Schriftsteller Adelbert von Chamisso und der Maler Louis Choris, die die Reiseeindrücke für ein breiteres Publikum aufbereiteten. Der aus Frankreich stammende Chamisso hatte sich bereits als Literat mit dem romantischen Roman *Peter Schlemihl* einen Namen gemacht und es über Beziehungen geschafft, die Reise als «Naturkundler» zu begleiten. Sein Beitrag im Expeditionsbericht Kotzebues[17] sowie seine weiteren Veröffentlichungen, insbesondere seine *Reise um die Welt*, haben daher eine andere Qualität als die bisher bekannten Journale der Weltreisenden und Entdecker.

Dies beginnt bereits mit der ausführlichen Schilderung seiner Anreise – er stieß in Kopenhagen zur Mannschaft der *Rurik*, die in Kronstadt aufgebrochen war. Hier vergleicht er die dreitägige Marter in der Ordinari-Post mit der folgenden flotten Überfahrt über die Ostsee von Kiel nach Kopenhagen:

> «man kommt auf der Fahrt von Kiel nach Kopenhagen nicht einmal in das Innere desselben [Ostsee] hinein, indem man immer Sicht des Landes behält. Aber recht anschaulich wurde, wie die Meere recht eigentlich die Straßen des Landes sind, bei der Menge Segel, die man um sich sieht, und von denen wir zwischen der grünen Ebene Seelands und den niedrigen Küsten Schwedens nie unter fünfzig zählten.»[18]

Im Atlantik, den die *Rurik* von Plymouth nach Teneriffa und von dort nach Santa Catarina in Brasilien durchsegelte, hatte Chamisso eine ähnliche Assoziation:

> «Nirgend ist mir der Atlantische Ozean breit vorgekommen; ich habe mich immer auf einer vielbefahrenen Straße gefühlt, deren Ufer ich nicht zu sehen brauchte, um sie gleichsam zu spüren. Fast zu enge dünkten mir dagegen die bisher befahrener Meere zu sein, deren Küstenfeuer man bei Nacht, wie die Laternen einer Stadt, selten aus den Augen verliert und wo man andere Schiffe umzusegeln oder selbst umgesegelt zu werden befürchten muß.»[19]

Das änderte sich, als die *Rurik* nach der Umrundung Kap Hoorns und einem mehrwöchigen Aufenthalt in Concepción in Chile über die Osterinsel, die Marquesas und die Marshall-Inseln quer durch den Pazifik Kurs auf Kamtschatka nahm:

> «Spärlicher als im Atlantischen Ozean sind die Fahrstraßen befahren, welche dieses weite Meerbecken durchkreuzen, und es begrenzt sie kein Ufer, woran der Seefahrer mit dem Gedanken lehnen könnte; aber der Flug der Seevögel und andere Zeichen lassen ihn oft Land, Inseln, die er nicht sieht und nicht sucht, ahnen, und noch findet er sich nicht im unbegrenzten Raume verloren. Schiffe begegnen in der Regel einander nur in der Nähe von Häfen, die ihnen zum Sammelplatz dienen, der Sandwich-Inseln und anderer.»[20]

Insbesondere Chamissos Erzählungen und das Corpus bildlicher Darstellungen vom Zusammentreffen mit den Bewohnern der Aleuten, den Indianern an der Küste San Franciscos sowie mit insularen Gesellschaften Mikronesiens und Polynesiens kann man durchaus als «dichte Beschreibung» im Sinne von Clifford Geertz[21] verstehen; beides stieß auf das Interesse verschiedener Bereiche der Wissenschaft. Vor allem die Begegnung mit dem Polynesier Kadu, der für mehrere Monate mit an Bord der *Rurik* ging und von Chamisso nach allem befragt wurde, gehört zu den besten zeitgenössischen Beobachtungen:

> «Nicht ohne Reiz war für mich die Gegenwart. Das Ergebnis von Kadus Aussagen über die ihm bekannte Welt, von den Pelew-Inseln bis Radack, liegt in meinen ‹Bemerkungen und Ansichten› dem Leser vor. Aber das dort Aufgezeichnete zur Sprache zu bringen und zu ermitteln, das war die Aufgabe, das war die lustvolle Plage dieser Zeit. Erst mußte das Mittel der Verständigung erweitert, ausgebildet und eingeübt werden. Die Sprache setzte sich aus den Dialekten Polynesiens, die Kadu redete, und wenigen europäischen Redensarten zusammen. Kadu mußte verstehen und, was schwieriger war, Rede zu stehen gewöhnt werden. […] Kadu mußte ausgefragt werden – seine Antwort überschritt die Frage nicht. Naturhistorische Bilderbücher beseitigten manche Zweifel über fragliche Gegenstände. Auf den Grund des Briefes des Paters Cantova über die Karolinen-Inseln in den ‹Lettres édifiantes› ward weiter inquiriert.

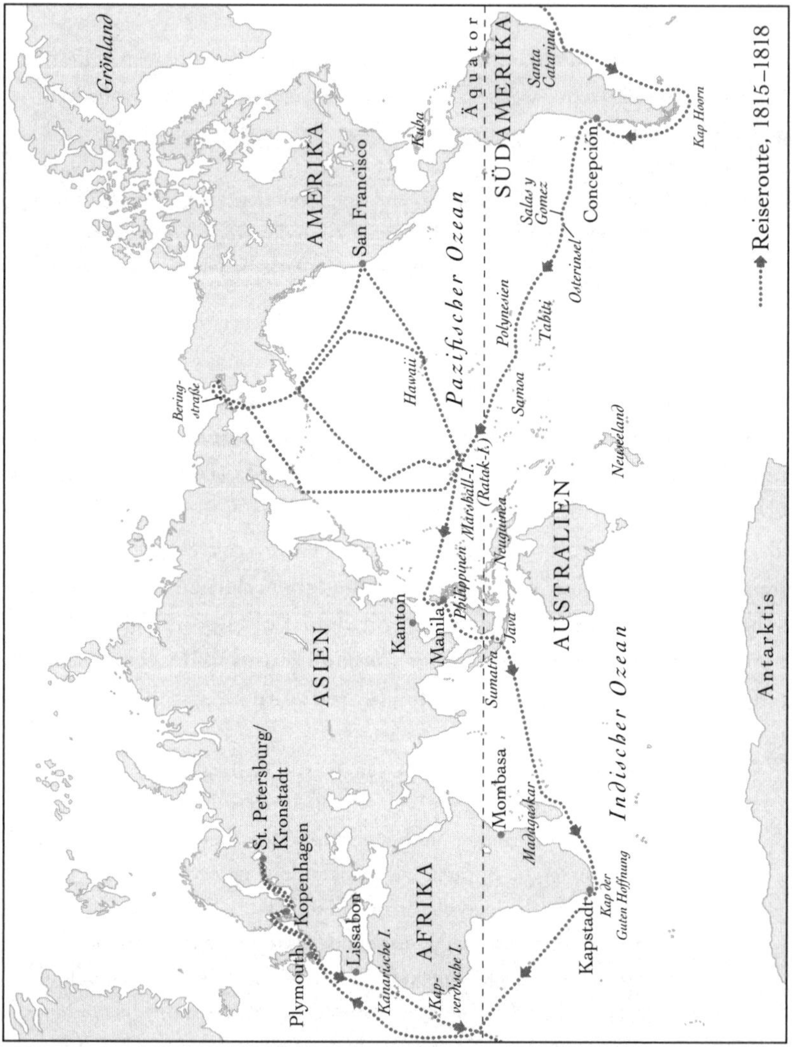

Karte 16: Route der Rurik-Expedition

> Da war Kadus freudiges Erstaunen groß, wie er aus unserm Munde so vieles über seine heimischen Inseln erfuhr. Er bestätigte, berichtigte; es bot sich mancher neuer Anknüpfungspunkt dar, und jede neue Spur wurde emsig verfolgt.»[22]

Es stellte sich heraus, dass Kadu gelernt hatte, auf Spanisch zu zählen, und dass er ebenso die Gesänge anderer Inseln beherrschte. Ausländische und einheimische (See-)Reisende, Kaufleute, Missionare und *beachcombers* verknüpften die Pazifikinseln miteinander sowie mit den anderen Meeren und Kontinenten. Es entstand ein Wissenskorpus, das die Grundlage für eine Kommunikation bot und in dieser immer wieder erweitert wurde.[23] Die Bewunderung war durchaus gegenseitig. So verfolgte Kadu aufmerksam die naturkundlichen Beobachtungen und die Sammeltätigkeit der Wissenschaftler von der *Rurik*, während Chamisso «die Schönheit in der einfachen, nicht verunstalteten Natur»[24] der Polynesier hervorhob, wozu auch die Tätowierung als «kunstmäßiges Ganze[s]»[25] gehörte. Leider gelang es Chamisso nicht, sich zur Erinnerung ein Tattoo stechen zu lassen.

Nahezu zur selben Zeit, zu der die Geschichte der *Rurik*-Expedition publizistisch in Europa bekannt wurde, erreichte der erste Pazifikinselbewohner Deutschland: Harry Maitey. Dieser junge Hawaiianer hatte 1823 in Honolulu die Besatzung des Bremer Schiffes *Mentor* darum gebeten, an Bord kommen zu dürfen, als dieses in Honolulu vor Anker lag. Die *Mentor* sollte im Auftrag der Preußischen Seehandlung die Handelsmöglichkeiten im Pazifikraum erkunden.

Der Kapitän Harmssen und der Supercargo Willem Oswald ließen sich erweichen und so erreichte Maitey nach Aufenthalten in Kanton und St. Helena 1824 den preußischen Ostseehafen Swinemünde. Von dort ging es mit der Kutsche weiter nach Berlin. Hier lebte er zunächst im Hause des Direktors der Seehandlung Christian Rother und dann in dem Erziehungshaus vor dem Halleschen Tor, wo Maitey sich in mühevoller Arbeit die deutsche Sprache aneignete und sich auf Taufe und Konfirmation vorbereiten musste. Gleichzeitig sollte er in der Seehandlung inmitten der aus der Südsee und Kanton mitgebrachten Schätze posieren. Neben Tee, Zimt, Seidenballen,

Abb. 8: Kadu, porträtiert von Louis Choris

Kunstobjekten aus Elfenbein und Perlmutt, Porzellan und Gemälden auf Reispapier wurden zoologische und mineralogische Objekte, die für die Museen bestimmt waren, ausgestellt. Aus Hawaii stammten Tapabaststoffe, Trinkgefäße aus Kürbissen, Federfächer, Waffen, Angelhaken und Haushaltsgegenstände. Neben den Reiseberichten von Kotzebue und Chamisso schuf auch die Seehandlung auf diese Weise für die deutsche Öffentlichkeit ein romantisches Bild von der Südsee.

Nach seiner Taufe im Jahre 1830 arbeitete Maitey als Assistent des Maschinenmeisters auf der Pfaueninsel in der Havel, die als Landschaftspark und Menagerie (mit exotischen Tieren und Pflanzen) der Erholung und Unterhaltung des Hofes diente. Er heiratete die Tochter des Tierwächters Becker, mit der er drei Kinder hatte, und starb im Alter von 64 Jahren an einer Pockeninfektion.[26]

2. Sandelholz, Seegurken und Seeotter

Den Entdeckern folgten die Händler, wenn nicht sogar die Entdeckungsfahrten ökonomisch motiviert waren. Gleichzeitig konnten die Entdeckungsreisenden immer wieder Handelszentren wie Batavia, Manila, die chilenischen Häfen oder Kamtschatka anlaufen. So gab es im Pazifikraum einerseits jahrhundertelang etablierte Austauschnetze, an denen die Europäer durch lokalen Tausch teilhaben konnten, andererseits entstanden neue regionale und globale Beziehungen, die in der Region durch die Ausbeutung der einheimischen Ressourcen geschaffen wurden. Außerdem schlossen sich zahlreiche Insulaner den Handels- und Walfangschiffen sowie den Entdeckern an. Bereits William Dampier hatte Indianer aus der Karibik mit in den Pazifik genommen, wo ihre Fähigkeit, Schildkröten und Seekühe zu fangen, das Überleben der Crew auf der weiten Reise sicherte. Überdies kaufte er Joely, der vom Miangas-Atoll stammte und als Sklave auf einem Gewürzschiff nach Madras gekommen war, von seinem englischen Besitzer frei und brachte ihn selbst mit nach London.[27]

Neben den prominenten Mitfahrern, wie Tupaia, Omai oder Kadu, arbeitete die Mehrheit der Insulaner als Mitglieder der Besatzung an Deck und lief mit den Schiffen Häfen wie Sydney/Botany Bay, Kanton, Macao und Manila an, gelangte jedoch auf britischen Schiffen auch in den Indischen Ozean oder in den Atlantik.[28]

Handel und Schifffahrt brachten die Insulaner auf andere Inseln im Pazifik, wo sie sich kurz- oder längerfristig niederließen: Hawaiianer auf Tahiti und den Marquesas, Tahitianer in Tonga und Neuseeland. So lernten sie nicht nur Europäer kennen, sondern vor allem auch die Bewohner anderer Inseln. Ihre Häuptlinge waren regelrecht neugierig, von den ihnen unbekannten Teilen Polynesiens zu erfahren.[29]

Die Begegnung und der Austausch mit den Gesellschaften des Pazifikraums führten zu vielfältigen ökonomischen Beziehungen. Zunächst wurden die Europäer mit Wasser, Feuerholz, Nahrungsmitteln und sexuellen Dienstleistungen im Austausch gegen Nägel,

Nadeln, Messer, Äxte, Schmuckstücke und Textilien versorgt. Eisengegenstände waren angesichts der vorherrschenden Stein- und Muschelwerkzeuge sehr gefragt. Mit der Zeit waren aber auch Gegenstände von anderen Inseln, die Einheimische wie Tupaia, Omai oder Kadu an Bord europäischer Schiffe kennengelernt hatten, begehrt. So erfreuten sich bei den Tahitianern – neben europäischen Gütern – rote Federn von Samoa oder Tonga einiger Beliebtheit. Auf Tahiti forderte man Waffen, Schießpulver und Boote, um die Rivalen auf anderen Inseln dominieren zu können. Alkohol wurde ebenfalls zu einem gefragten Gut. Daneben führten die Europäer Zitrusfrüchte, Weinstöcke, Ananas und Papaya sowie sogar Kartoffeln und Getreide ein, die der Ernährung der Schiffsbesatzungen dienten.

Auf den Inseln entdeckten die Europäer ihnen bisher unbekannte Güter, die auf den asiatischen Märkten nachgefragt wurden. So verkauften Mitglieder der Schiffsbesatzungen Cooks Pelze, als die Schiffe auf dem Rückweg in Macao anlegten, und weiteten das bereits von den Russen im Nordpazifik betriebene Geschäft über den ganzen Ozean aus. Ein anderer *beachcomber*, Oliver Slater, der in Kanton gelebt hatte, erkannte den Wert von Sandelholz in Asien, das auf verschiedenen Pazifikinseln vorkam. Zunächst wurden die Bestände auf Fidschi ausgebeutet und danach die auf den Marquesas. Die Hawaiianer unternahmen sogar weite Reisen, um Ressourcen auf anderen Inseln zu erschließen. Zur selben Zeit wurde auch der Wert von Seegurken erkannt, die in den Lagunen verschiedener Pazifikinseln vorkamen und in China als Delikatesse galten. Mit den lokalen Häuptlingen wurden Vereinbarungen getroffen, um Aufzuchtstationen für Seegurken auf ihren Inseln zu errichten.[30]

Ebenfalls von Anbeginn auf den chinesischen Markt ausgerichtet war die Pelztier-, insbesondere die Seeotterjagd. Denn hier hatte die neue Mandschu-Dynastie das Tragen von Pelzen populär gemacht. So besaß beispielsweise der kaiserliche Minister Ho-K'un zu Beginn des 19. Jahrhunderts rund 67 000 Pelze.[31] Die Seeotterjagd begann im 18. Jahrhundert im Nordpazifik und sollte sich im 19. Jahrhundert in den Ostpazifik ausdehnen. Ausgangspunkt war die alte russische Pazifiksiedlung in Ochotsk. Von hier aus brach Vitus Bering zu den

Aleuten auf und brachte auf dem Rückweg Pelze mit, die die Russen in Kjachta an der russisch-chinesischen Grenze chinesischen Händlern verkauften. Daraus entstand ein schwunghafter Handel, in dem jährlich zehntausende Otterpelze den Besitzer wechselten. Für die Jagd auf diese Tiere und die Verarbeitung der Pelze war man auf die Fähigkeiten der Bevölkerung der Aleuten und Kodiaks angewiesen, was die russische Präsenz in der Region erklärt. Insbesondere die Russisch-Amerikanische Kompanie etablierte ein Kontraktarbeitersystem, monopolisierte den Handel und weitete ihn aus, nachdem man auch in Kalifornien reiche Otterbestände entdeckt hatte. In Zusammenarbeit mit amerikanischen Kapitänen und Geschäftsleuten wurden Jäger von den Aleuten gemeinsam mit ihren Familien auf Bostoner Schiffen nach Kalifornien, zum Beispiel nach Bodega und in die Bay Area gebracht. Während die Männer auf Pelztierjagd gingen, enthäuteten die Frauen die erlegten Tiere. Die Pelze wurden dann zumeist mit den Jägern zurück nach Alaska gebracht und von dort auf dem Markt von Kanton abgesetzt.[32]

Hawaiianer, wie der sogenannte John Coxe, arbeiteten ebenfalls im dortigen Pelzhandel. Nachdem sein Schiff von Indianern am Columbia River zerstört worden war, machte er sich zu Fuß ins Inland auf, um Pelze zu erwerben. Hier lernte er britische Händler der *Northwest Company* kennen, die ihn über Land mit nach Fort William am Lake Superior und schließlich zu Schiff mit nach London nahmen. Er genoss das englische Kneipenleben, bis er 1813 als Lotse an Bord des Kriegsschiffes *Racoon* über Rio wiederum an die amerikanische Nordwestküste gelangte. Für mehrere Jahre arbeitete er – nach einem Aufenthalt in Hawaii – in Fort Vancouver, bevor er sein Leben als Schweinehirt am Columbia River beschloss.[33]

Nachdem die Seeotterbestände dramatisch zurückgegangen waren, dehnte man die Jagd auf Seehunde aus, die nahezu überall im Pazifik zu finden waren. Ein Zentrum sollten die Juan-Fernández-Inseln vor der chilenischen Küste werden, wo britische, französische und spanische Schiffe miteinander um die Wette jagten. Bald gewannen Bostoner Seehundfänger die Oberhand und Schiffe wie die *Jefferson* und die *Eliza* lieferten im Jahre 1793 13 000 bzw. 38 000 Pelze nach Kanton.[34]

3. Zwischen Kanton und Kalifornien

Über den Handel und natürlich später über den Walfang wurde der Pazifik neu vernetzt – neue Handelszentren entstanden, alte veränderten ihre Bedeutung. Manila war lange Zeit das *entrepôt* des Pazifikraums. Hier lebten mehrere hundert Spanier und Japaner neben der überwiegend einheimischen Bevölkerung und einer großen chinesischen Gemeinde. Im Zentrum stand der Austausch amerikanischen Silbers gegen asiatische Waren. Dabei wunderten sich die Kaufleute Neuspaniens, wie wenig die chinesischen Waren in Manila kosteten, und gleichzeitig zog das Silber Händler aus Asien an. Neben Silber wurden den Spaniern in ihrem Außenposten aus Acapulco Wein, Essig, Öl, Mandeln, Bücher und Medizin geschickt. Von Manila, oder besser seinem Hafen Cavite, fuhren regelmäßig Schiffe nach Siam, Kambodscha, Makassar, Cochin und sogar in das niederländische Batavia. Daneben wurden chinesische Häfen sowie das portugiesische Macao angelaufen, wo Portugiesen und Chinesen um den Handel mit den Philippinen rivalisierten. Nach Acapulco gelangten vor allem Porzellan, Seide und andere Textilien sowie Lackwaren und entsprechende Möbel. Selbst die Geistlichen des Domkapitels von Manila exportierten Seide nach Mexiko. Sichtbar wurden die Porzellanimporte in den Ausgrabungen auf dem Zócalo in Mexico City, aber ebenfalls mit der Bergung des Schiffswracks der *San Diego*, die im Jahre 1600 in einem Gefecht mit den Niederländern gesunken war. Die einheimische Keramikproduktion in Puebla und Cuzco war durch die Importe chinesischen Porzellans inspiriert. Wichtige Quellen für asiatische Objekte in Haushalten der kolonialen Eliten in Mexiko und Peru sind neben den Nachlassinventaren vor allem bildliche Objekte, wie die aus Japan inspirierten Wandschirme, die als *biombos* zunächst in der spanisch-amerikanischen Welt und bald in Europa Verbreitung fanden.[35]

Manila erschien Chamisso auch im beginnenden 19. Jahrhundert noch als bedeutende Handelsstadt, die von Amerikanern, Engländern und Franzosen angelaufen wurde und auf deren Werft die *Rurik* während der Dauer des Nordostmonsuns gründlich für die Rückfahrt nach Europa überholt wurde.[36] Eines der neuen Zentren war der chinesische Vertragshafen Kanton, in dem ausländische Kaufleute mit Einheimischen und untereinander Handel treiben konnten und wo jetzt die kommerziellen Fäden der Welt zusammenliefen. Hier trafen die Europäer und die Anrainer des Indischen Ozeans auf die chinesischen Handelshäuser, die sogenannten Hongs. Neben Textilien aus Indien und Großbritannien sowie Opium aus Bengalen wurden hier Silber aus Mexiko, Pelze aus Sibirien und dem Pazifik sowie Sandelholz aus Hawaii und Tahiti angeboten, wobei Tee, Porzellan und Seide die wichtigsten chinesischen Exporte darstellten. Obwohl die EIC versuchte, den Handel mit Kanton zu monopolisieren, klinkten sich immer mehr Europäer, insbesondere Dänen und Schweden, aber auch Amerikaner in den florierenden Teehandel ein.[37]

Im Sog des boomenden chinesischen Marktes wurden Kalifornien und Hawaii in diesen Austausch einbezogen. So avancierte Kalifornien zum Drehkreuz zwischen Nord- und Südamerika, China und Sibirien-Alaska. Als weiteres Scharnier des Austausches zwischen Amerikas Westküste und der Ostküste Asiens diente Hawaii, wo König Kamehameha fremde Händler privilegierte und auf diese Weise nach Honolulu lockte.

Ein Beispiel für die neue Qualität der Schifffahrtsrouten und Häfen sind die Reisen des britischen Schoners *Columbia*, der zwischen Juni 1814 und Weihnachten 1817 permanent zwischen der nordamerikanischen Westküste, Hawaii und Kanton verkehrte, um nordamerikanische Pelze und Sandelholz aus Hawaii in Kanton abzusetzen, Nahrungsmittel in Sitka gegen Pelze zu tauschen, Pelze und andere Güter am Columbia River aufzunehmen und an der kalifornischen Küste Getreide zu laden. Viermal ankerte die *Columbia* in Hawaii, wo Reparaturen durchgeführt, Waren und Verpflegung an Bord genommen sowie neue Mannschaftsmitglieder rekrutiert wurden. Auch in anderen Häfen nahm man einheimische Arbeitskräfte auf das Schiff auf, so etwa in Macao, wo das englische Schiff *Isaac Todd* 16 Hawaiianer «vergessen» hatte. Am Ende der Reisen verkaufte der

Kapitän Peter Corner die schon etwas heruntergekommene *Columbia* an König Kamehameha für zwei Ladungen Sandelholz, die er auf einem anderen Schiff nach Kanton transportierte.

In den 1820er und 30er Jahren eröffneten britische und amerikanische Handelshäuser Kontore auf Hawaii, die ein großes Sortiment europäischer und amerikanischer Waren dort einführten bzw. weiterverhandelten, wie aus der Korrespondenz mit Handelspartnern in Kanton, Kalifornien, Callao, Boston und London hervorgeht.[38]

Eine neue Bedeutung erhielt Hawaii ebenso wie die Ausbeutung des Pazifiks insgesamt durch den Walfang. Dieser ist im kulturellen Gedächtnis durch Herman Melvilles *Moby Dick* grundlegend verankert: Queequeg, der einheimische Harpunier auf Kapitän Ahabs Schiff, repräsentiert die große Zahl sogenannter «Kanakas» (*Kanaka* bedeutet Person auf Hawaiianisch) an Bord amerikanischer Walfangschiffe.

Die Jagd auf Wale hatte in Neuengland eine lange Tradition. Walfänger aus Nantucket und New Bedford waren bereits im späten 17. Jahrhundert in den Nordatlantik zum Fang der Pottwale aufgebrochen, deren Fett zu Tran verarbeitet wurde, einer wichtigen Lichtquelle, und deren Barten zur Herstellung von Korsettstäben dienten. Im 18. Jahrhundert drangen die Fänger weiter in die Davisstraße, aber auch zu den Azoren und in den Südatlantik vor. Von dort war es nur ein kleiner Schritt in den Südpazifik, wo der britische Walfänger *Emilia* 1789 den ersten Wal vor der Küste Chiles fing. Dies zog einen regelrechten Strom von Walfängern aus Neuengland zuerst an die Westküste Südamerikas und dann weiter in den Pazifik: 1828 operierten 200 amerikanische Walfänger im Pazifik, deren Zahl auf 571 im Jahre 1844 steigen sollte, wogegen Briten und Franzosen nur mit einigen Dutzend Schiffen vertreten waren.[39] Auf der anderen Seite errichteten Jäger aus Port Jackson in New South Wales (Australien) Walfangstationen an den Küsten Australiens, Tasmaniens und Neuseelands.

Eine Walfangfahrt dauerte durchschnittlich drei Jahre. Das bedeutete, dass unterwegs Stationen zur Verproviantierung, Ausbesserung der Schiffe, Verarbeitung des Fangs und zur Versorgung und

Unterhaltung der Schiffsmannschaften benötigt wurden. Einer dieser Plätze war Honolulu, den die Walfänger aus Neuengland mit einer Rumpfbesatzung anliefen, um die Crew vor Ort mit Hawaiianern und Hawaiianerinnen zu ergänzen. Tahitianer und Maoris waren ebenfalls – insbesondere bei Briten und Franzosen – gefragte Arbeitskräfte, was natürlich deren Lebensstil ebenso wie den der Insulaner, auf die man traf, veränderte.[40] Dies galt in besonderem Maße, wenn einheimische und ausländische Walfänger die Schiffe verließen und sich als *beachcomber* oder (Bordell-)Wirte im Pazifikraum niederließen.

Mit der Entdeckung reicher Erdölvorkommen ging die Bedeutung des Trans für die Wirtschaft zurück, so dass die amerikanische Walfangflotte ab den 1860er Jahren immer kleiner wurde, wogegen Norweger, Japaner und Russen bis heute Walfang betreiben.

4. Missionare und Forscher

Neben Seefahrern und Kaufleuten waren es auch Missionare, die den Pazifikraum mit dem Indischen Ozean, der atlantischen Welt sowie Mittelmeer und Nordsee verbanden. So ging die portugiesische Expansion auf die Gewürzinseln, nach Macao und nach Japan Hand in Hand mit missionarischen Aktivitäten, die zwar zu zahlreichen Konversionen, aber nur in Macao zur dauerhaften Etablierung kirchlicher Strukturen führten. Auf den Molukken wurden die Jesuiten zu Beginn des 17. Jahrhunderts von muslimischen Sultanen und den Niederländern vertrieben und in Japan die (portugiesischen) Christen in mehreren Wellen verfolgt. Entsprechend konzentrierten sich die jesuitischen Aktivitäten auf die Philippinen, wo eine Erzdiözese entstand und bald schon die Inquisition von Mexiko aus die Reinheit des Glaubens überwachte. Bis ins 18. Jahrhundert gelang es den (jesuitischen) Missionaren lediglich, sich auf Guam festzusetzen, wo die einheimische Bevölkerung, die Chamorros, von den Spaniern getötet oder umgesiedelt wurde bzw. großenteils an eingeschleppten Krankheiten zugrunde ging. Versuche, von den Philippinen aus die

Mission der Karolinen in Angriff zu nehmen, scheiterten, machten aber die Europäer dank der entstandenen Karten [41] mit der Inselwelt Mikronesiens vertraut.

Eine missionarische Wende setzte im ausgehenden 18. Jahrhundert als Folge der Cookschen Entdeckungen ein. Protestantische Missionare wollten sich der Seelen der von Cook und anderen beschriebenen «Wilden» annehmen. Daraufhin charterte die *London Missionary Society* ein Schiff (1797), das 30 Missionare mit dem Ziel Tahiti in den Pazifik bringen sollte. Nur vier von ihnen waren ordinierte Pastoren, die übrigen fromme Handwerker, die vom Glauben beseelt waren, die «Wilden» durch die Verbindung von Mission und Arbeit zu erretten.[42]

Obwohl der Missionar in der Regel als weißer, bigotter europäischer Mann gesehen wird, war die Realität vor Ort bunter und vielfältiger. Die Tätigkeit der Missionare und ihre Rezeption variierte von Ort zu Ort.[43] So versuchten sie ihre neugewonnenen Gemeinden einerseits vor Übergriffen von Kaufleuten und Kapitänen zu schützen, andererseits bestraften sie ihre «Kinder» und beuteten sie aus. Vorzugsweise benutzte man dafür aber Einwohner anderer Inseln. So wurden in den 1870er Jahren 250 Bewohner der Osterinsel von Missionaren zur (Zwangs-)Arbeit auf den Kirchenfarmen nach Tahiti überstellt.[44] Zwar gingen die Kirchenleute unnachgiebig gegen Heidentum vor, zur Vermittlung des Evangeliums waren sie jedoch zunächst auf einheimische Sprachmittler angewiesen und mussten Rituale ausfindig machen, die mit christlichem Glauben und Praktiken vereinbar waren. Auf diese Weise wurden die Missionare zu Sprachforschern und Ethnografen.

Ob man Erfolg hatte, hing sowohl von einer Vielzahl lokaler Faktoren ab als auch von der Person des Missionars selbst, dessen soziale Herkunft und theologische Ausbildung ebenfalls eine Rolle spielten. Ganz wichtig waren die einheimischen Lehrer, Katecheten und Pastoren, deren kulturelle Kompetenz für die lokale Verbreitung des christlichen Glaubens unentbehrlich war. Auch die Rolle der weiblichen Familienmitglieder ist für die Gemeindearbeit nicht zu unterschätzen.

Kommen wir zurück zu Tahiti. Hier arbeiteten die «Handwerker Gottes» der *London Missionary Society* für 15 Jahre mehr oder weniger erfolglos vor sich hin, bis der Herrscher Pomare nach seinem Sieg über seine Rivalen die alten Familiengötter den Missionaren übergab, die sie als Trophäen nach London schickten. Eine Massenkonversion war die Folge, die sehr an die früh- und hochmittelalterlichen Konversionen in Europa erinnert.[45]

Die Aktivitäten der *London Missionary Society* auf Tahiti und anderen Inseln inspirierte amerikanische – an den theologischen Seminaren in Neuengland ausgebildete – Pastoren, die das *American Board of Commissioners for Foreign Missions* gründeten, zur Mission in Hawaii. Eine Neuerung war die Ausbildung von Pazifikinsulanern in Amerika. Der erste Schüler war der Hawaiianer Obookiah, der mit einem Kapitän von Hawaii nach New Haven gekommen war und am theologischen Seminar in Andover studierte. Obwohl Obookiah an Typhus starb (1818), bevor er missionarisch tätig werden konnte, führten doch seine Kommilitonen Hiram Bingham und Asa Thurston Missionare mit streng calvinistisch geprägten Überzeugungen von Sünde und Moral zur Mission nach Hawaii. Hier trafen sie auf günstige Bedingungen. König Kamehameha hatte die Insel für Europäer und Amerikaner und ihre Waren geöffnet und der Glaube an die alten Götter und Lebensweisen befand sich in Auflösung. In kurzer Zeit wurden christliche Erbauungsschriften und Katechismen auf Hawaiianisch gedruckt und Mitte der 1820er Jahre ließen sich die vornehmsten Häuptlinge öffentlich taufen. Hawaii wurde zu einer christlichen Insel.[46]

Der Erfolg der Missionare war aber nicht unumstritten, zumal zur selben Zeit Tausende von Insulanern den über das Meer eingeschleppten Krankheiten zum Opfer fielen. Daneben beklagte ein Kritiker wie Otto von Kotzebue, dass die traditionellen Lebensweisen der Pazifikinsulaner von den amerikanischen und britischen Missionaren zerstört worden seien. Er fragte offen, ob die Verbote traditioneller Kleidung und Bräuche wie Tanz und Tattoo zum Nutzen der Einheimischen seien. Die Tahitianer hatten vergessen, wie sie Boote bauten oder den traditionellen Rindenbaststoff herstellten, es erklang keine Flöte mehr und es gab auch nicht länger Tänze, Spaßkämpfe oder Spiele. Besonders erschrocken zeigte sich der baltische Adlige darüber, dass der ehemalige Seemann Charles Wilson zusammen mit einigen frisch getauften Tahitianern die Region missionierte: «Die Londoner Missionsgesellschaft ist genügsamer. Ein Halbwilder, von einem Matrosen durch einige Dogmen verwirrt, ist ihr schon vollkommen dazu geeignet.»[47]

Diese Kritik blieb natürlich von missionarischer Seite nicht unwidersprochen. In ihrer Einstellung gegenüber den Heiden trafen sich die Missionare mit einer neuen Forschergeneration. Zu dieser zählte der junge Charles Darwin, der als Begleiter des Kapitäns Robert FitzRoy an Bord der *Beagle* 1831 zu einer Weltumsegelung aufgebrochen war. Ein erstes Ziel war Feuerland, wo geografische Messungen vorgenommen werden sollten. In der Begegnung mit den «Wilden» Feuerlands formte sich sein Bild der menschlichen Entwicklung, das er später in *The Descent of Man* ausformulierte. So heißt es in *Voyage of the Beagle*: «Die perfekte Gleichheit unter den Individuen dieser Stämme [der Feuerländer], musste für lange Zeit deren zivilisatorische Entwicklung hemmen.»[48] Denn wie im Tierreich seien die von einem Häuptling Regierten am ehesten in der Lage, ihre Situation zu verbessern. Später im *The Descent of Man* spekulierte er, dass sich verändernde Lebensbedingungen negativ auf die Völker auswirkten, die sich lange Zeit nahezu gleicher Lebensbedingungen erfreut hätten.[49] Anders als vorhergehende Generationen von Reisenden wie Forster oder Chamisso war Darwin kein teilnehmender Beobachter, sondern blickte aus der Distanz der sich abzeichnenden britischen Weltmacht auf die Einheimischen, auf deren Gastfreundschaft und Hilfe er nicht länger angewiesen zu sein schien.

Dennoch sah Darwin im Rückblick die Reise mit der *Beagle*, auf der er mehr als 1000 Objekte sammelte und die ihn über alle Ozeane und 1836 zurück nach England bringen sollte, als wichtigstes Ereignis in seinem wissenschaftlichen Leben an. So faszinierte ihn die ungestörte Entwicklung der Arten, zum Beispiel auf den Galapagosinseln, ebenso wie die geologische Zusammensetzung anderer vulkanischer Inseln von Hawaii und Tahiti bis nach St. Helena und den

Azoren.[50] Neben dem Reisebericht publizierte Darwin schon bald seine Theorie der Entstehung der Korallenriffe. Er korrespondierte darüber mit dem amerikanischen Geologen James Dana, der an der ersten amerikanischen wissenschaftlichen Pazifikexpedition 1838–1842 teilnahm und dabei wichtige Erkenntnisse unter anderem über die Gebirge Kaliforniens, die Vulkane Hawaiis sowie zu Korallenriffen gewann (die später in seine Thesen zu Ursprung und Struktur von Ozeanen und Kontinenten münden sollten).[51]

Danas Forschungen zu den Bergen Kaliforniens, insbesondere seine Publikation zur Geologie von Mount Shasta, erhielten nach der Entdeckung der kalifornischen Goldvorkommen eine große Publizität.

Der Goldrausch veränderte die Welt des Pazifikraums, da er neue Migrationsströme über den Ozean hinweg auslöste. Damit einher ging der Aufbau der Plantagenwirtschaft sowohl in Kalifornien als auch in Hawaii, die wiederum Arbeitskräfte aus Japan und China sowie aus Lateinamerika anzog. Die kulturelle Interaktion dieser Gruppen mit den pazifischen Inselbewohnern prägte den Pazifik, während sich der Radius der ozeanischen Seefahrer einmal mehr vergrößerte. Ihre Vorstellung, dass die See eine Straße darstellte und keine Barriere und dass Schifffahrtsrouten die Welt verbanden, wurde bestätigt. Sie trafen sich mit den fremden Seeleuten in einer Kontaktzone; und wie die weißen Seeleute, die ihre Inseln erforschten, durchkämmten auch die pazifischen Seefahrer fremde Küsten. Obwohl sie immer nur Ausschnitte der Länder, die sie anliefen, zu Gesicht bekamen, spielten sie in den maritimen Netzwerken des 18. und 19. Jahrhunderts doch eine wichtige Rolle. Die globalen Schifffahrtsrouten gaben den Ozeaniern bisher unbekannte Mobilität und ein Wissen, das sie nach der Rückkehr auf ihre Inseln nutzten.[52]

IX.
Globalisierung der Meere

«Ein breiträdriger Wagen, begleitet von zwei Männern und gezogen von acht Pferden, befördert in etwa sechs Wochen zwischen London und Edinburgh Güter im Gewicht von annähernd vier Tonnen hin und zurück. In etwa derselben Zeit befördert ein Schiff mit sechs oder acht Mann Besatzung, das zwischen den Häfen von London und Leith verkehrt, häufig Güter im Gewicht von zweihundert Tonnen hin und zurück. […] Da also der Transport zu Wasser solche Vorteile hat, sollten die ersten Entwicklungen in Handwerk und Gewerbe natürlicherweise dort erfolgen, wo diese günstige Gelegenheit den Erzeugnissen jeder Art von Arbeit die ganze Welt als Markt eröffnet, und sollten immer erst viel später ins Landesinnere vordringen.» [1]

Adam Smith

Mit dieser Bemerkung in seiner *Untersuchung über Wesen und Ursachen des Reichtums der Völker* weist Adam Smith auf die Überlegenheit des Transportes zu Wasser gegenüber dem Landverkehr hin. Wenn Adam Smith nicht schon 1790 gestorben wäre, hätte er den Erfolg der Eisenbahnen erleben können. Dennoch veränderte der Aufschwung des Schiffsverkehrs auf Flüssen, Kanälen, an den Küsten und auf den Weltmeeren den Waren- und Personenverkehr grundlegend. Adam Smith beobachtete dies am Beispiel der Küstenschifffahrt; ein Schiff transportierte 50-mal so viel Fracht wie ein achtspänniger Wagen.

1. Vom Segel- zum Dampfschiff

Adam Smith prophezeite die Transportrevolution des 19. Jahrhunderts, in der die Kosten für den weltweiten Transport sanken und die Meere noch enger und regelmäßiger aneinander gebunden wurden. In der Historiografie hat man hierfür lange die Einführung des Dampfschiffes verantwortlich gemacht, aber in den letzten Jahren hat sich die Erkenntnis durchgesetzt, dass die Einführung der Dampftechnologie ein langer Prozess war, der noch geraume Zeit mit der Segelschifffahrt und Verbesserungen im Schiffbau einherging.

Schon 1807 hatte der Amerikaner Robert Fulton den Raddampfer *Clermont* einer enthusiastischen amerikanischen Öffentlichkeit vorgestellt, die das neue Schiff auf dem Hudson zwischen Albany und New York nutzte. Fultons Erfindung löste einen Boom auf den amerikanischen Flüssen – insbesondere auf dem Mississippi – aus, der jedoch erst allmählich auf den schmaleren europäischen Flüssen seine Nachahmer fand.

Auf den Ozeanen waren die Raddampfer weniger brauchbar. So wurde beispielsweise die *Savannah* – der erste kombinierte Dampfsegler, der den Atlantik 1819 überquerte – aus Rentabilitätsgründen zum reinen Segelschiff zurückgebaut. Die Schaufelradtechnologie war für das Meer ungeeignet und darüber hinaus mussten Unmengen von Kohle zum Betrieb der Dampfmaschine mitgeführt werden, die die Ladekapazität fast vollständig absorbierten. Auch schadete das Salzwasser den Kesseln der Dampfmaschine. Erst die Einführung der Schiffsschraube ab 1840 machte die Dampfschiffe ozeantauglich. Verbesserungen des Maschinenbaus, wie die Verbund- oder Dreifachexpansionsmaschine Alexander Kirks, nutzten den Dampf effektiver und reduzierten langsam den Kohlebedarf. Dennoch dauerte es noch fast überall bis zum Ende des Jahrhunderts, bis die Dampfschiffe die Segelschiffe allmählich ersetzten. Hierbei setzte der Verdrängungsprozess seit den 1870er Jahren ein.

Aufschluss über den Anteil der Dampfschifffahrt geben die englischen *Parliamentary Papers*, die die Ankunft von Schiffen aus der ganzen Welt in britischen Häfen vermelden. Während um 1880 bei den aus dem Mittelmeer und Westeuropa ankommenden Schiffen die Dampfschiffe überwogen, wurden viele andere Routen noch immer mit Segelschiffen bedient. Erst 1910 liefen zu 90 % Dampfschiffe die britischen Häfen an. Dabei hing die Aufnahme der Dampftechnologie von verschiedenen Faktoren ab. Neben der Effizienz der Dampfmaschine gehörte hierzu die Art der Ladung und die Distanz und Dauer der Fahrten. Da der Dampfer seinen eigenen Brennstoff transportieren musste, wurde er, je länger die zurückzulegende Strecke war, immer teurer. So waren Segelschiffe ab einer Distanz von 500 Seemeilen gegenüber den Dampfschiffen konkurrenzfähig und mit zunehmender Reiselänge sogar überlegen. Dies galt ebenfalls für Nordeuropa und den Ostseeraum, wo vor allem Holz und Getreide auf hölzernen Segelschiffen transportiert wurden.[2]

Insbesondere Norwegen und Finnland nahmen nicht so sehr als Rohstoffproduzent, sondern als Dienstleister am Aufschwung der Weltwirtschaft im 19. Jahrhundert teil. Obwohl norwegisches Holz sowie finnisches Holz und Teer für die englische Schifffahrt und Industrialisierung von Bedeutung waren, wandelte sich die Rolle der skandinavischen Handelsflotten. Sie sollten einen erheblichen Teil des weltweiten Transportaufkommens befördern. Ursprünglich auf den Export von Holz nach England konzentriert, verlegten sich die norwegischen Segelschiffe zunehmend auf die sogenannte Trampschifffahrt im Atlantik. Obwohl Segler auf der Ostsee ihren Kostenvorteil um 1860 eingebüßt hatten, waren sie auf den Atlantikrouten noch lange gegenüber der Konkurrenz profitabel; vor allem konnten sie günstig auf dem Markt für gebrauchte Schiffe erworben oder von kleinen Werften mit lokalen Holzvorkommen und einheimischen Zimmerleuten preiswert gebaut werden. Ob man den kapitalintensiven Übergang vom Segel- zum Dampfschiff beschritt, hing von örtlichen Umständen ab. Große Häfen – wie Kopenhagen oder Stockholm – stellten früh und schnell auf Dampf um. Bergen bevorzugte ebenfalls bald Dampfer, um einen schnellen und regelmäßigen Fischabsatz auf den europäischen Märkten zu garantieren. Die Häfen in der Provinz, die sich auf unterschiedliche Routen spezialisiert hatten, sahen aber zunächst keinen Grund zur Umstellung.

In Finnland überholten erst im 20. Jahrhundert Dampfschiffe die Segelschiffe. Hier hatten sich diese zunächst auf den Transport von Holz und Teer durch den Sund nach Westeuropa spezialisiert, aber zunehmend entsprechende Dienste im Schwarzen Meer und im Mittelmeer angeboten. In den 1870er Jahren nahmen sie an der Transportrevolution im Atlantikhandel teil und brachten nicht nur Getreide von New York, Philadelphia und Baltimore nach Irland und in britische Nordseehäfen, sondern auch Petroleum nach Westeuropa und sogar in den Ostseeraum. Hierzu kamen Holzexporte (wie zum Beispiel Kiefernholz) aus dem amerikanischen Süden und aus Kanada.

Kanadische Reeder nutzten für den Holztransport über den Atlantik ebenfalls noch Segelschiffe, während der anglo-amerikanische Handel weitgehend von Dampfschiffen bestritten wurde. Im Handel mit dem Indischen Ozean dominierten Segelschiffe. Erst durch die Eröffnung des Suezkanals (1869) verringerte sich die Fahrtzeit so, dass Dampfschiffe eingesetzt werden konnten. In der Küsten- bzw. Trampschifffahrt im Indischen Ozean sowie im Süd- und Ostchinesischen Meer blieb das Segelschiff noch lange Zeit das vorherrschende Transportmittel. Da die amerikanischen und europäischen Segler gegen den Monsun ankreuzen konnten, waren sie den monsunabhängigen einheimischen Dschunken überlegen. Entsprechend übernahmen zum Beispiel hamburgische Schiffe den Reistransport von Akyab in Burma über Singapur und Hongkong an die chinesische Küste. In den 1870er Jahren wurden hier erstmals Dampfer eingesetzt.[3]

Im Getreide- und Erzhandel mit der amerikanischen Westküste und vor allem auf der Südamerikafahrt waren Segelschiffe bis in das beginnende 20. Jahrhundert konkurrenzfähig, wie die auf der Salpeterfahrt eingesetzten *Flying P-Liners* der Hamburger Reederei Laeisz dokumentieren.

Insgesamt wuchs die Welthandelsflotte im Laufe des 19. Jahrhunderts in Bezug auf die Anzahl und Größe der Schiffe kontinuierlich an. Dies lässt sich an der Tonnage ablesen, die zwischen 1850 und 1911 von neun auf 34,6 Millionen Nettoregistertonnen explosionsartig anstieg. Insbesondere die Atlantikschifffahrt, die 75–80 % der Welttonnage ausmachte, konnte ihre Kapazitäten erheblich steigern.

Um 1900 dominierte die britische Flotte (mit 9,3 Mio. Tonnen) auf allen Weltmeeren, gefolgt von Deutschland (1,9 Mio. Tonnen), Norwegen (1,5 Mio. Tonnen) und Frankreich (1,04 Mio. Tonnen), wogegen die Vereinigten Staaten ihre Handelsflotte (0,8 Mio. Tonnen) während des Bürgerkrieges hatten verfallen lassen.[4]

Mit dem steigenden Angebot an Frachtraum gingen die (weltweiten) Frachtraten zwischen 1870 und 1900 um mehr als ein Drittel zurück. So kostete die Verschiffung von Getreide aus New York und von Baumwolle aus New Orleans nach Europa im Jahre 1885 nur noch halb so viel wie 1873.[5] Die Verbraucherpreise fielen entsprechend und der preiswerte Seetransport ließ Produzenten und Konsumenten in aller Welt miteinander in Austausch treten. Dies veränderte die Produktionslandschaften weltweit. Sinkende Transportkosten regten eine spezialisierte landwirtschaftliche Produktion und Siedlung in entfernten Weltregionen wie Nord- oder Südamerika, Australien, in Teilen Süd- und Südostasiens, aber auch in Südosteuropa an, während in den dichter besiedelten Regionen an der amerikanischen Ostküste oder in Europa die Landwirtschaft zu Gunsten der Industrie zurückging.[6] Die atlantischen Weizenpreise konvergierten ebenso wie die Reispreise im Bereich des Indischen Ozeans und der chinesischen Meere und stimulierten eine weltweite Integration der Weizen- und Reismärkte.[7]

Wie den Niederlanden im 17. Jahrhundert, die sich durch preiswerte Getreideimporte aus der Ostsee ernähren konnten, ermöglichte es die maritime Transportrevolution den industriellen Zentren Europas und Amerikas im 19. Jahrhundert, sich von der einheimischen Agrarproduktion unabhängig zu machen, die sich in die fruchtbaren Ebenen Amerikas, Südosteuropas und Asiens verlagerte.

Gleichzeitig profitierten für die Landwirtschaft weniger geeignete Länder wie Norwegen, Finnland oder Griechenland von den neuen

Möglichkeiten einer weltweiten Serviceindustrie Schifffahrt. Auch Griechenland nutzte die Chancen, die sich aus seiner maritimen Lage und der langen Tradition des Schiffsverkehrs im östlichen Mittelmeer ergaben, um eine konkurrenzfähige Reederei aufzubauen. Nachdem das Schwarze Meer als Folge der russisch-osmanischen Auseinandersetzungen für die Handelsschifffahrt im ausgehenden 18. Jahrhundert (1770er Jahre) geöffnet worden war, übernahmen griechische Kaufleute und Reeder den Getreideexport aus den südrussischen und südosteuropäischen Gebieten für den europäischen Markt und dominierten die Seefahrt im Mittelmeer. Um die Mitte des 19. Jahrhunderts trug dieser Sektor zu einem Drittel des Volkseinkommens bei. Griechische Reeder waren als Dienstleister in die Weltwirtschaft integriert und konkurrierten mit den wichtigsten Seefahrtsnationen, woraus sich im 20. Jahrhundert eine führende Rolle in der internationalen Tankerschifffahrt ergeben sollte. Allein Großbritannien konnte alle Funktionen von Schifffahrt und Handel vereinigen und dominieren, weil es sowohl über das größte Kapitalangebot als auch über relativ preiswertes Eisen bzw. Kohle sowie die technologischen Fortschritte der Industriellen Revolution verfügte. Zwar hatte die britische Schifffahrt den amerikanischen Reedern im Atlantik und gegenüber den Skandinaviern in der Ostsee um die Mitte des Jahrhunderts Boden eingebüßt, aber mit der Durchsetzung von Eisen- und Dampfschiffen zahlte sich der britische Fortschritt einmal mehr aus.[8]

Neben dem Güterverkehr auf den Weltmeeren war die Personenschifffahrt im 19. Jahrhundert grundlegenden Veränderungen unterworfen, ohne die die massenhafte Migration über den Atlantik nicht möglich gewesen wäre. Bereits in den Jahren 1846 und 1847 überquerten jährlich 300 000 Auswanderer den Atlantik und die Zahl sollte sich zwischen 1876 und 1896 auf 600 000 verdoppeln. Zu Beginn des 20. Jahrhunderts verließen rund eine Million Menschen jährlich Europa über den Atlantik.

Den grundlegenden Wandel der Fahrt über den Ozean verdeutlicht ein Blick auf die Schiffe: Im ausgehenden 18. Jahrhundert beförderte ein Falmouth-Paketboot Passagiere und Post via Halifax nach New York und benötigte dazu ca. 50 Tage. Dagegen dauerten die Reisen der Luxusliner am Ende des 19. Jahrhunderts, die bis zu 2500 Passagiere an Bord hatten, fünf oder sechs Tage. Die Effizienz des Seetransportes, insbesondere die Geschwindigkeit auf der Strecke von der englischen Westküste nach New York hatte sich von 2,5 Knoten (4,5 km) pro Stunde auf 20–25 Knoten rasant erhöht. Darüber hinaus konnten die Dampfer die kürzeste Route über den Atlantik wählen, während die Segelschiffe die windgünstige Route über die Azoren und die Karibik befuhren und daher bis zu 12 000 Seemeilen mehr zurücklegen mussten als die Dampfer. Damit verbunden waren eine Neuentdeckung des offenen Meeres und die Nutzung hydrologischer und ozeanografischer Erkenntnisse zur Planung der Schifffahrtsrouten in Bezug auf Wind und Strömungen.

Die Paketboote des 18. Jahrhunderts konnten auf drei oder vier Reisen im Jahr nicht mehr als etwa 100 Passagiere über den Atlantik transportieren, während ein Ozeanliner zu Beginn des 20. Jahrhunderts jährlich 20 000 bis 30 000 Auswanderer über den Atlantik bringen konnte. Bis es so weit war, fand die Auswanderung auf Segelschiffen statt, wobei neben London und Le Havre vor allem Antwerpen, Rotterdam und Bremen für die Fahrt nach Übersee genutzt wurden. Schiffe von 200 Tonnen wurden oft mit bis zu 300 Auswanderern belegt, so dass hinsichtlich der Gesundheitsbedingungen und Mortalität an Bord kaum ein Unterschied zu den Sklavenschiffen bestand. Auch die britischen Strafgefangenen wurden auf Segelschiffen nach Australien gebracht, ebenso wie Auswanderer dorthin oder nach Südafrika. Dabei hatte man die Reisedauer nach Australien bereits in der ersten Hälfte des 19. Jahrhunderts durch den Einsatz größerer und besserer Schiffe und durch die Verringerung der Aufenthalte auf 100 bis 120 Tage reduziert – also auf ungefähr die Hälfte der Zeit, die man ein Jahrhundert zuvor benötigt hatte.

Durch die Einführung der Dampfschifflinien nach Nordamerika ergab sich aber nicht nur eine Beschleunigung der Überfahrt, sondern auch die Möglichkeit, Personen- und Frachtfahrt verstärkt miteinander zu kombinieren. So wurden auf der Rückfahrt die vorher von den Passagieren genutzten Zwischendecks mit Getreide gefüllt. Baumwolle und Gefrierfleisch (Schiffe mit Kühlhäusern kamen in den 1880er Jahren auf) wurden als Rückfracht für die Auswandererschiffe immer bedeutender.

Mit den Dampfern veränderte sich gleichermaßen das Anforderungsprofil an die Seeleute wie die maritime Infrastruktur: Es wurden nicht länger Seeleute benötigt, die die Segeltechniken beherrschten, sondern Heizer, die die Kessel füllten. Diese rekrutierte man nicht länger von der Küste, sondern zum Beispiel aus dem deutschen Binnenland und oft nur für eine kurze Zeit im Alter zwischen 20 und 30 Jahren.[9] Große Leuchttürme wurden errichtet, von denen aus die Position des Schiffes auch nachts sicherer bestimmt werden konnte. Dies beschleunigte die Schifffahrt ebenso wie der Aufbau von Personenterminals in den Häfen, die die Aufnahme und das Anlanden von Passagieren bequemer und effektiver machten.[10]

2. Die Kommunikationsrevolution

Die Transportrevolution auf den Meeren wurde von der Kommunikationsrevolution begleitet, die ebenfalls auf den Meeren, aber unter Wasser stattfand. Hierbei spielte das neue Medium des Telegrafen eine maßgebliche Rolle.[11] Um diesen weltweit einsetzen zu können, waren neben Fortschritten in der Elektrotechnik die Entdeckung eines gummiartigen Isoliermaterials (Guttapercha) für Unterwasserkabel ebenso bedeutend wie der Bau von Eisenschiffen, die die langen Kabel transportieren und auf den Meeresgrund legen konnten.

Das erste Unterwassertelegrafenkabel wurde bereits im November 1851 im Kanal zwischen Calais und Dover gelegt und erwies sich sowohl technisch als auch ökonomisch als erfolgreich. Weitere Kanalkabel folgten zwischen Großbritannien, Belgien und den Niederlanden; 1854 wurden Kopenhagen und Flensburg telegrafisch verbunden und ein Jahr später durch den Sund Dänemark mit Schweden. 1859 erhielt diese Verbindung eine Verlängerung bis nach Haparanda an der schwedisch-finnischen bzw. -russischen Grenze.

Im selben Jahr erreichte die Verkabelung mit Alexandria das Mittelmeer. Von Alexandria aus wurden 1870 über das Rote Meer und den Indischen Ozean Bombay sowie Madras und Singapur angeschlossen. Von hier aus verlegte man weitere Kabel nach Shanghai und ein Jahr später nach Australien, Hongkong und Yokohama.

Das Nordatlantikkabel war bereits 1866 in Betrieb genommen worden und verband London über Irland und Neufundland mit New York. 1874 wurde England schließlich über Lissabon, Madeira und die Kapverdischen Inseln mit Brasilien und Argentinien verknüpft. Innerhalb von 20 Jahren waren durch die Unterwasserkabel drei Viertel der Welt telegrafisch miteinander verbunden und der größte Teil dieser Kabel gehörte britischen Unternehmen. In den folgenden Jahrzehnten sollten aber französische Kompanien im Mittelmeer und an der westafrikanischen Küste ebenso wie die Amerikaner weitere Unterwasserkabel im Atlantik, in der Karibik und in Südamerika sowie zwischen San Francisco und den Philippinen betreiben.

Die weltweite Verkabelung der Ozeane verkürzte die Dauer der Nachrichtenübermittlung radikal. Benötigte ein Brief in den Jahren 1866–1869 zwischen Indien und London 30–40 Tage und von Nordamerika nach London 14–17 Tage, so betrug die Zeitspanne zwischen der Absendung einer Nachricht über den Telegrafen und der Veröffentlichung in der Presse nach 1870 nur noch 2–3 Tage, egal ob die Mitteilung aus Indien oder Nordamerika stammte. Aufgrund der hohen Kosten – 1875 kostete die Übermittlung eines Wortes von Westindien nach Europa zehn Francs – machten von diesem Medium aber in erster Linie Nachrichtenagenturen und die Presse Gebrauch, die Wechselkurse und Warenpreise veröffentlichten und damit globale Markttransparenz herstellten. Entsprechend profitierten vor allem Bankiers und Kaufleute und damit Handels- und Finanzzentren wie London und New York vom Telegrafen. Aber auch Reeder konnten ihre in der Trampschifffahrt in Südostasien oder Südamerika tätigen Schiffe von Hafen zu Hafen dirigieren.

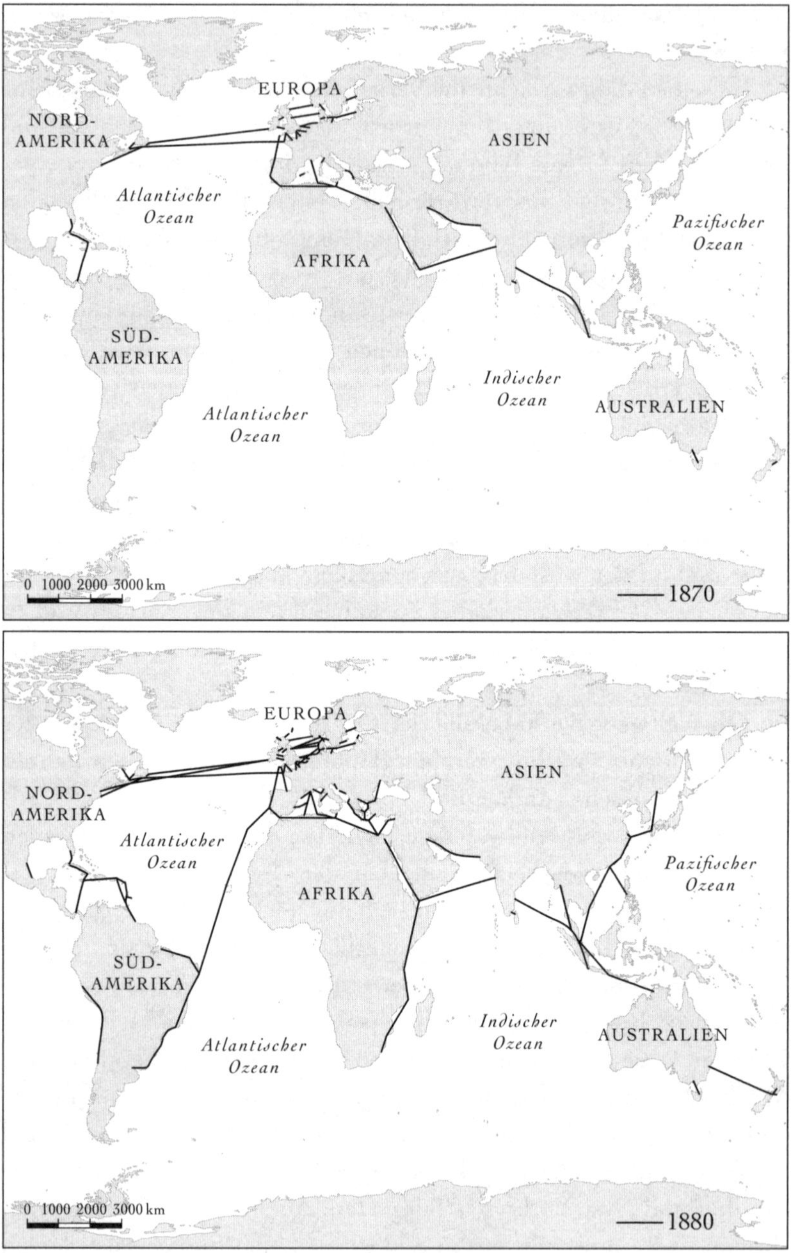

Karte 17: Seekabelverbindungen

Tabelle 2: Vergleich der Dauer von Informationsübermittlung/ Nachrichtenaustausch von London nach Übersee in Tagen[12]

Von London nach	Postversand 1866–1869	Übertragung mittels Golftelegrafen 1866–1869	Übertragung mittels Telegrafen 1870	Jahr des Anschlusses an das interkontinentale Telegrafensystem
Australien				
Sydney	60	–	4	1876
Neuseeland	65	–	4	1876
Asien				
Bombay	29	9	3	1870
Kalkutta	35	12	3	1872
Hongkong	51	29	3	1871
Madras	40	15	3	1870
Shanghai	56	30	4	1870
Yokohama	70	30	5	1871
Afrika				
Alexandria	11	5	2	1868
Kapstadt	30	–	4	1868
Lagos	12	–	3	1886
Madeira	8	–	2	1874
Nordamerika				
Galveston	17	–	3	1866
Montreal	14	–	2	1866
New Orleans	17	–	3	1866
New York	14	–	2	1866
Mittelamerika				
Barbados	26	–	4	1868
Havanna	24	–	4	1868
Jamaika	25	–	4	1868
Südamerika				
Bahia	15	–	3	1873
Buenos Aires	32	–	3	1875
Colombo	33	–	3	1875
Natal	36	–	4	1875
Rio de Janeiro	30	–	3	1875
Valparaíso	46	–	4	1875

Für die Mehrheit der Menschen war die Kommunikation mit dem neuen Medium unerschwinglich.[13] Daher blieb das alte Medium des Briefes, auch als später noch das Telefon für kurze mündliche Mitteilungen hinzukam, weiterhin konkurrenzfähig. Der Brief profitierte von der gewaltigen Portoverbilligung durch den Allgemeinen Postvereinsvertrag (1874) und die Gründung des Weltpostvereins (1878) einerseits sowie die Verkürzung der Brieflaufzeiten international und interkontinental durch Eisenbahn und Dampfschiff (Bahnpost-Postdampfer-Netze) andererseits. Den Überseepostverkehr unterhielten am Ende des 19. Jahrhunderts die internationalen Postdampfschifflinien, die nach geregeltem Fahrplan verkehrten und deren Zahl kontinuierlich anwuchs. Ein Beispiel für das steigende Postaufkommen bieten die deutschen Postdampferlinien der Hamburg-Amerikanischen Packetfahrt-Actien-Gesellschaft (HAPAG), des Norddeutschen Lloyd (Bremen) und des deutsch-amerikanischen Seepostdienstes, die 1895/96 auf 98 Reisen von New York nach Deutschland und 102 Reisen nach New York insgesamt etwa 15 Millionen Briefe, 250 000 Einschreibesendungen und 20 000 Säcke mit Drucksachen beförderten. Für die Dampfergesellschaften war dies ein gutes Geschäft, da sowohl die amerikanische wie die deutsche Postverwaltung hohe Beträge für die Beförderung der transatlantischen Post zahlten. Anders sah es auf den weniger stark befahrenen Strecken nach Afrika, in den Pazifik und nach China aus. Hier musste der Briefverkehr subventioniert werden. Die staatlichen Beihilfen zur Etablierung und Beschleunigung der Postbeförderung in entlegene Kolonien trugen zur weltweiten Verdichtung der Schifffahrtslinien bei, wobei Postverwaltungen die Fahrpläne, Routen und Geschwindigkeiten der Postdampfer (die gegebenenfalls auch Fracht und Passagiere beförderten) mitbestimmten.[14]

3. Auswanderung und Ausbeutung

Die Verkürzung der Überfahrtgeschwindigkeiten verknüpfte die Meere in einem bisher nicht dagewesenen Maße miteinander und setzte weltweite Bevölkerungsströme in Gang. In allen Teilen der Welt verließen jetzt Menschen freiwillig wie unfreiwillig per Schiff ihre Heimat, um neue Lebens- bzw. Arbeitsbedingungen zu suchen. Ab 1850 begaben sich etwa 55 Millionen Europäer über den Atlantik, von denen die Mehrheit in die Vereinigten Staaten von Amerika migrierte, aber auch rund 13 Millionen nach Lateinamerika ausreisten.[15] Zwischen 1880 und 1930 wanderten jeweils knapp vier Millionen Europäer nach Argentinien und Brasilien aus; mehrere Hunderttausend hatten als Ziel Kuba, Uruguay und Chile.[16] Die Mehrheit kam aus Südeuropa. Aber auch Deutsche, etwa aus dem Hunsrück und Pommern, siedelten in Südbrasilien. Hinzu kamen jüdische Immigranten, die der Verfolgung bzw. Diskriminierung in Europa entflohen, sowie ehemalige Bewohner des Osmanischen Reiches, die in Südamerika als *turcos* bezeichnet wurden. Chinesen und Italiener zogen teilweise als Saisonarbeiter nach Argentinien. Obwohl ein Teil der Europäer wieder zurückkehrte, trug ihre Mobilität doch zum Wachstum der Städte in Südamerika bei, die mit den Heimatländern – zum Beispiel mit Portugal, Spanien, Sizilien oder Neapel – eng verbunden blieben. Die Geldüberweisungen von Argentinien nach Europa machten wertmäßig ungefähr die Hälfte der argentinischen Fleischexporte aus. Neben europäischen Rückkehrern wurden ehemalige schwarze Sklaven im Zusammenhang mit Siedlungsunternehmen wie etwa in Monrovia, die mit vielen Hoffnungen verbunden waren, nach Afrika zurückgebracht. Brasilianische Behörden schoben nach der Revolte in Bahia 1835 ebenfalls Sklaven nach Afrika ab, wo sie schon bald sogenannte «brasilianische» Gemeinschaften bildeten.[17]

Die Abschaffung des Sklavenhandels durch Großbritannien im *Slave Trade Act* von 1807 setzte aber ganz neue Bevölkerungsströme in Bewegung. Um den entstandenen Arbeitskräftemangel auf den Plantagen für Zucker, Kaffee, Tee und Baumwolle sowie in den Minen und im Eisenbahnbau zu befriedigen, wurden Vertragsarbeiter aus Indien und China (sogenannte Kulis) angeworben und über weite Strecken auf den Weltmeeren transportiert, vor allem über den Pazifik, wo die Sterberate wie früher beim atlantischen Sklavenhandel

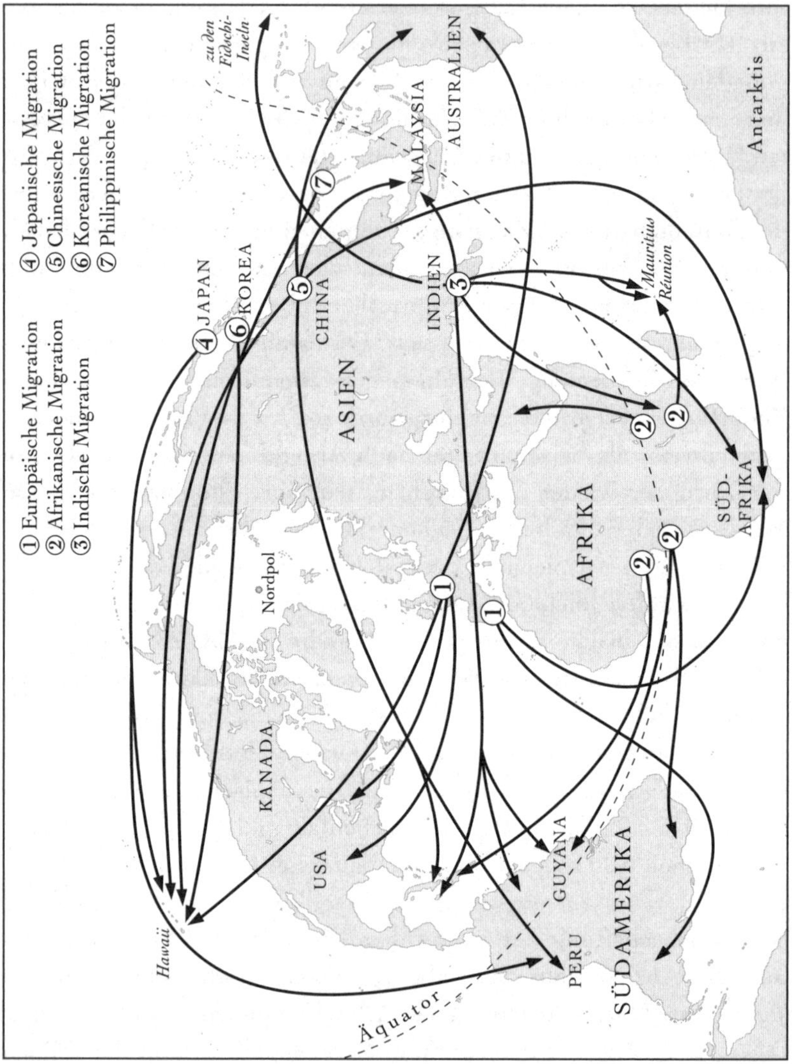

Karte 18: Globale Migration

bei 25 % lag. Obwohl die Kulis – der Name leitet sich vermutlich von Hindi *kūlī* (Lastträger) ab – theoretisch persönlich frei waren und einen festen Lohn erhielten, war ihre individuelle Situation aufgrund der schlechten Behandlung von der der Sklaven oft kaum zu unterscheiden. Während ein Teil der Kulis in ihre Heimatländer zurückkehrte, siedelten sich andere erfolgreich in den Arbeitsländern an und zogen weitere Arbeitsmigranten nach.

Im Raum des Indischen Ozeans hatte es in allen Epochen eine Migration der Kaufleute neben der Arbeitsmigration und der Sklaverei gegeben. Während diese weiter anhielt und Kaufleute aus Gujarat sich zum Beispiel nach Sansibar begaben, versuchten die Engländer, ein System der Zwangsarbeitsmigration (*indentured labour*) zu etablieren. Zunächst wurden 1500 indische Strafgefangene nach Mauritius (auf die Zuckerplantagen) geschickt. Danach folgte die Rekrutierung von Zwangsarbeitern aus Bengalen und von der Koromandelküste, die weiter nach Mauritius, Südafrika, Ceylon, Burma und Malaysia verbracht wurden. Nachdem Frankreich die Sklaverei 1848 abgeschafft hatte, wurden Kulis nach Réunion vermittelt; später holte man Arbeiter für den Bau der Ugandaeisenbahn. Die Kontrakte liefen meist für drei bis fünf Jahre, aber durch die Einbeziehung von Frauen begannen sich ehemalige Kulis dauerhaft anzusiedeln. Von den gut 450 000 Indern, die als Kulis zwischen 1834 und 1910 zur Arbeit in Mauritius verpflichtet wurden, kehrte nur ungefähr ein Drittel zurück nach Indien. Damit veränderte sich die Bevölkerungsstruktur in Mauritius, in der die Inder seit den 1870er Jahren zahlenmäßig dominierten.

Neben den längerfristig Verpflichteten halfen Millionen von indischen Arbeitern saisonal auf den Kaffee- und Teeplantagen Ceylons, bei der Reisernte in Burma oder auf den Zuckerplantagen in Natal aus. Aber auch besser ausgebildete Inder, wie der junge Rechtsanwalt Mohandas Gandhi, gingen nach Südafrika, um Karriere zu machen.[18]

Die andere große Arbeitsmigrantengruppe bestand aus Chinesen, die sowohl in Südostasien als auch in der Karibik sowie in Nord- und Südamerika schufteten. Auch in Südostasien gab es von alters her eine chinesische Kaufmannsdiaspora und in manchen Gegenden wie in Niederländisch-Indien betrieben chinesische Unternehmer Zuckerplantagen mit Sklavenarbeit. Daneben waren chinesische Arbeiter im Zinnabbau Malaysias und auf den Opiumplantagen wie zum Beispiel auf Java tätig.

Die Hauptumschlagplätze für Kulis und Arbeitsmigranten sollten die Häfen von Singapur und Hongkong werden. Singapur, das sich unter britischer Herrschaft von einem kleineren Hafen bis 1870 zu einer Metropole von knapp 100 000 Einwohnern entwickelt hatte, zog chinesische Händler, europäische Kaufleute und Reeder sowie Wanderarbeiter an. Diese stammten vor allem aus Fujian, Guangdong, Taiwan, Hainan sowie Kanton und unterzeichneten Arbeitskontrakte, in denen sie sich verpflichteten, das ihnen für die Überfahrt zum Arbeitsort vorgestreckte Geld abzuarbeiten (sogenanntes *credit-ticket system*). Für die Vermittler war der «Kulihandel» ein Geschäft, von dem auch Hongkong profitierte, das Singapur ab 1870 als wichtigsten «Auswandererhafen» insbesondere für Australien, Neuseeland und Nordamerika ablöste.

Die globale Migration chinesischer Kulis wurde von den Briten angekurbelt, die bereits 1806 200 Chinesen nach Trinidad in die Karibik brachten. Kuba, das im 19. Jahrhundert einen Boom seiner Zucker- und Kaffeeplantagen erlebte, schickte zur Anwerbung von Kulis selbständig Schiffe nach Amoy (Xiamen) in China, die am 3. Juni 1847 nach 131 Tagen auf See mit 206 chinesischen Arbeitern die heimische Küste erreichten. Sechs Chinesen hatten ihr Leben auf See verloren, sieben starben kurz nach der Ankunft. Danach nahmen in Kuba die Kuliimporte – zumeist aus Macao – zu und beliefen sich bis 1874 auf ca. 125 000 Personen. Weitere Chinesen (ca. 95 000) wurden nach Peru gebracht, wo sie überwiegend die menschenunwürdige Arbeit des Guanoabbaus auf den Chincha-Inseln verrichteten. Aufgrund der unzumutbaren Bedingungen – mehr als zwei Drittel der peruanischen Kulis starben vor Ende ihrer Dienstzeit – kam es häufig zu kleineren Aufständen gegen die chinesischen und ausländischen Agenten in den Häfen, auf den Schiffen und an den Arbeitsorten.[19]

Der Transport der chinesischen Migranten nach Australien, Ka-

Abb. 9: Kulis im Hafen von Singapur, Zeichnung von Charles Dyce, 1842

nada und in die Vereinigten Staaten erfolgte zunächst auf Segelschiffen, aber bereits in den 1860er Jahren wurden regelmäßige Dampfschiffrouten etabliert, die sowohl von den *New Zealand and Australia Royal Mail*-Dampfern als auch von der *Pacific Mail Steamship Company* bedient wurden, die jede Woche Schiffe von San Francisco nach Japan und China schickte. Chinesen stellten die Hauptgruppe der Passagiere ebenso wie der Crewmitglieder.[20] Die Auswanderung war mehr oder weniger freiwillig und erfolgte auf der Basis des oben genannten *credit-ticket system*. Die ersten chinesischen Arbeiter in Nordamerika arbeiteten auf den Goldfeldern Kaliforniens. Von 1863 an wurden sie beim Bau der *Central Pacific Railroad* und in den 1870er Jahren zur Anlage der Dämme im Sacramento-San Joaquin-Flussdelta eingesetzt.[21]

Da es sich bei den Arbeitern überwiegend um Männer handelte, entstand ein regelmäßiger Frauenhandel zwischen China und Kalifornien. Ein Beispiel ist das Schicksal von Yip Mun Chun, die von ihren Eltern in Guangzhou bereits im Alter von 14 Jahren verkauft worden war. Man brachte sie nach Hongkong und weiter nach San Francisco, wo sie als Prostituierte arbeitete. Später fand sie einen chinesischen Partner, der sie aber verließ, als er alle ihre Ersparnisse ausgegeben hatte. Verzweifelt reiste sie nach Hongkong zurück und arbeitete sich über verschiedene Bordelle bis zur Bordellbesitzerin hoch.[22]

Die grausame Behandlung der Kulis auf amerikanischen Schiffen führte im Jahr 1862 zu einem Verbot des ungebremsten Menschenhandels. So musste ein amerikanischer Konsul in Hongkong bescheinigen, dass die Kulis freiwillig das Land verlassen hatten. Da die Konsuln ohne größere Prüfungen Bescheinigungen ausstellten, ging die Migration – auch die Zwangsmigration von Frauen – mehr oder weniger unkontrolliert weiter. Bald aber rührten sich in den USA Stimmen gegen die «Überfremdung», die stellenweise in Unruhen mündeten und die Politik auf den Plan riefen. Zunächst versuchte man, die chinesische Arbeit in Kalifornien durch eine Besteuerung der Arbeiter unattraktiv zu machen. 1882 schließlich beschränkte der *Chinese Exclusion Act* die jährlichen Einwanderungszahlen für Chinesen von 30 000 auf 105 und 1902 wurde die chinesische Einwanderung völlig verboten. Eine Ausdehnung der Diskriminierung auf die japanische Bevölkerung konnte Präsident Theodore Roosevelt zunächst abwenden, indem er auf Japan einwirkte, die Auswanderung zu beschränken. Im Jahr 1924 wurde die gesamte asiatische Migration nach Amerika verboten und die europäische Einwanderung auf 2 % jeder bereits in den USA lebenden Nationalität limitiert.

In Australien und Neuseeland grassierte ebenfalls die Furcht vor Einwanderung, so dass 1899 und 1901 die Migration aus Asien eingeschränkt wurde.[23] In den Jahrzehnten zuvor hatte man in Australien aber keine Probleme damit gehabt, Zwangsarbeiter aus Melanesien für die Baumwoll-, Zucker- und Ananasplantagen zu rekrutieren. Neben Kuliverträgen für drei Jahre spielte der Menschenraub – das sogenannte *blackbirding* – eine Rolle, an dem sich einheimische Häuptlinge, die die Nachbarinseln überfielen, ebenso wie britische Kapitäne beteiligten. Obwohl das britische Parlament 1872 im *Pacific Islanders Protection Act* die Regulierung der Arbeitsrekrutierung beschlossen hatte, wurden die pazifischen Arbeiter weiterhin auf den Plantagen in Queensland ausgebeutet. Die Plantagenwirtschaft wanderte sogar weiter in den Pazifischen Ozean, wo die Könige auf Fidschi (König

Cakobau) und auf Hawaii (König Kamehameha III.) ausländisches Kapital zur Plantagengründung anzogen.[24]

Damit war eine kontinuierliche Arbeitsmigration verbunden. Während Tausende von Hawaiianern den Verlockungen des kalifornischen Goldes folgten, kamen zwischen 1870 und 1930 46 000 Chinesen, 20 000 Portugiesen, 180 000 Japaner, 8000 Koreaner, 5600 Puerto-Ricaner und 126 000 Filipinos größtenteils als Plantagenarbeiter nach Hawaii. Wenn eine Ethnie wie etwa die Japaner auf den Plantagen streikte, versuchten die Plantagenbesitzer sie durch eine andere Volksgruppe, zum Beispiel die Filipinos, zu ersetzen. Einige kehrten in ihre Heimat zurück oder zogen weiter in Richtung ihres großen Ziels Amerika.[25]

4. Schoner und Schleppnetz

Am 23. März 1870 berichtete der *Gloucester Telegraph* aus Portsmouth, New Hampshire, über die Fangmenge der einheimischen Fischer, die im Winter davor mit zehn Schiffen über eine Million Pfund Kabeljau gefangen bzw. im Hafen von Portsmouth angelandet hätten. Der Reporter meldete weiterhin, dass dazu 63 Meilen von Netzen mit mehr als 96 000 Haken ausgelegt worden seien. Der scheinbare Erfolg in Portsmouth verdeckt den Rückgang der Kabeljaufischerei in anderen Gegenden, zum Beispiel am Golf von Maine oder vor Nova Scotia, wo einheimische Fischer neben Neuengländern und Franzosen fischten. Hier machte man die besonders effektiven französischen Fabrikschiffe mit ihren Schleppnetzen für die sinkenden Fangzahlen verantwortlich.[26] Wir haben es also mit zwei gegenläufigen Trends zu tun, indem zurückgehende Fangzahlen mit immer aufwendigerer neuer Technik an derselben oder an anderer Stelle kompensiert wurden. Dies führte zur Überfischung der Gewässer, die als ökonomisches ebenso wie als ökologisches Problem erkannt wurde, sich aber durch die neuen Techniken verschärfte. Hierfür hat man den Ausdruck der Fischereirevolution geprägt.

Dieser Umbruch im Fischfang hing nicht, wie man meinen könnte, mit der Einführung der Dampftechnologie zusammen, denn die atlantische Fischerei wurde weiterhin weitgehend auf Segelschiffen und von dort aus operierenden Ruderbooten betrieben. Jedoch waren die neuen Schiffstypen wie Schoner und *Sharpshooter* größer und schneller als bisherige Boote und konnten aufgrund ihrer schärferen Schiffsform höher am Wind segeln.

Auch die Netze wurden jetzt vermehrt maschinell hergestellt und waren so dicht, dass sie nur wenige Fische entschlüpfen ließen. Diese Grundschleppnetze ermöglichten die Tiefseefischerei in demselben Maße, wie sie die Laichgründe bedrohten. Neben den traditionellen Fischen wie Kabeljau und Makrele machte man jetzt Jagd auf Speisefische wie Heilbutt, Schwertfisch und vor allem Sardinen. Auch der Hummerfang erreichte neue Dimensionen, was wiederum einen großen Bedarf an Ködern wie Muscheln, Heringen oder Flundern nach sich zog.

Innovative Formen des Vertriebs gingen mit der Fischereirevolution einher. Die Schiffe nahmen Eis mit an Bord und gekühlter Fisch wurde von den Häfen über die Eisenbahnnetze auf den Markt gebracht. Diejenigen Fische, die bisher nicht mit Salz konserviert werden konnten und nur frisch in den Hafenstädten verkauft wurden, erreichten jetzt die amerikanischen Metropolen und Fischhandelsfirmen spezialisierten sich auf die Vermarktung.[27] Die Nachfrage etwa der New Yorker Bevölkerung wuchs kontinuierlich an, so dass schlechte Fangjahre wie bei der Makrele 1885/86 die Preise in die Höhe schießen ließen. Entsprechend importierte man erstmals in großem Stil Makrelen aus Irland, wo dieser Fisch noch für niedrigere Preise angeboten wurde. Die Makrele, die man ebenfalls aus Südafrika bezog, wurde der wichtigste Importfisch in Amerika.[28]

Darüber hinaus dehnten britische Dampftrawler mit ihren Schleppnetzen ihren Aktionsradius immer weiter in Nordsee und Atlantik aus, um die wachsende europäische Bevölkerung mit Fisch zu versorgen. In Amerika war Fisch zu Beginn des 20. Jahrhunderts durch die Förderung der einheimischen Fischfangflotten ebenfalls überall verfügbar. Gleichzeitig belebte der Staat die Fischerei in Alaska und förderte die Ansiedlung neuer Arten im Pazifik, indem man beispielsweise per Bahn eiertragende Hummer von der Atlantikküste nach Seattle brachte und in den dortigen Gewässern aussetzte. Außerdem verlagerte sich die Heilbuttfischerei nach der Überfischung der Bestände im Atlantik nach Puget Sound (Washington) an die Westküste.[29] Im Pazifik wurde daneben weiterhin Walfang, insbesondere von Russen und Japanern, betrieben.[30]

Anders als in Europa und Nordamerika war Fisch in Ost- und Südostasien neben dem Reis das Hauptnahrungsmittel. Insbesondere in Südostasien nutzte die Bevölkerung nahezu alle Produkte des Meeres für das alltägliche Leben. Konsumiert wurde Fisch auf verschiedene Weise: Die Bewohner der Küste aßen frischen Fisch, während die Mehrheit der Bevölkerung ihn in konservierter Form genoss, da er in dem feuchtheißen Klima schnell verdarb. Dazu wurden die Fische meistens in der Sonne getrocknet, wobei Salz bei der Konservierung ebenfalls eine Rolle spielte. Daneben wurden verschiedene Pasten und Soßen auf der Basis von Fisch und anderen Meerestieren hergestellt. Fischrogen galt als Delikatesse und die Schwimmblasen (Glimmer) der Fische – insbesondere des Barramundi – waren als Grundlage für Medizin in China und Europa gefragt. In China war die Haifischflossensuppe beliebt und der Tran wurde zu Lampenöl verarbeitet. Die uns bereits aus dem Pazifik bekannten Seegurken galten als Delikatesse, Krokodilpenisse schätzten die Chinesen als Aphrodisiakum, während Seepferdchen auf den Molukken als Talisman Abnehmer fanden. Ambra, eine Ausscheidung des Pottwals, wurde in Europa zur Herstellung teurer Parfüms, in Asien als Medizin benutzt. Seeschildkröten waren ebenfalls vielfältig verwendbar; man fing sie wegen ihres Fleisches, ihrer Eier und vor allem wegen ihres Panzers, aus dem man das berühmte Schildpatt herstellte. Korallen und Perlmuscheln bildeten schließlich die wertvollsten Produkte des Meeres.[31]

Die Ausbeutung des Indischen Ozeans und des Süd- und Ostchinesischen Meeres hatte sich über die Jahrhunderte kaum verändert. Um die Mitte des 19. Jahrhunderts war nur ein kleiner Teil des Meeres betroffen, am stärksten die Gewässer, an deren Rändern die meisten Menschen lebten und die Gegenden, in denen besonders wertvolle Meerestiere vorkamen. Fisch war im Überfluss vorhanden und es bestand keine Notwendigkeit, ihn über längere Distanzen zu transportieren. Das Ökosystem war noch nicht bedroht. Erst um 1900 nahm die Vermarktung einen größeren Umfang an, als Fisch etwa von Selangor oder Malakka mit Eis auf dem Bahnweg nach Kuala Lumpur transportiert wurde. Dampfschiffe konnten über größere Distanzen Salz zur Konservierung dorthin bringen, wo Fisch in reichem Maß vorhanden war. Das chinesische Handelsnetzwerk exportierte von Singapur aus Trockenfisch und getrocknete Krabbenpaste (Belacan) nach ganz Südostasien. Einflussreicher war die Industrialisierung Japans, durch die eine vermehrte Fischnachfrage für die wachsende Bevölkerung der Städte (Industriearbeiter) entstand. So zahlte die japanische Regierung hohe Subventionen, um den heimischen Fischfang an den eigenen Küsten sowie in Südostasien und im Südpazifik anzukurbeln. Hierzu gehörten Expeditionsschiffe, die ozeanografische ichthyologische Informationen aus den weniger bekannten Regionen zusammentragen sollten, sowie die Anlage von Fischereischulen. Entsprechend operierten japanische Fischer nicht nur in Manila und Singapur, sondern auch in Malaysia, Niederländisch-Indien und in Siam. Außerdem nahmen europäische Perlenkompanien überwiegend japanische Taucher unter Vertrag.

Der Fischkonsum in Südostasien scheint sich bis in die 1930er Jahre kaum erhöht zu haben. Der Fischfang verlagerte sich zwar in den Golf von Thailand oder die Straße von Malakka und japanische Fischer steigerten ihre Ausbeute in den philippinischen Gewässern, aber Nachfrage und Preise blieben stabil.

Ansätze der industriellen Fischerei und der Überfischung, wie wir sie im Atlantik kennengelernt haben, finden sich hier erst nach dem Zweiten Weltkrieg mit dem Aufstieg der Trawler-Fischerei.[32]

5. Der Kampf um die Seeherrschaft

Mit dem Sieg Großbritanniens über Napoleon, der in der Schlacht bei Trafalgar 1805 einen symbolischen Ausdruck fand, war die britische Herrschaft zur See dauerhaft etabliert. Nach der Übernahme der niederländischen Besitzungen (Südafrika, Ceylon, Malakka) am Indischen Ozean wurde dieser zum *British Lake.*

Großbritannien verfügte dort nun über eine Kette von Häfen und Stützpunkten, die ständig ausgebaut und mit indischen *Sepoys* bemannt werden sollte.[33] Neben den alten Zentren wie Kalkutta, Bombay und Madras kamen erst Kapstadt, Mauritius, Colombo und später Durban, Aden, Karatschi, Singapur, Hongkong sowie Fremantle in Australien hinzu. Moderne Hafenanlagen mit Eisenbahnverbindungen erschlossen das Hinterland und über den Suezkanal wurde das Mutterland enger mit den Kolonien verbunden. Zur Sicherung dieser Route erhielten die britischen Stützpunkte im Mittelmeer – Gibraltar und Malta – eine neue strategische Bedeutung. Diese Entwicklung führte ebenfalls zur Militarisierung der Meere, wobei die dampfbetriebenen Kriegsschiffe die Durchsetzung der britischen Hegemonie erleichterten.[34]

Im Opiumkrieg, den Großbritannien gegen China führte, um den chinesischen Markt für Rauschmittel dauerhaft zu öffnen, brachten 1840 Dampfschiffe wie die HMS *Nemesis* den entscheidenden Vorteil, weil sie die Flüsse und Kanäle hinauffahren konnten. Sie vernichteten die chinesischen Kriegsdschunken und bedrohten die Hauptstadt Peking. Daraufhin sah sich der Kaiser der Qing-Dynastie gezwungen, einen ungleichen Vertrag zu unterschreiben und damit Kanton, Xiamen, Fuzhou, Shanghai sowie Ningbo als Vertragshäfen für die Europäer zu öffnen sowie Hongkong an die Briten abzutreten.

Rund ein Jahrzehnt später lief der amerikanische Kommodore Matthew C. Perry mit einer Kanonenbootflotte in Tokyo ein, um Japan für den amerikanischen Handel zu öffnen. Es folgte die sogenannte Meiji-Restauration, in der die Shogune ihre Macht verloren und die kaiserlichen Behörden ein Reformprogramm in Angriff nahmen. Japan adaptierte westliche Technologie und baute den Feudalstaat zum Industriestaat um. Hierzu gehörte der Aufbau einer Marine, die zunächst 1894/95 China im Krieg um Korea besiegte. In Europa sah man den Aufstieg der japanischen Seemacht mit Argwohn. Auseinandersetzungen mit Russland führten zum Russisch-

Japanischen Krieg (1904/05). Nachdem sich die russische Marinebasis Port Arthur den Japanern Anfang 1905 ergeben hatte, wurde im Mai 1905 auch die russische Ostseeflotte, die sich in Libau auf den Weg um Afrika in den Pazifik gemacht hatte, von der japanischen Marine bei Tsushima vernichtet. Diese Niederlage war der Auslöser für die Russische Revolution von 1905.

Obwohl Großbritannien mit der *Royal Navy* über die größte Kriegsflotte der Welt verfügte, war der Pazifik zunehmend eine Domäne der Amerikaner, die im Sinne der Monroe-Doktrin auch die Karibik und den Südatlantik als ihr Einflussgebiet betrachteten. Neben den Philippinen wurden Guam, Hawaii und Puerto Rico besetzt.

Ein Ausdruck der amerikanischen Ambitionen, sowohl im Atlantik als auch im Pazifik eine führende Rolle zu spielen, war der Panamakanal. Nachdem ein erster Versuch von Ferdinand de Lesseps, dem Erbauer des Suezkanals, in den 1880er Jahren an der malaria- und gelbfieberverseuchten Sumpflandschaft gescheitert war, unternahmen die Vereinigten Staaten unter Präsident Theodore Roosevelt einen erfolgreichen zweiten Anlauf, der zur Eröffnung des Kanals 1914 und zur Kontrolle der Kanalzone durch die Amerikaner bis 1979 führte.[35]

Theodore Roosevelt war ein gelehriger Schüler Alfred Thayer Mahans. In seinem Buch *The Influence of Sea Power upon History* (1890) machte Mahan seine Erfahrungen auf Blockadeschiffen der Union während des Amerikanischen Bürgerkrieges und seine Bewunderung für die britische Seemacht zum Gegenstand einer theoretischen Abhandlung. Für Mahan beruhte die Seemacht auf den maritimen Handels- und Kommunikationsverbindungen, die durch die Marine geschützt werden mussten, wobei Kolonien und Stützpunkte zu diesem Zweck eine Infrastruktur boten.[36]

Mahan wurde nicht nur in Großbritannien eifrig rezipiert, wo man sich durch ihn bestätigt fühlte, sondern auch in der Marineakademie Japans und im Deutschen Kaiserreich im Kreise von Alfred Tirpitz. Tirpitz wollte mit dem Aufbau einer Schlachtflotte dem imperialen Nachzügler Deutschland zu einer «gleichberechtigte[n] Stellung in der Welt»[37] verhelfen. Durch den Bau einer Flotte von 60 Großkampfschiffen sollte Deutschland in der Lage sein, Großbritannien militärisch zur See zu besiegen.

Damit begann ein maritimes Wettrüsten, in dem England durch die Einführung der – nach ihrem Prototyp HMS *Dreadnought* – sogenannten Dreadnought-Klasse einen uneinholbaren Vorsprung gewann. Gedacht dazu, Deutschland und andere Mächte aufgrund der besonders hohen Kosten des Dreadnought-Programms vom Rüstungswettlauf abzuhalten, wurde das Gegenteil bewirkt. Deutschland reagierte mit dem Bau von vier Schiffen der sogenannten Nassau-Klasse. Gleichzeitig versuchte Reichskanzler Bülow, sich auf der politischen Ebene mit England zu verständigen.[38] Als diese Versuche scheiterten und England sein Flottenprogramm weiterhin ausbaute, dachte Tirpitz trotzdem noch immer daran, den Rüstungswettlauf zu gewinnen. Dass sich dies als Illusion erwies, zeigt der Beginn des Ersten Weltkrieges: Die britische Marine blockierte erfolgreich das Auslaufen der deutschen Flotte aus ihren Stützpunkten und die unentschiedene Schlacht vor dem Skagerrak brachte keinen greifbaren Erfolg. Der uneingeschränkte U-Bootkrieg gegen Kriegsgegner wie Neutrale musste nach der Torpedierung des Passagierdampfers RMS *Lusitania* mit rund 1200 Todesopfern aufgrund der Proteste in der amerikanischen Öffentlichkeit ebenfalls eingestellt werden. Die verzweifelte Wiederaufnahme des uneingeschränkten U-Bootkrieges 1917 unter anderem gegen amerikanische Handelsschiffe führte zum Eintritt der Vereinigten Staaten in den Weltkrieg sowie letztlich zur Niederlage des Kaiserreiches und zur Revolution, die die Kieler Matrosen mit ihrem Aufstand im November 1918 in Gang setzten.[39]

Die maritime Dimension des Ersten Weltkrieges reichte aber weit über die deutsche Perspektive hinaus. Britische und französische koloniale Truppen wurden zu Schiff von Afrika und Asien nach Europa transportiert. Das berühmteste Beispiel ist wohl der Versuch der britischen Admiralität, das Osmanische Reich an seiner vermeintlich schwächsten Stelle anzugreifen. So wurde ein großes Kontingent von Soldaten aus Australien und Neuseeland an die Dardanellen verlegt, um den Zugang zum Schwarzen Meer zu öffnen. Der Versuch endete mit dem Rückzug der Briten, Australier und Neuseeländer. Mit über 200 000 Toten und Verwundeten auf beiden Seiten ging die Schlacht von Gallipoli als eine der blutigsten militärischen Auseinandersetzungen in die Geschichte ein. Sie ist aber gleichzeitig ein Erinnerungsort für das militärische Selbstbewusstsein und wird in Australien und Neuseeland als *ANZAC-Day* jährlich gefeiert.[40]

6. Die Neuentdeckung des Meeres

Parallel zur Beschleunigung des Schiffsverkehrs und der Ausbeutung und Militarisierung setzte eine Neuentdeckung des Meeres ein, die wir als romantische Sehnsucht bezeichnen können. Das Meer wurde zum Sehnsuchtsort. Die romantische Neuentdeckung des Meeres im 19. Jahrhundert traf sich mit den Empfehlungen der Ärzte, die den Aufenthalt an der See wegen ihres Anblicks und der sauberen frischen Luft als nützlich für die Gesundheit und die Erholung des Städters herausstellten.

Während sich Badereisen zu Heilbrunnen im Binnenland seit dem 16. Jahrhundert einiger Beliebtheit erfreuten und im 18. Jahrhundert eine Modeerscheinung wurden, entstanden Seebäder in größerer Zahl erst in der zweiten Hälfte des 18. Jahrhunderts. Der Vorreiter dieser Entwicklung war England, wo der Arzt Richard Russel in seiner vielfach aufgelegten Schrift *A Dissertation concerning the Use of Sea Water in Diseases of the Glands* die innerliche und äußerliche Anwendung von Meerwasser bei zahlreichen Krankheiten wie Rheuma, Skorbut, Gonorrhö, Herpes und Geschwüren empfohlen hatte.[41] Als Erste luden die Hafenstädte Whitby und Scarborough um 1720 zum öffentlichen Baden ein, schon bald aber verlagerte sich der Badebetrieb an die englische Südküste. Insbesondere Brighton, Harwich, Margate, Southampton, Weymouth und Plymouth begründeten eine neue Badekultur. Diese strahlte schnell nach Europa aus – über den Kanal nach Scheveningen, Boulogne, Dieppe sowie an die französische und italienische Riviera. Dieppe und Brighton waren die Bäder der europäischen Aristokratie, die sich hier über einen längeren Zeitraum aufhielt und sich oftmals um ein Mitglied der königlichen Familie scharte, worüber die Lokalpresse wiederum interessiert berichtete.[42]

Aber auch in den Vereinigten Staaten sowie in Australien und Südafrika boten die Küsten Gelegenheit zum Baden, das dort nicht länger auf die Badewagen beschränkt war, sondern wie im 20. Jahrhundert eine neue Strandkultur – wie das *surf bathing* (das Baden in der offenen Brandung) in Australien – hervorbrachte.

In Deutschland stellte Georg Christoph Lichtenberg nach der Rückkehr von einer Englandreise 1793 die Frage: «Warum hat Deutschland noch kein größeres öffentliches Seebad?» Er stieß damit eine Debatte über Vor- und Nachteile der Nord- und Ostsee als Standort eines solchen Bades an. Während die Befürworter der Nordsee den höheren Salzgehalt hervorhoben, sahen die Anhänger der Ostsee das Ausbleiben der Gezeiten und eine gleichmäßige Wassertemperatur als vorteilhaft an. Die Initiative aber ergriff Samuel Gottlieb Vogel, der Leibarzt von Großherzog Friedrich Franz I. von Mecklenburg-Schwerin. Er überzeugte den Fürsten von der Anlage eines Seebades. Als Friedrich Franz am 22. Juli 1793 mit seinem Gefolge und seinen Beamten ein erstes Meerbad in Heiligendamm bei Doberan nahm, war die Gründung von Heiligendamm symbolisch besiegelt.[43] In den folgenden Jahren entstanden hier Wohn-, Gesellschafts- und Kulturbauten, die – wie das Salongebäude (1802), das Große Palais (1806–1809) oder die Pavillons – der Langhans-Schüler Carl Theodor Severing entwarf. Daneben wurden Badeeinrichtungen und Unterkünfte für die steigende Zahl der Ostseetouristen errichtet. In der ersten Hälfte des 19. Jahrhunderts besuchten durchschnittlich 1200 Gäste jährlich das Seebad, wobei nicht alle badeten. Denn der Aufenthalt der landesfürstlichen Familie und anderer Vertreter des europäischen Hochadels bildeten ebenfalls eine touristische Attraktion. Gleichzeitig hatte Heiligendamm inzwischen Konkurrenz bekommen, da Seebäder an Nord- und Ostseeküste wie Pilze aus dem Boden schossen: Norderney (1797), Travemünde (1802), Warnemünde (1805), Spiekeroog (1809), Putbus (1816), Binz (1825), Juist (1840).

Einen regelrechten Aufschwung nahm der Bäder-Tourismus im östlichen Ostseeraum in den 1820er und 30er Jahren von russischer Seite.[44] Nachdem Auslandsreisen für die Bewohner des Zarenreiches erschwert worden waren, orientierten sie sich auf die Küstenstädte Finnlands und der Ostseeprovinzen. Die Petersburger verbrachten den Sommer in Helsinki oder weiter südlich am Meer. Es entstand eine touristische Infrastruktur mit charakteristischen aus Holz gebauten Hotels, so zum Beispiel in Pernau, Hapsal, Kuressaare auf Ösel, Hanko in Uusimaa oder Öregrund in Roslagen. Mit der Zeit wurden diese teilweise durch Steinbauten ersetzt, wenn nicht wie in Saltsjöbaden (bei Stockholm), Kulosaari bei Helsinki, Skodsborg im Sund, Binz auf Rügen, Heringsdorf auf Usedom oder Zoppot bei Danzig sogar prachtvolle Luxushotels entstanden.

Die Sommerfreizeit gab darüber hinaus dem Segelsport Auftrieb. Überall wurden Yachtclubs gegründet und Regatten veranstaltet. Die Pavillons der Yachtclubs prägten die Ostseeküste und verliehen Riga-Strand (seit 1920 Jūrmala) ein maritimes Flair. Der aus England entlehnte Segelsport stand in engem Zusammenhang mit der Aufrüstung der Flotten und dem zunehmenden Prestige der Marine vor dem Ersten Weltkrieg. Ein gutes Beispiel ist die Hafenstadt Kiel, die zum Reichskriegshafen der insbesondere unter Kaiser Wilhelm II. schnell wachsenden Kriegsflotte und zur maritimen Waffenschmiede ausgebaut wurde. Hier fanden seit 1882 regelmäßig Regatten auf der Förde statt. 1887 gründeten Offiziere und Beamte der Marine den Marine-Regatta-Verein, dem Kaiser Wilhelm II. 1893 als Ehrenvorsitzender (Kommodore) den Titel «Kaiserlicher Yacht Club» verlieh. Der Kaiser wie sein Bruder Heinrich besuchten regelmäßig die seit 1894 sogenannte «Kieler Woche» und förderten den Segelsport, der sich in Deutschland am Kieler Yacht-Club orientierte.

In Russland verlieh die Zarenfamilie dem Sport ebenfalls Prestige, indem sie die Schirmherrschaft über die kaiserliche «Flußsegelgesellschaft von St. Petersburg» übernahm. Vor dem Ersten Weltkrieg wurde es schließlich Mode, dass sich die regierenden Häupter auf See trafen, so Nikolaus II. und Wilhelm II. 1905 auf Björkö und zwei Jahre später in Swinemünde. Auch der englische König Edward VII. reiste 1908 mit seiner Yacht nach Reval, um Nikolaus II., seinem Cousin, seine Aufwartung zu machen.[45]

Darüber hinaus regten die Sommeraktivitäten der Königshäuser die neue Gattung der Vergnügungsreise für ein bürgerliches Publikum an. So machten die Reisen Wilhelms II. mit seiner Yacht *Hohenzollern* nach Norwegen die Nordlandfahrten attraktiv, die vom Norddeutschen Lloyd und der HAPAG seit den 1890er Jahren organisiert wurden. Ungefähr zur selben Zeit boten britische, niederländische und französische Reedereien mehrwöchige Schiffsreisen an, die sich an die neue Zielgruppe der Vergnügungsreisenden wandten.

Dazu wurden die Schiffe, die bisher dem Auswanderertransport vorbehalten waren, umgebaut und von in der Hotelausstattung erfahrenen Innenarchitekten gestaltet. Die Hauptklientel bildeten Amerikaner, die von New York aus nach Großbritannien reisten und sich von dort aus auf den Weg nach Paris, den Rhein entlang oder in die Alpen bzw. nach Italien begaben.[46] Künstler und Schriftsteller machten ebenfalls von diesem Angebot Gebrauch. So bereisten italienische Opernkompanien mit dem Dampfschiff den Pazifik sowie den Indischen Ozean und traten in den wichtigsten Hafenstädten wie zum Beispiel Manila, Macao, Hongkong, Singapur und Batavia auf.[47] Auch der bengalische Lyriker Rabindranath Tagore hatte bereits vor seiner Auszeichnung mit dem Literaturnobelpreis (1913) über den Indischen Ozean eine Erholungsreise nach England und in die USA unternommen. 1916 während des Ersten Weltkrieges begab er sich von Indien aus nach Burma und dann weiter mit dem Dampfschiff über Südostasien nach Japan und von dort nach Nordamerika. 1924/25 reiste Tagore über den Indischen Ozean, den Suezkanal, und das Mittelmeer nach Marseille und von dort nach Buenos Aires. Die Rückreise nutzte er zu einem längeren Besuch Italiens, bevor er wieder in seine Heimat zurückkehrte.[48]

Wer nicht auf Seereise ging, genoss Meer und Luft im Sommerhaus, sei es in seiner *bastide* an der französischen Mittelmeerküste oder in der Schärenlandschaft der Ostsee. Wenn es nicht zum eigenen Haus reichte, boten Fischer und Schiffer Pensionsgästen während des Sommers Unterkunft.

Das Schärenidyll avancierte zu einem wichtigen Motiv der Ostseekunst. Anders Zorn malte das Sommerleben vor Stockholm und Albert Edelfelt fing die Stimmung der Schären von Uusimaa ein.[49] So beeinflussten sich Natur- und Kunsterlebnis wechselseitig.

Künstler wie die Impressionisten Camille Pissarro und Eugène Delacroix suchten wiederholt die neuen Badeorte auf; andere ließen sich am Meer nieder, um sich von der See und dem Leben der Fischer inspirieren zu lassen. So widmeten sich die dänischen Maler in Skagen – wo Nord- und Ostsee zusammentreffen – der Darstellung von Licht und Wasser sowie der arbeitenden Bevölkerung an der Küste. Michael und Anna Ancher, Viggo Johansen, P. S. Krøyer, Marie Krøyer, Christian Krohg, Carl Locher, Karl Madsen und Lauritz Tuxen wurden so zu Wegbereitern des dänischen Impressionismus.

Der berühmteste Seemaler des 19. Jahrhunderts, William Turner, mietete sich regelmäßig in Margate ein und fuhr mit auf das Meer, um unterschiedliche Eindrücke zu sammeln. Eines seiner bedeutendsten Bilder – *Snow Storm – Steam-Boat off a Harbour's Mouth making Signals in Shallow Waters, and going by the Lead. The Author was in this Storm on the Night the «Ariel» left Harwich* – zeigt ein Dampfschiff, auf dem der Maler vorgibt, selbst an Bord gewesen zu sein. Wir sehen das Schiff im Kampf mit den Kräften der Natur und den Versuch, diese mit neuer Technik zu beherrschen.

Auch der an der Ostseeküste aufgewachsene Caspar David Friedrich, der «Erfinder» der nordischen Romantik, hat den sehnsüchtigen Blick über das Meer ebenso dargestellt wie den Blick vom Meer auf das Land. Während seines Studiums an der Kopenhagener Akademie lernte er Joseph Vernets Schiffsbilder aus dem Mittelmeer kennen und wurde von den Meerlandschaften seines Lehrers Jens Juel inspiriert. So bildet Friedrich in Gemälden wie dem *Segler* nicht nur die ferne Stadt am Ufer, sondern auch die dorthin Schauenden auf dem Schiff ab. Im *Mönch am Meer* wird das Wasser zu einer Projektionsfläche für das betrachtende Subjekt. Sein *Eismeer* schließlich ist ohne die zeitgenössischen Berichte arktischer Expeditionen kaum denkbar.

Einen großen Schritt weiter ging Paul Gauguin, den seine Sehnsucht von der Bretagne und der Provence über die Karibik bis in die

Südsee führte und der mit seinen «exotischen» Gemälden zum Begründer des Expressionismus avancierte.

Für den Norweger Edvard Munch war sein Küstenerlebnis in Warnemünde, wo das großformatige Bild *Die Badenden* entstand, von ähnlicher Bedeutung wie für die Expressionisten Max Pechstein und Karl Schmidt-Rottluff, die über zwei Jahrzehnte ihre Sommer an der Ostsee verbrachten.

X.
Gefahren und Gefährdung

«Am Samstag fuhr ich zum Fischen in der Gegend von Pulau Weh, einer Insel vor Aceh, und wir verbrachten die Nacht dort. Wir waren auf dem Rückweg zum Festland [Sumatra], als unsere Boote zu tanzen begannen. Danach konnten wir eine riesige Welle in der Entfernung sehen. Sie war außergewöhnlich; ungefähr 20 Meter hoch. Eine andere Bootsmannschaft, die das Land ansteuerte, rief uns zu, umzukehren und aufs offene Meer zu fahren. Drei Wellen gingen über uns hinweg und mittags bekamen wir einen Funkspruch, der uns zum Retten von Opfern aufforderte. Auf dem Weg zurück sahen wir Körper im Wasser treiben; es war unglaublich. Wir nahmen mehrere Überlebende an Bord. Als wir an Land ankamen, sahen wir, dass es übersät mit Trümmern war. Wir halfen den ganzen Tag, Menschen zu retten. Vor Einbruch der Dunkelheit kehrte ich zu meinem Haus in dem Dorf Kampoeng Jawa zurück. Traurigerweise war mein Haus fortgespült worden. Ich hatte meine Frau und meinen Sohn verloren und wusste nicht, was ich tun sollte. Ich ging zur großen Moschee, schlief dort auf der Terrasse und die Beben hielten die ganze Nacht an.»[1]

Mahyuddin

Dieser Bericht des Fischers Mahyuddin ruft die jüngste Katastrophe im Indischen Ozean in Erinnerung. Am 26. Dezember 2004 löste ein Seebeben der Stärke neun vor der Küste Sumatras einen Tsunami aus, der unzählige Siedlungen am Indischen Ozean zerstörte. Ein Tsunami – das Wort bedeutend im Japanischen «Hafenwelle» – war im Indischen Ozean nicht unbekannt, aber eine relativ seltene Erscheinung. Jedoch überstieg der Tsunami von 2004 alle bisherigen Vorstellungen. Die Welle richtete Zerstörungen in Indonesien, Malaysia, Thailand, Myanmar, Bangladesch, Indien, Sri Lanka, auf den Malediven, in Kenia, Tansania und Somalia an. Mehr als 200 000 Menschen starben und rund zwei Millionen wurden obdachlos. Die Auswirkungen waren auch im Pazifik zu spüren. Ein weltweites Medienecho erlebte der Tsunami insbesondere dadurch, dass rund 2000 – vor allem europäische – Weihnachtsurlauber an den Stränden zu Tode kamen.[2]

Eine vergleichbare mediale Aufmerksamkeit haben in jüngster Zeit erst wieder ertrunkene Menschen gefunden, die die Flucht über das Mittelmeer nach Europa nicht überlebten. Während das Meer für den Menschen noch immer Gefahren birgt, gefährdet inzwischen der Mensch selbst das Meer in weitaus größerem Maße und auf vielfältige Weise. Dazu zählen der steigende weltweite Schiffsverkehr ebenso wie die industrielle Ausbeutung, die CO_2-Emission, Krieg und Atomversuche.

1. Pearl Harbor und Bikini

Die im Ersten Weltkrieg begonnenen militärischen Auseinandersetzungen zur See erreichten im Zweiten Weltkrieg eine neue Dimension. Zwar war das nationalsozialistische Deutschland zunächst in der Lage, mit U-Booten die Versorgungskonvois der Alliierten zu gefährden. So versenkten sie im November 1942 725 000 Tonnen alliierter Schiffe und bedrohten die Versorgung Großbritanniens. Im Laufe des Jahres 1943 nutzten die Alliierten aber die gewonnene Lufthoheit im Nordatlantik, neue Radarsysteme und das Entschlüsseln des deutschen Marinecodes (Enigma) dazu, die Aktivitäten der deutschen U-Bootflotte weitgehend zu beschränken.

Die grundlegenden Veränderungen traten im Pazifikraum ein, wo Japan vom Dezember 1941 an die Philippinen, das britische Malaysia sowie Niederländisch-Indien besetzte. Der Versuch, in einem Überraschungsangriff die vor Pearl Harbor in Hawaii vor Anker liegende amerikanische Pazifikflotte zu zerstören, gelang nicht vollständig. Zwar zerstörten und beschädigten japanische Flugzeuge 21 Schiffe und töteten rund 2500 Seeleute und Zivilisten, aber die amerikanischen Flugzeugträger waren während des Angriffs auf See gewesen und auch die Kraftstoff- und Nachschubversorgung blieb intakt. Entsprechend sollten sich die Flugzeugträger als wichtige neue Waffe während des Einsatzes im Pazifik erweisen. Sowohl aus der Schlacht im Korallenmeer (7. und 8. Mai 1942) als auch aus der um Midway (4. bis 7. Juni 1942) gingen die Amerikaner als Sieger hervor. Von Flugzeugträgern aus operierend konnten amerikanische Piloten zunächst die weitere japanische Invasion stoppen sowie den Aktionsradius der japanischen Marine durch die Zerstörung mehrerer Flugzeugträger und von rund 300 Flugzeugen beschneiden. Danach war der Weg frei für die amerikanische Rückeroberung des Pazifiks, die mit dem Abwurf der ersten Atombomben *Little Boy* am 6. August 1945 auf Hiroshima und *Fat Man* auf Nagasaki am 9. August ihr Ende fand.

Aber selbst nach dem amerikanischen Sieg wurde die Militarisierung des Pazifikraums fortgesetzt. Die amerikanische Marine entdeckte das «unbewohnte» Bikini-Atoll als idealen Platz für künftige Atomtests. Von 1946 bis 1958 zündeten die Vereinigten Staaten 67 Atombomben auf Bikini sowie dem Enewetak-Atoll, da sie von Schifffahrtsverbindungen weit entfernt waren. Zuvor hatte man die Inselbewohner gebeten, ihre Wohngebiete zu verlassen, und siedelte sie nacheinander auf verschiedenen Atollen an, ohne ihnen aber eine neue Lebensgrundlage zu verschaffen. Den Bikini-Bewohnern fehlte eine Lagune zur Ausübung ihres traditionellen Fischfangs und Versorgungsschiffe konnten die Inseln wegen der stürmischen Wellen oft nicht anlaufen. Sie forderten daher die Rückkehr auf ihr angestammtes Atoll, aber schon bald zeigten sich die tödlichen Folgen der Atomtests: Da die Einwohner die radioaktiv verseuchten Fische, Krabben und Kokosnüsse zu sich nahmen, häuften sich Fehlgeburten und Missbildungen der Neugeborenen.

Daraufhin wurden die Insulaner einmal mehr umgesiedelt, insbesondere nach Kili, das zu den Marshall-Inseln gehört. Hier sind die überlebenden Bikini-Bewohner und ihre Nachkommen jetzt Opfer des Klimawandels, da das niedrig gelegene Kili regelmäßig überflutet wird, das Meerwasser so in das Grundwasser eindringt und dieses unbrauchbar für Mensch und Landwirtschaft macht.

Während Amerika seine Tests im Pazifikraum 1963 einstellte, begann Frankreich 1966 mit seinen dortigen Atomtests und schreckte auch nicht vor der Versenkung des Greenpeace-Schiffes *Rainbow Warrior* 1985 in Auckland zurück. Bereits seit den 1970er Jahren hatten Neuseeland und Australien gegen die französischen Atomtests protestiert und die Anti-Atombewegung breitete sich schnell aus. Die Versenkung der *Rainbow Warrior* gab der Bewegung weltweite Aufmerksamkeit, so dass Frankreichs Präsident Jacques Chirac 1996 seinen Plan aufgeben musste, die 1974 beendeten französischen Tests wieder aufzunehmen.

Die Anti-Atombewegung für einen atomwaffenfreien Pazifik vereinigte eine Vielfalt von politischen Gruppen, die sich gleichermaßen gegen die Atomtests wandten, wie sie die Unabhängigkeitsbewegungen kleiner Völker im Pazifikraum unterstützten. Dennoch behielten die Vereinigten Staaten ihre dominierende Position in dieser Region, indem sie ihre Marine- und Luftwaffenstützpunkte in Kalifornien, Hawaii, auf den Philippinen und in Japan miteinander verbanden. Als 1992 aufgrund politischen Drucks die Basis *Subic Bay* auf den Philippinen geschlossen werden musste, wurden die Truppen nach Guam verlegt.[3]

Nachdem sich durch das Ende des Kalten Krieges die Konfrontation der Großmächte zur See reduziert hat, stellt die Piraterie die internationale Schifffahrt vor neue Herausforderungen. Während im Falle der Straße von Malakka die Kooperation der Anrainerstaaten die Bedrohungen für den Schiffsverkehr reduzierte, kam es im Bereich des westlichen Indischen Ozeans, insbesondere an der Küste von Somalia, seit 2005 zu einem regelrechten Aufschwung der Piraterie. Zum Schutz der freien Schifffahrt und der UN-Hilfslieferungen für Somalia entschloss sich die EU zur Durchführung einer Marineoperation, die Piratenangriffe abwehren und die Infrastruktur der Piraten zerstören sollte. Zusätzlich zur militärischen Präsenz können aber nur regionale Abkommen die Piraterie dauerhaft bekämpfen.[4]

Weitere Konflikte zur See ergeben sich aus den Ansprüchen auf vermeintliche Rohstoffvorkommen. Ein Beispiel ist die Gruppe der Spratly-Inseln, die sich im Südchinesischen Meer auf einer Länge von gut 1000 km erstreckt. Sie werden nicht nur von Vietnam und der

Volksrepublik China beansprucht, sondern auch von Malaysia, den Philippinen und Brunei. Hierfür sind ebenso die strategische Lage wie die vermuteten Erdöl- und Erdgasvorkommen ausschlaggebend. Alle genannten Staaten – abgesehen von Brunei – halten Teile der Inseln besetzt, wobei der Ausbau der chinesischen Präsenz durch die Errichtung künstlicher Inseln die Anrainer und die Vereinigten Staaten auf den Plan ruft. Einem von den Philippinen angeregten Schiedsgerichtsverfahren vor dem Internationalen Gerichtshof von Den Haag verweigert sich China.

Peking versucht, in der Region Fakten zu schaffen, um die Oberhoheit über das Südchinesische Meer zu erlangen. Hierbei legt die chinesische Regierung durchaus die Regeln des internationalen Seerechtsübereinkommens der Vereinten Nationen von 1982 zugrunde. Im Zuge der Ausbeutung der Bodenschätze des Meeres hatte diese Konvention eine 12-Meilen-Zone (ca. 22 km) der territorialen Gewässer ebenso festgelegt wie eine 200-Meilen-Zone für Küstenstaaten zur ausschließlichen ökonomischen Nutzung, sei es zur Fischerei oder sei es zur Ausbeutung der Mineralienvorkommen des Festlandsockels. Obwohl die Schifffahrt in diesen Bereichen weiterhin frei ist, bedeutet das, dass rund ein Drittel der Weltmeere unter territorialer Kontrolle steht.

2. Flucht und Migration

Eng verbunden mit den kriegerischen Ereignissen in der Welt sind Flucht und Migration über das Meer. Fernsehberichte über Afrikaner, die verzweifelt auf seeuntauglichen Booten die Kanaren zu erreichen versuchten, während Touristen aus ganz Europa sich an den Stränden sonnten, haben im Sommer 2006 die Öffentlichkeit auf dieses Problem aufmerksam gemacht. Die Bilder von der Ankunft tausender Bootsflüchtlinge aus Tunesien auf Lampedusa und von deren prekärer Situation 2010 sowie von Booten und Toten an den Küsten Europas sind alltäglich geworden. Obwohl sie in ihrer Dimension bzw. ihrer Wahrnehmung außerordentlich erscheinen, ist die Flucht über das Meer nicht neu und stellt nur einen Teil der gesamten Migration in der Welt dar.

Im 20. Jahrhundert hatte insbesondere die mörderische Politik des nationalsozialistischen Deutschlands Millionen in die Flucht getrieben, von denen Hunderttausende den Weg über das Meer wählten. Nicht nur heute wird die Flucht über das Meer von Menschenschmugglern organisiert; auch in der Vergangenheit waren Flüchtlinge gezwungen, deren Dienste in Anspruch zu nehmen, da ähnlich wie heute viele Länder die Aufnahme verweigerten. Dies betraf in erster Linie die jüdischen Flüchtlinge aus dem nationalsozialistischen Deutschland. Hier galten zwar die Vereinigten Staaten als begehrtestes Einwanderungsland, aber aufgrund der festgelegten Einwandererquoten, der Schließung der Konsulate, des Immigrationsverbotes (1941) und der ablehnenden öffentlichen Meinung wurde der größte Teil abgewiesen. So schickte man zum Beispiel 1939 die *St. Louis*, deren Passagieren, 930 jüdischen Flüchtlingen, von den USA, Kuba und Kanada die Aufnahme verweigert worden war, nach Europa zurück. Die Hälfte der Passagiere fiel auf diese Weise dem Holocaust zum Opfer. Allein in Südamerika fanden zwischen 1939 und 1945 ca. 35 000 Juden Aufnahme, von denen sich einige nach dem Krieg in die Vereinigten Staaten oder nach Palästina bzw. Israel begaben.

Die Auswanderung nach Palästina versuchte Großbritannien in starkem Maße zu verhindern. Schon damals waren die meisten Flüchtlinge gezwungen, die Illegalität zu wählen und mit gefälschten Papieren auf seeuntüchtigen Schiffen, oftmals erst über Donau und Schwarzes Meer, nach Palästina zu gelangen. Nach der Niederlage Deutschlands im Zweiten Weltkrieg ging die illegale Migration weiter, da jüdische Organisationen mit Schiffen Holocaustüberlebende nach Palästina zu bringen versuchten, häufig aber an der britischen Politik scheiterten. Ein Beispiel ist die *Exodus*, die im Juli 1947 von Marseille aus 4515 Menschen nach Palästina transportieren sollte. Britische Schiffe brachten das Schiff kurz vor der Landung in Tel Aviv auf, luden die Passagiere auf britische Truppentransporter um und fuhren sie zurück nach Frankreich. Da sich die Flüchtlinge weigerten, an Land zu gehen, wurden sie kurzerhand nach Hamburg ge-

Abb. 10: Touristen und Geflüchtete an den Stränden des Mittelmeeres

bracht und in Internierungslager bei Lübeck gesteckt. Nachdem sie dort auf internationalen Druck hin entlassen worden waren, gelang es vielen, sich über Frankreich nach Palästina durchzuschlagen. Erst nach der Gründung des Staates Israels war der Weg frei für eine dauerhafte Einwanderung.[5]

Einwandererschübe nach Europa brachte der Dekolonialisierungsprozess vor allem in Afrika und der Karibik. Für Frankreich bedeutete diese sogenannte Repatriierung, dass sich zwischen 1954 und 1964 1,8 Millionen Personen, von denen rund 800 000 als *Pieds-Noirs* bezeichnete ehemalige Siedler waren, aus Algerien aufmachten, um sich vor allem auf der anderen Seite des Mittelmeeres niederzulassen.[6]

Gleichzeitig kamen Westinder aus den ehemaligen britischen, französischen und niederländischen Kolonien in der Karibik in ihre Mutterländer, wo sie bis zur Unabhängigkeit der Kolonien uneingeschränkt ansässig werden konnten.[7]

Zudem setzten kriegerische und politische Auseinandersetzungen im Kalten Krieg regelmäßig Flüchtlingsströme in Bewegung. Nach dem Ende des Vietnamkrieges kam es zu einer Massenflucht aus dem südlichen Landesteil. Rund 1,6 Millionen Vietnamesen versuchten, auf Booten über das Südchinesische Meer zu fliehen. Fast 250 000 dieser sogenannten *boatpeople* starben auf See oder wurden Opfer von Piraten im Golf von Thailand. Malaysia, Thailand, Indonesien und die Philippinen wiesen die Menschen ab bzw. zwangen sie zurück ins Meer, weshalb Tausende von Booten auf dem Südchinesischen Meer trieben. Schließlich wurde das Problem zwar nicht dauerhaft gelöst, aber zumindest zahlreichen Menschen das Leben gerettet, weil die Vereinigten Staaten auf die Länder politischen Druck ausübten, die Flüchtlinge vorübergehend aufzunehmen und Garantien zum späteren Asyl zu geben.

Die Flucht vor kommunistischen Regimen zwang aber auch in anderen Teilen der Welt Menschen auf das Meer. So versuchten etwa 5500 DDR-Bürger über die Ostsee zu fliehen, aber nur jeder Zehnte von ihnen erreichte Dänemark oder Schleswig-Holstein. Viele ertranken oder wurden von der DDR-Marine aufgebracht und wanderten dann ins Gefängnis.

Größere Dimensionen nahm die Flucht über das Meer aus Kuba an, insbesondere nach Florida, ebenso wie die spätere Fluchtwelle von Haiti in die USA, was die amerikanische Politik zu verhindern suchte. Auch Australien war und ist daran gelegen, die wachsende Migration aus Bangladesch, Afghanistan oder Indonesien zu unterbinden. Dazu wurde die sogenannte *Pacific Solution* eingeführt: Die Schiffe der Flüchtlinge werden entweder abgewiesen und nach Indonesien zurückgeschickt oder die Menschen in Auffanglagern in dem Inselstaat Nauru oder auf der zu Papua-Neuguinea gehörenden Insel Manus so lange interniert, bis sie freiwillig zurückkehren oder als Asylsuchende anerkannt werden. Im letztgenannten Falle erhalten sie aber nur ein Aufenthaltsrecht in Papua-Neuguinea und nicht in Australien.[8]

Dennoch machen sich weiterhin Menschen über den Indischen Ozean auf die Flucht, insbesondere aus Bangladesch und Myanmar, deren Ziele Thailand, Malaysia und Indonesien sind. Dagegen hat die Jemen-Krise im März 2015 die Ströme zeitweilig umgekehrt; ca. 45 000 Menschen sind aus dem Jemen über das Meer nach Dschibuti und Somalia geflohen. Dies ist jedoch nur ein Bruchteil verglichen mit der afrikanischen Binnenmigration, wo derzeit (2013) 18,6 Millionen Menschen als Vertriebene im eigenen oder in Nachbarländern unterwegs sind.

3. Tanker und Tonnage

Gefahren und Gefährdungen entstehen aber nicht nur durch Krieg, Gewalt und Vertreibung; auch die weltweite Schifffahrt, eine Voraussetzung für die Globalisierung, belastet die Meere, ihre Ökosysteme und damit letztlich die Menschen.

Im 20. und beginnenden 21. Jahrhundert stieg der weltweite Schiffsverkehr bzw. das auf den Meeren transportierte Gütervolumen kontinuierlich an. Dies ist in erster Linie auf die Zunahme der Schiffsgrößen zurückzuführen. Zwischen 1880 und 2008 wuchsen die Handelsschiffe durchschnittlich von rund 700 auf mehr als 24 000 Bruttoregistertonnen, während sich die Geschwindigkeit nur um das Vierfache erhöhte. Der Widerstand der Wellen und Strömungen setzt der Geschwindigkeitszunahme der Schiffe Grenzen. Nur durch den Übergang vom Segelschiff zum Dampfschiff hatten sich Geschwindigkeit und Zuverlässigkeit des Schiffsverkehrs deutlich erhöht. Danach blieb lediglich eine graduelle Beschleunigung. Mit der Größe und Tonnage stieg auch das Gewicht der Stahlschiffe. Diese Entwicklung setzte in den 1950er Jahren mit dem Bau von Großtankern ein.

Ein Auslöser war der Koreakrieg, der den Transport von Öl über den Pazifik notwendig machte. Auch die zeitweilige Verstaatlichung der britischen Ölindustrie in der Golfregion veränderte die Transportnachfrage. Raffinerien wurden nicht länger in der Nähe der Ölfelder gebaut, sondern in der Nähe der Konsumenten in Europa und Japan, was Rohöltransporte über die Weltmeere zur Folge hatte. Da größere Tanker profitabler als kleinere sind, wuchsen sie ebenso wie ihre Gesamttonnage. Diese Entwicklung wurde jedoch durch die Ölkrisen der 1970er und 1980er Jahre unterbrochen. Erst im Jahre 2004 erreichte die Tonnage der Tankerflotte der Welt wieder das Niveau von 1980. Während in der Zwischenkriegszeit Amerika das führende Land im Öltransport war, machten diesen nach dem Zweiten Weltkrieg griechische und norwegische Reeder zu ihrem Geschäftsfeld.

Ein verbreitetes Phänomen im Tankergeschäft war das sogenannte Ausflaggen, bei dem Reeder ihre Tanker unter einer steuerlich günstigeren ausländischen Flagge operieren ließen. Auf diese Weise wurden Panama und Liberia, aber ebenfalls Singapur zu den wichtigsten Heimathäfen für Tanker, wobei die Schiffsbesitzer weiterhin vor allem in Griechenland, Japan, China und Deutschland ansässig sind.[9] Tankerunglücke mit verheerenden Folgen für Meer und Küsten, wie das der unter liberianischer Flagge fahrenden *Amoco Cadiz* 1978 vor der bretonischen Küste, haben die Kritik an den Sicherheitsstandards der Billigflaggen verstärkt. Dabei machte das Ausflaggen auch vor Trocken- und Stückgutfrachtern nicht halt.

Hier hatte das Wachstum der Weltwirtschaft seit 1945 die internationale Rohstoff- und Frachtraumnachfrage angekurbelt. So vervierfachte sich zwischen 1960 und 1990 der Transport industrieller Rohstoffe: Frachter brachten Eisenerz aus Südamerika, Indien und Australien nach Europa und Japan, während britische Kohle durch amerikanische oder australische ersetzt wurde.[10]

Eine Revolution erlebte die Entwicklung der Frachtschifffahrt durch die Erfindung des Containers und der Containerschiffe. Die Idee stammt von dem amerikanischen Spediteur Malcolm McLean, der erkannt hatte, dass ein Transport in einem Container die Befrachtung eines Schiffes vereinfachte, da Stück- und Massengut nicht länger manuell be- und entladen werden mussten. Container konnten mit der Eisenbahn oder mit einem LKW direkt zum Schiff gebracht werden. Zunächst fanden sie Verwendung für Transporte entlang der amerikanischen Küsten und waren auf dem Deck der Schiffe gelagert. Seit den späten 1960er Jahren wurden Schiffe gebaut, die die Container in ihren Laderäumen aufnahmen. Diesen folgten Vollcontainerschiffe, die im 21. Jahrhundert bis zu 14 000 Standardcontainer (sogenannte *Twenty-Foot Equivalent Units*, ca. 6 m lang) aufnehmen können.

Einige Reedereien wie die dänische Mærsk-Sealand bieten *Round the World*-Containerdienste an, die von den USA via Mittelmeer, Suezkanal, Singapur, Hongkong und Taiwan an die Westküste der USA und über Japan zurück führen. Die Containerrevolution veränderte nicht nur die weltweite Seefracht, sondern auch die Häfen. Spezielle Terminals entstanden abseits der alten Häfen an den Küsten – mit Folgen für das Arbeitsleben der Seeleute, die aufgrund der verkürzten Liegezeiten kaum mehr die Schiffe verlassen.[11] Die wichtigste Veränderung betraf aber die Zahl der Seeleute selbst. Während im beginnenden 19. Jahrhundert 13 Seeleute ein großes Segelschiff von 400 Tonnen operierten, bewegen heute genauso viele Seeleute das Containerschiff *Emma Maersk* mit einer Ladekapazität von 14 000 Standardcontainern (max. 420 000 t).

Insgesamt setzte sich der Rückgang der Frachtraten, der im 19. Jahrhundert angefangen hatte, im 20. Jahrhundert fort. So sanken zwischen 1950 und 2000 die Kosten für den Getreidetransport um 70 % und von Kohle um 80 %, was in erster Linie der Vergrößerung der Schiffe geschuldet war.[12] Die Verbilligung der Seetransporte und der gleichzeitige Rückgang der Rohstoffpreise führten weltweit zur Verlagerung der industriellen Produktion. Von der Industriellen Revolution bis in die 1950er Jahre war diese durch die örtliche Verfügbarkeit der Rohstoffe bestimmt. Die neuen Transportmöglichkeiten eröffneten jetzt auch rohstoffarmen Staaten die Möglichkeit industrieller Produktion in großem Stil. Es entstanden globale Güterketten, die auf der verlässlichen Beförderung von Rohstoffen, Halbfertig- und Fertigwaren zwischen weit entfernten Produzenten und Konsumenten basieren. Dieser Transport wird durch ein komplexes Schifffahrtssystem und einen globalen maritimen Arbeitsmarkt sichergestellt, in dem jeder vierte weltweit zur See Fahrende ein Filipino ist.[13]

4. Kreuzfahrten und Bettenburgen

Nach einer Untersuchung des Naturschutzbundes Deutschland (NABU) schädigen 17 von 20 Kreuzfahrtschiffen, die bis 2016 für europäische Reeder vom Stapel laufen, Gesundheit und Umwelt besonders stark, da die Reedereien darauf verzichten, Stickoxidkatalysatoren und Rußpartikelfilter einzubauen: «Ein einziges modernes Kreuzfahrtschiff stößt täglich rund 450 kg Rußpartikel, 5250 kg Stickoxide und 7500 kg Schwefeldioxide aus. Die Luftschadstoffbelastung, die von den untersuchten 20 Kreuzfahrtschiffen ausgeht, entspricht damit insgesamt derjenigen von rund 120 Mio. modernen Pkw.»[14] Dies betrifft sowohl das Meer als auch die Hafenstädte.

Die Entwicklung der Kreuzfahrten ist verhältnismäßig jung. Nachdem der Passagierverkehr über die Weltmeere seit den 1960er Jahren allmählich durch den Luftverkehr verdrängt worden war, fand die Passagierschifffahrt in den 1980er Jahren durch die Wiederbelebung der alten Vergnügungsfahrten ein neues Beschäftigungsfeld. Da die Ozeandampfer nicht länger mit den Flugzeugen konkurrieren konnten, investierten Reedereien in die Freizeitindustrie, die aber zunächst nur äußerst zahlungskräftigen Kunden vorbehalten war. Im 21. Jahrhundert hat sich hieraus ein erschwingliches Massenvergnügen entwickelt, was aus den wachsenden Passagierzahlen, steigenden Schiffskapazitäten und riesigen Gewinnen der Kreuzfahrtindustrie deutlich wird. So waren 2015 weltweit 23 Millionen Passagiere auf Kreuzfahrtschiffen unterwegs, die den Unternehmen Umsätze von rund 40 Milliarden US-Dollar brachten.

Wer nicht auf eine Kreuzfahrt geht, fliegt mit einer Charterfluggesellschaft an das Mittelmeer, auf die Kanaren oder in die Karibik, wo vielfach «Bettenburgen» die im 19. und frühen 20. Jahrhundert so beliebten Küstenlandschaften verschandeln. Von der Pauschalreise war es aber nur ein kleiner Schritt zur Migration von Rentnern und Ruheständlern aus Großbritannien, Frankreich, Deutschland, den Niederlanden, Schweden und der Schweiz an die Mittelmeerküsten. Diese entwickelte sich seit den 1980er Jahren zur Massenbewegung, die die lokalen Bevölkerungsstrukturen verschob, zumal keine Integration in die einheimischen Gesellschaften erfolgte. Dabei sind die Unterschiede zwischen Tourismus und Migration fließend, da viele Deutsche oder Briten mehrmals jährlich zwischen ihren Wohnsitzen pendeln.[15]

Die ökologischen Auswirkungen sind erheblich, zumal die Abfallentsorgung zumeist nicht auf die Touristenströme eingestellt ist und auch der große Wasserbedarf für Swimmingpools und Bewässerung häufig zu Wasserknappheit führt.

Darüber hinaus tragen Müll und vor allem Abwässer, die zu 80 % ungeklärt in die Meere geleitet werden, erheblich zur Verschmutzung und Verschlechterung der Wasserqualität bei.[16]

Während die Großstädter lange Zeit Ruhe und Erholung vom Alltag der Großstadt am sauberen Meer mit seiner Natur und guten Luft gesucht und gefunden haben, verlagert jetzt der Massentourist seine Großstadtumgebung mit ihrem neuartigen Unterhaltungsangebot an das Meer und zerstört damit unweigerlich seinen traditionellen Erholungsraum. Der Sehnsuchtsort früherer Generationen wird folgerichtig zunehmend auf den untergehenden Inseln im Pazifik und am Indischen Ozean gesucht, die man verhältnismäßig einfach in kurzer Zeit mit dem Flugzeug erreichen kann.

5. Ausbeutung und Zerstörung

Im April 2010 explodierte die im Golf von Mexiko von BP betriebene Ölbohrplattform *Deepwater Horizon.*[17] Dabei liefen etwa 800 Millionen Liter Öl aus. Der Sauerstoffgehalt des Meeres verringerte sich dramatisch, die Seevögel-, Fisch- und Austernbestände wurden nachhaltig in Mitleidenschaft gezogen. Die US-Regierung verhängte ein Moratorium für Tiefseebohrungen, das aber von einem Gericht in Louisiana wieder aufgehoben wurde. Bereits im ausgehenden 19. Jahrhundert hatte die Ölförderung im Meer begonnen, als Henry L. Williams vor der Küste Santa Barbaras in Kalifornien die Ölfelder auszubeuten begann. Zunächst beschränkte man sich auf den Küsten- oder Flachwasserbereich und förderte nach dem Zweiten Weltkrieg auch Erdgas aus dem Meer. Mit der Zeit wurden die Öl- und Gasbohrungen auf Wassertiefen von über 1500 Metern ausgedehnt, die von speziellen Offshore-Bohrplattformen betrieben werden. Zum Transport von Öl und Gas über weite Strecken von der Produktion zu den Konsumenten dienen umfangreiche Pipelinesysteme, die auf dem Meeresboden beispielsweise die Ostsee, das Mittelmeer oder den Golf von Mexiko durchqueren. Ein anderes mit viel Hoffnung in den 1970er Jahren gestartetes Projekt, der Abbau von Manganknollen aus der Tiefsee, erwies sich als wirtschaftlich noch nicht rentabel.

Auch die alternative Energiegewinnung machte vor dem Meer nicht halt. Gezeitenkraftwerke nutzen den Tidenhub und damit die Energie der Erdrotation zur Stromerzeugung, belasten aber Flora und Fauna an der Küste. Darüber hinaus kam es zu einem regelrechten Boom bei der Anlage von Windparks an Küsten und im Offshore-Bereich sowohl in der Nord- und Ostseeregion als auch am Atlantik, mit denen jedoch wiederum neue Stromtrassen auf dem Meeresboden verbunden sind.[18]

Die Nutzung des Windes und anderer erneuerbarer Energien soll dem Klimawandel entgegenwirken. Dieser gefährdet in großem Maße die Meere, sind diese doch ein integraler Bestandteil des Weltklimas. Sie produzieren ungefähr die Hälfte des Sauerstoffs, den wir atmen. Gleichzeitig bremsen die Meere die globale Erwärmung, indem sie zum Beispiel ein Drittel des weltweit produzierten Kohlendioxids absorbieren. Dennoch sind sie in bisher nicht gekanntem Ausmaß bedroht: Der Meeresspiegel steigt an, die Meere erwärmen sich und versauern durch die CO_2-Aufnahme. Die Verschmutzung nimmt zu, Teile der Meere sterben ab, weil der Sauerstoff verschwindet. Außerdem übersteigt ihre Ausbeutung vielerorts jedes nachhaltige Maß.

Die Meere können sich nicht länger regenerieren – mit langfristigen Folgen für ihre Biodiversität und das Ökosystem. Die in den letzten 200 Jahren stark angestiegenen CO_2-Emissionen wurden zwar zu etwa einem Drittel von den Meeren absorbiert, führen aber zu ihrer fortgesetzten Versauerung und gefährden das Überleben von Muscheln, Krebsen, Korallen und Fischpopulationen sowie die menschliche Nahrungskette. Die zunehmende Versauerung kann nur durch eine Verringerung des CO_2-Ausstoßes verhindert werden. Vergleichbar sind die Effekte der globalen Erwärmung. So haben die Meere ungefähr 80 % der in den letzten beiden Jahrhunderten in die Atmosphäre abgegebenen Wärme absorbiert. Obwohl dadurch die globale Erderwärmung abgemildert wurde, hat die gleichzeitige Erwärmung der Ozeane vielfältige Konsequenzen. Neben dem Anstieg des Meeresspiegels gehören hierzu die Entstehung extremer tropischer Wetterlagen wie Tornados und Taifune. Obwohl sich die Experten nicht einig sind, ob die Zahl der Tropenstürme zugenommen hat, wird sich die Stärke der Stürme in jedem Falle erhöhen. Nicht zu unterschätzen sind zudem die Auswirkungen auf Korallenriffe und Fischbestände. Aufgrund der Erwärmung der Meere wandern Fischpopulationen in tiefere und kältere Gegenden. Die Korallenriffe erbleichen und sterben infolge der Erwärmung ab, was nicht nur ihre Rolle als Nahrungsgrundlage für Meerestiere beeinträchtigt. Die wichtige Funktion der Korallenriffe, Inseln und Küsten gegen Stürme und Fluten zu schützen, geht damit ebenfalls verloren.[19]

Eng mit der Erwärmung der Erde und der Meere hängt der Anstieg des Meeresspiegels zusammen. Zum einen heizt sich das Wasser auf und dehnt sich aus, zum anderen erhöht das Schmelzen von Gletschern und Eisfeldern die Wassermenge. Die Folgen sind neben Erosionen an Stränden und Steilküsten vor allem Überschwemmungen und Sturmfluten, die niedrig gelegene Küstenländer wie die Niederlande, Bangladesch oder Indonesien sowie Inseln und Inselgruppen betreffen. Zwischen 1850 und 2000 stieg der Meeresspiegel um 25 cm, während der Jahre 1961–2003 allein jährlich um 1,8 mm und in der Folgezeit um 2,5 mm. Wie weit und wie schnell sich der Meeresspiegel erhöht, hängt vom Verlauf der Klimaveränderung ab. So rechnen Forscher mit einem Anstieg von 0,4 m bzw. 0,9–1,3 m bis zum Jahr 2100. Ein rasches Abschmelzen des Eisschildes Grönlands würde aber den Meeresspiegel um mehr als 7 m, das Schmelzen der Antarktis sogar um gut 56 m ansteigen lassen.

Auch wenn ein solches Szenario nicht realistisch erscheint, werden mehrere 100 Millionen Menschen, vor allem in Süd- und Südostasien, die nicht für den Klimawandel verantwortlich sind, vom Anstieg des Meeresspiegels betroffen sein, weil sie ihre niedrig gelegene Heimat an den Küsten verlassen müssen oder die Salzwasserfluten das Grundwasser bzw. die Reiserntefächen vernichten. Inselstaaten wie die Malediven oder Tuvalu und Kiribati, die nur fünf bzw. zwei Meter über dem Meeresspiegel liegen, werden im Meer versunken sein und auch Millionenstädte wie Shanghai müssen sich mit teuren Schutzmaßnahmen gegen die Wassermassen wappnen.[20]

6. Eutrophierung und Verschmutzung

Eine andere Gefahr für den Bestand der Meere ist die sogenannte Eutrophierung oder Überdüngung. Hierbei werden dem Wasser vor allem durch die Zuführung von Phosphaten und Nitraten minerale Nährstoffe zugeführt. Diese stammen in der Regel aus der landwirtschaftlichen Düngung und fließen mit Abwässern und im Zuge von Niederschlägen über die Flüsse ins Meer. Hand in Hand mit den Emissionen aus der Luft erhöhen sie zusammen mit der Erwärmung der Meere das Wachstum der Pflanzen, insbesondere der Algen. Hohe Algendichten führen dann zu Sauerstoffmangel, zu Fluchtreaktionen von Meerestierpopulationen und zum Absterben großer Zonen im Meer.

Weltweit gibt es zurzeit circa 500 dieser «Todeszonen», in denen kein Leben mehr stattfindet. Hierzu gehören die Bucht von New York, die nördliche Adria, der Golf von Mexiko, die Bucht von Montevideo und die Yangtse-Mündung ebenso wie große Teile der Ostsee. Hier nahmen aufgrund des geringen Wasseraustausches mit der Nordsee die Todeszonen zwischen 1898 und 2012 von 5000 km^2 auf 60 000 km^2 zu.[21] Allein mehrere Salzwassereinbrüche aus der Nordsee im Jahre 2014 führten der Ostsee erneut Sauerstoff zu, so dass Organismen ihren Lebensraum zurückerobern können.

Die Verschmutzung der Meere stammt weitgehend vom Land

und zu einem erheblichen Teil aus der Landwirtschaft. Aber auch durch die Einleitung industrieller Rückstände und Chemikalien sowie die Versenkung radioaktiver Abfälle werden die Meere kontaminiert. Hierzu gehört die Ölverschmutzung durch Tankerunfälle und Ölbohrungen, aber auch die Reinigung von Öltanks durch die Schiffe im Meer selbst. Belastet werden die Meere zudem mit Schwermetallen und industriellen Abfällen, wozu das sogenannte Verklappen von Metallen, chemischen Flüssigkeiten und Baggergut zum Beispiel in der Nordsee zählt. Insektenvernichtungsmittel (DDT) und Weichmacher (PCB) gelangen ebenfalls in die Meere und belasten Fischpopulationen sowie Seehunde und -vögel. Fische und Muscheln, die das Wasser filtern, speichern Giftstoffe in einer hohen Konzentration; bei häufigem Fischkonsum wird dementsprechend viel PCB aufgenommen. Oftmals weisen Fische – wie der Ostseehering – eine weitaus höhere PCB-Belastung auf, als von der EU für menschliche und tierische Nahrungsmittel zugelassen ist.[22]

Eine Gefährdung, die in jüngster Zeit zunehmend wahrgenommen wird, bildet die Verschmutzung der Ozeane mit Plastikmüll. Die Produktion von Kunststoff verdoppelte sich seit ihren Anfängen in den 1950er Jahren alle elf Jahre und ein erheblicher Teil davon gelangt in die Meere. Auf allen Ozeanen finden wir eine Konzentration von 580 000 Plastikteilen pro Quadratkilometer, die eine Überlebenszeit von bis zu mehreren Jahrhunderten haben. Obwohl ein Teil auf den Meeresboden absinkt, bewegt sich der Plastikmüll mit den Strömungen auf den Weltmeeren und ist in noch höherer Konzentration an Küsten und in Häfen vorhanden. Dadurch ist die maritime Tierwelt in bisher nicht erreichtem Maße bedroht. Von Mikroorganismen bis zu Walen nehmen alle Tiere Plastik mit der Nahrung auf, was zu Vergiftung und anhaltenden Schäden im Verdauungssystem führt. Zwei Drittel aller Seevögel fressen Kunststoffe und bis 2050 werden nahezu alle mit Plastik verseucht sein.[23] Die einzige Abhilfe bildet hier eine Verringerung der Kunststoffproduktion sowie der Plastiknutzung insbesondere der Küstenbevölkerung und Kreuzfahrtpassagiere.

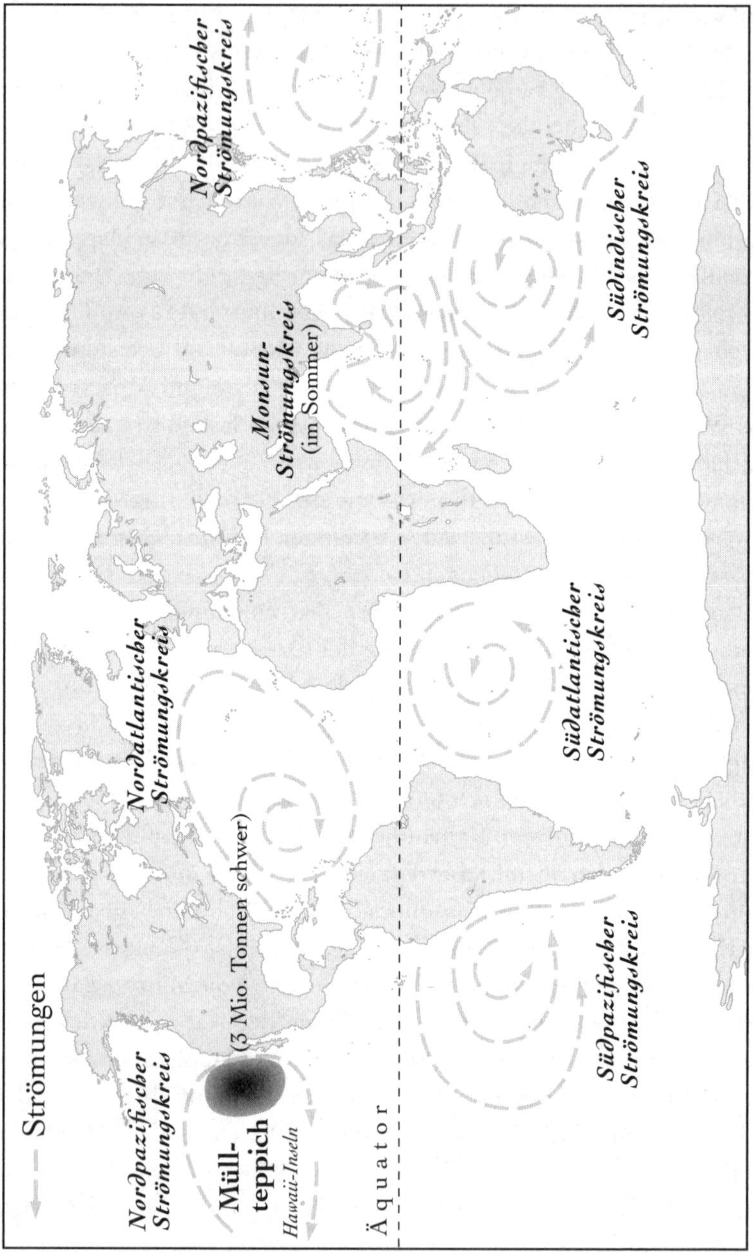

Karte 19: Meeresströmungen, in denen sich Abfälle ansammeln

7. Überfischung

Die Verschmutzung und die Erwärmung der Meere haben natürlich nachhaltige Auswirkungen auf den weltweiten Fischbestand. Dieser ist jedoch durch Überfischung sowieso gefährdet, da in vielen Teilen der Welt mehr Fische gefangen werden, als es die Regenerationsfähigkeit der Fischbestände erlaubt. Überfischung hat es schon früher gegeben: Im späten 19. Jahrhundert etwa wurden aufgrund neuer Fangtechniken die Kabeljaubestände im Atlantik stark reduziert und japanische Trawler befischten systematisch die Fischgründe in Südostasien. Auch im Pazifikraum fielen im 19. Jahrhundert Seeotter, Wale und Seehunde der Nachfrage chinesischer und amerikanischer Märkte fast bis zur Ausrottung zum Opfer.[24]

In der Zeit nach dem Zweiten Weltkrieg wurde der Fischfang zunächst in den Küstengewässern Europas, Nordamerikas und Japans belebt, um sich dann rasch über die Weltmeere auszudehnen. Diese zweite Fischereirevolution beruhte auf einer weiteren Vergrößerung des Radius und der Fangtiefe der Fischtrawler und dem Umbau der Trawler zu Fischfabriken, auf denen Fische filetiert, eingefroren und zu Fischmehl verarbeitet werden konnten. Hierzu gehörte die Entwicklung einer Marktnachfrage nach Fischmehl als Tiernahrung und nach Fischöl. Vor allem die spanischen, japanischen und sowjetischen Fischfangflotten operierten weltweit und erst die allgemeine Errichtung der Hoheitsgewässer zur ausschließlichen wirtschaftlichen Nutzung des Meeres in einer 200-Meilenzone 1982 schränkte den Radius – aber nicht die Intensität – der Befischung ein.[25]

Die Fänge erreichten ihren Höhepunkt 1996 mit 86,3 Millionen Tonnen; danach gingen die Zahlen zurück auf etwa 79,5 Millionen Tonnen 2010. Rund 45 Millionen Menschen sind zurzeit weltweit in der Fischerei beschäftigt, die Mehrheit davon als Kleinfischer, von denen wiederum 85 % in Asien leben. Die Schätzungen über den Rückgang der Fischbestände variieren; einige Forscher nehmen an, dass diese sich um rund 50 % verringert haben. Die *Food and Agriculture Organization of the United Nations* (FAO) schätzt, dass heutzutage 87 %

der Fischbestände überfischt oder fast vollständig ausgebeutet sind. Ähnliche Zahlen (88 %) zeigen die EU-Gewässer, wogegen sich die Überfischung um 1970 in Europa noch in engen Grenzen gehalten hatte. Entsprechend rigoros ist die EU zum Leidwesen der Fischer bei der Festlegung von jährlichen Fangquoten. Auf der Grundlage von regelmäßig erstellten Gutachten über die Bestände einzelner Fischsorten schlägt die EU-Kommission Kontingente vor, zum Beispiel für 2016 eine Verringerung der Fangmengen für 28 Fischbestände verbunden mit einer Beibehaltung oder Aufstockung der Quoten für 35 Bestände. Durch die Anhebung erhalten die Fischer die Möglichkeit, durch erhöhte Fänge einer Fischsorte die verringerte Quote anderer Fischsorten zu kompensieren. Gleichzeitig sind die Erhöhungen der Kontingente ein Indiz dafür, dass sich einige Fischbestände erholt haben, während andere – wie die Kabeljau- und Seezungenbestände in der Irischen See und der Biskaya – weiterhin gefährdet sind.[26] Allein eine internationale Fischereipolitik nach diesem Vorbild könnte die weltweiten Fischbestände und die Proteinzufuhr der Weltbevölkerung sichern.[27]

Fazit

Die Meere verknüpfen seit alters die Weltregionen, indem sie den Verkehr von Gütern und Personen bis in die entlegensten Gebiete ermöglichen. Ohne die Schifffahrt auf den Meeren gäbe es keine Globalisierung, unabhängig davon, wann wir deren Beginn zeitlich ansetzen. Auch in der Gegenwart werden 90 % der weltweiten Gütertransporte über die Weltmeere abgewickelt.

Aber die Rolle der Meere geht über die eines Transportmediums weit hinaus. So prägte der Austausch die beteiligten Gesellschaften und ließ diesseits und jenseits der Meere neue entstehen. Den Historiker interessieren besonders die durch ein oder mehrere Meere verbundenen Gesellschaften und ihre Beziehungen zueinander.

Hierfür haben wir viele Beispiele kennengelernt. Kaufleute überquerten als Erste freiwillig das Meer, und die Waren und Ideen, die sie mitbrachten, veränderten die Kulturen ebenso, wie sich die Bedeutung der Güter im Austauschprozess wandelte. Auch die Mentalitäten der Kaufleute, ihrer Handelspartner sowie der Abnehmer und Konsumenten beeinflusste der Austausch über das Meer. An den Küsten und auf den Inseln entstanden neue Gemeinschaften der Kaufleute, deren Mitglieder jeweils ähnliche ökonomische Interessen, eine vergleichbare soziale Herkunft und gemeinsame Lebensstile besaßen. Dies illustrieren die Hansekaufleute an der Ostsee, die muslimischen und chinesischen Händler im Raum des Indischen Ozeans sowie die auf allen Weltmeeren aktiven Niederländer.

Die Migration von Händlern über das Meer war lange Zeit mit dem Luxusgütergeschäft verbunden, da die Kaufleute zunächst selbst die wertvollen Waren erwarben, vermittelten und sich in Produktions- wie Absatzregionen niederließen. Daher war ihre frühe Präsenz am Mittelmeer, an der Ostsee und am Indischen Ozean mit dem Luxusgüterhandel und der entsprechenden Nachfrage einheimischer Eliten verknüpft.

Dagegen dominierten Massengüter wie Getreide, Holz, Fisch, Zucker und Tabak den Austausch sowohl über den Atlantik als auch über die frühneuzeitliche Nord- und Ostsee. Die Menschen, die über Atlantik und Pazifik gebracht wurden, waren großenteils Sklaven, Schuldknechte, Kulis und natürlich Auswanderer. Letztere versuchten, ihr Los durch Migration zu verbessern, brachten aber ebenso wie Sklaven und Kulis ihre Vorstellungen und Lebenspraktiken mit in die neue Heimat.

Während Küstenbewohner und Insulaner vom natürlichen Reichtum des Meeres ebenso wie von den angeschwemmten Schätzen lebten, nutzten andere die Möglichkeit der Seeschifffahrt. Kaufleute, Pelztierjäger, Perlentaucher und *beachcombers* befriedigten die Nachfrage der Eliten nach Korallen, Perlen, Seeotterpelzen oder Seegurken. Für Sklaven, Auswanderer und Kulis bedeutete das Meer dagegen die gefährliche Passage in eine ungewisse Zukunft.

Die Dampfschifffahrt schloss die Ozeane noch enger als vorher aneinander, weil sich die Abhängigkeit von Wind und Strömungen verringerte und höhere Geschwindigkeiten die Ozeane «verkürzten». Gleichzeitig machte sie das Meer als Sehnsuchtsort für den Menschen leichter erfahrbar. Die Passagen mit dem Dampfschiff über den Ärmelkanal oder den Öresund wurden literarisch und künstlerisch verarbeitet und so zu maritimen Erinnerungsorten.

Für alle Menschen, die vom Meer lebten und die Meere passierten, war der Ozean Kommunikationsraum. Seeleute, Insulaner und Küstenbewohner glaubten an Meeresgötter oder ihre Schutzheiligen, die sie durch vielfältige Praktiken gnädig zu stimmen suchten. Kaufleute und Reisende verständigten sich seit frühester Zeit über die Meere hinweg und blieben mit Geschäftspartnern und Familien in Verbindung. Schiffsjournale und Reiseberichte bereiteten die Passagen über das Meer literarisch auf und vermittelten Weltbilder an die Daheimgebliebenen bzw. die künftigen Reisenden. Über die Meere wurden die neuesten Moden und Ideen weitergegeben. Gleichzeitig entstanden dadurch, dass Kaufleute und Seefahrer die Küsten eines oder mehrerer Meere miteinander verbanden, maritime Räume. So wurden die Warenangebote der Welt miteinander verknüpft und in die vielfältig sich überlagernden Netzwerke immer mehr Menschen eingebunden.

Neben den genannten Funktionen des Meeres als Ressourcenlieferant, Transport- und Kommunikationsraum sowie Sehnsuchts- und Erinnerungsort kommt dem Meer in der Gegenwart und in der Zukunft als Regulator des Weltklimas eine entscheidende Rolle zu.

Nachwort

Die langjährige Beschäftigung mit der Ostsee hat meine Sicht auch auf andere Meere erweitert. Denn bereits die Wikinger verbanden die Ostsee mit dem Schwarzen Meer, der Nordsee und dem Nordatlantik. Entsprechend fand ich es gleichermaßen lohnend und notwendig, die Verbindung der Meere in den Blick zu nehmen. Stimuliert wurde diese Perspektive durch mein eigenes Forschungsprojekt «The Sea as Realm of Memory», das ich im Rahmen des Internationalen Graduiertenkollegs «Baltic Borderlands» in Greifswald zusammen mit den Universitäten Lund und Tartu betreibe. Wenn man sich von seinem Heimatmeer – wie ein Kauf- oder Seemann – auf die Weltmeere wagt, geht das nicht ohne sichere Häfen und vor allem nicht ohne internationale Gastgeber, die einem die weltweite Forschung ermöglichen. Gleichzeitig benötigt man Kollegen, die die eigenen Erkenntnisse in eine neue Perspektive rücken. Entsprechend lebt dieses Buch von der Mithilfe vieler. Hier seien zunächst Renate Pieper in Graz und Peter Borschberg in Singapur erwähnt, die große Teile des Manuskriptes lasen, kommentierten und korrigierten. Ihnen gebührt ebenso Dank wie den Greifswalder Kollegen Bernard van Wickevoort Crommelin, Alexander Drost und Robert Riemer, deren Kommentare das Manuskript wesentlich bereicherten. Vielfältige Anregungen erhalte ich darüber hinaus regelmäßig von Astrid Erll in Frankfurt, der ich dafür besonders herzlich danke.

Neben diesen bin ich den vielen individuellen Helfern zu Dank verpflichtet, die kürzere Passagen des Textes lasen und Detailfragen beantworteten. Auch danke ich den Greifswalder Studierenden, an denen ich erste Fassungen des Buches in der Vorlesung ausprobieren konnte. Außerhalb Greifswalds seien die vielen Freunde genannt, die mir bei kürzeren oder längeren Aufenthalten in der Welt eine fruchtbare Arbeitsatmosphäre boten. Hierzu gehören in erster Linie die Kollegen an der University of California in Santa Barbara, die ich gar nicht alle namentlich anführen kann. Zu erwähnen wären aber auch Peter Arnade, David Chappell und Barbara Watson-Andaya in Hawaii, Kristoffer Neville in Riverside, Thomas DaCosta Kaufmann in Princeton, Maryanne Kowalewski in New York und Richard Unger in Vancouver. Immer wieder erfrischend ist der Austausch mit Sun Lixin in Peking, Akiko Sugiyama und António Vasconcelos de Saldanha in Macao sowie Miki Sugiura, Yoriko Kobayashi-Sato, Toshiaki Tamaki und Yuta Kikuchi in Japan. Schon seit Jahren hilft mir in Delhi Ranabir Chakravarti. In Europa profitiere ich noch immer von den Gesprächen mit Wim Blockmans, Erik Aerts und Herman Van der Wee in Belgien, Cátia Antunes, Filipa Ribeiro da Silva, Leonard Blussé und Pieter Emmer in den Niederlanden, Olga Katsiardi-Hering und Gelina Harlaftis in Griechenland, Salvatore Ciriacono und Luciano Pezzolo in Italien, Maria Fusaro in Exeter sowie Jari Ojala in Jyväskylä.

Beim Verlag C.H.Beck sorgte Stefan von der Lahr zusammen mit seiner Assistentin Andrea Morgan dafür, dass das Buch lesbar wurde und ansprechend gestaltet ist. Die Last der Buchproduktion trugen wie immer die Mitarbeiter des Lehrstuhls für Allgemeine Geschichte der Neuzeit. Jörn Sander, Lasse Seebeck, Jan Oliver Giese, Erik Ladenthin, Sven Ristau, Friederike Schmidt, Stefan Lukas und Martin Hildebrandt recherchierten, besorgten und sichteten die kaum mehr überschaubare Literatur. Jörg Driesner fand und transkribierte Quellen in Jakarta. Hielke van Nieuwenhuize erschloss Quellen und Literatur in niederländischen Bibliotheken und Archiven und begleitete die verschiedenen Stadien des Manuskriptes. Die Manuskriptgestaltung lag in den Händen von Lasse Seebeck und Doreen Wollbrecht. Letztere übernahm auch zusammen mit Robert Riemer und Hielke van Nieuwenhuize die Endredaktion. Dabei wurde sie von Gero von Roedern und Jörn Sander unterstützt. Ihnen allen spreche ich meinen großen Dank aus.

Greifswald, im Sommer 2016 Michael North

Anmerkungen

Einleitung

1 D. Walcott, The Star-Apple Kingdom, New York ^{4}1986, 364, 366.

2 S. E. Larsen, Sea, Identity and Literature, in: 1616. Anuario de Literatura Comparada 2 (2012), 171–188; J. C. Tung, «The Sea Is History». Reading Derek Walcott through a Melancholic Lens, B. A.-Thesis, Mount Holyoke College, South Hadley 2006, 52 f.

3 C. Schmitt, Land und Meer. Eine weltgeschichtliche Betrachtung, Leipzig 1942; R. Carson, The Sea Around Us, New York 1951.

4 D. Sobel, Longitude. The True Story of a Lone Genius Who Solved the Greatest Scientific Problem of His Time, Fulham 2005.

5 B. Klein/G. Mackenthun (Hgg.), Sea Changes. Historicizing the Ocean, New York 2004.

6 M. Rediker, Outlaws of the Atlantic. Sailors, Pirates, and Motley Crews in the Age of Sail, Boston, MA 2014.

7 J. H. Bentley/R. Bridenthal/K. Wigen (Hgg.), Seascapes. Maritime Histories, Littoral Cultures, and Transoceanic Exchanges, Honolulu 2007; P. Horden/N. Purcell, The Mediterranean and «the New Thalassology», in: American History Review 111 (2006), 722–740; A. Games, Atlantic History. Definitions, Challenges, Opportunities, in: American History Review 111 (2006), 741–757; M. K. Matsuda, The Pacific, in: American History Review 111 (2006), 758–780; P. N. Miller (Hg.), The Sea. Thalassography and Historiography, Ann Arbor 2013.

8 Larsen, Sea; J. Mack, The Sea. A Cultural History, London 2011; H. Blumenberg, Schiffbruch mit Zuschauer. Paradigma einer Daseinsmetapher, Frankfurt/M. 2011.

9 A. Calder/J. Lamb/B. Orr (Hgg.), Voyages and Beaches. Pacific Encounters, 1769–1840, Hawaii 1999.

10 Zu diesem Thema für das mittelalterliche England siehe R. Gorski, Roles of the Sea. Views from the Shore, in: Ders. (Hg.), Roles of the Sea in Medieval England, Woodbridge 2012, 1–24.

11 P. E. Steinberg, The Social Construction of the Ocean, Cambridge [u. a.] 2001, 8–38.

12 F. Braudel, La Méditerranée et le monde méditeranéen à l'époque de Philippe II, Paris 1949.

13 K. N. Chaudhuri, Asia before Europe. Economy and Civilisation of the Indian Ocean from the Rise of Islam to 1750, Cambridge [u. a.] 1990; M. N. Pearson, The Indian Ocean, London 2006; A. Schottenhammer (Hg.), The East Asian ‹Mediterranean›. Maritime Crossroads of Culture, Commerce and Human Migration, Wiesbaden 2008; P. Butel, Histoire de l'Atlantique, de l'Antiquité à nos jours, Paris 2012; C. King, The Black Sea. A History, Oxford 2004.

14 B. Bailyn, Atlantic History. Concept and Contours, Cambridge, MA/London 2005;

J. P. Greene/P. D. Morgan (Hgg.), Atlantic History. A Critical Appraisal, Oxford 2009; D. Armitage/M. J. Braddick (Hgg.), The British Atlantic World, 1500–1800, Houndmills 2009; P. A. Coclanis (Hg.), The Atlantic Economy during the Seventeenth and Eighteenth Centuries. Organization, Operation, Practice, and Personal, Columbia 2005.

15 D. Armitage/A. Bashford (Hgg.), Pacific Histories. Ocean, Land, People, New York 2014; M. K. Matsuda, Pacific Worlds. A History of Seas, Peoples, and Cultures, Cambridge [u. a.] [3]2014.

16 J. Parry, The Discovery of the Sea, New York 1974.

17 P. O'Brien, Historiographical Traditions and Modern Imperatives for the Restoration of Global History, in: Journal of Global History 1 (2006), 3–39, hier 4; C. A. Bayly, The Birth of the Modern World 1780–1914. Global Connections and Comparisons, Oxford 2004; J. Osterhammel, Die Verwandlung der Welt. Eine Geschichte des 19. Jahrhunderts, München [2]2013, 13–21. Vgl. auch W. Reinhard (Hg.), Geschichte der Welt. Weltreiche und Weltmeere, 1350–1750, München 2014; M. Berg (Hg.), Writing the History of the Global. Challenges for the 21st Century, Oxford 2013.

1. Entdeckung des Meeres

1 Homer zitiert nach der Übersetzung W. Schadewaldt, Homer. Die Odyssee, Reinbek [31]2003, S. 221 f.; Homer, Od., 12, 395–430.

2 B. W. Cunliffe, Europe between the Oceans. 9000 BC–AD 1000, New Haven [u. a.] 2011, 94–99.

3 C. Broodbank, The Making of the Middle Sea. A History of the Mediterranean from the Beginning to the Emergence of the Classical World, London 2013, 373–402, 431–444.

4 Homer, Od., 2, 415–434; Schadewaldt, Homer, 36.

5 Cunliffe, Europe between the Oceans, 185–202; E. Stein-Hölkeskamp, Das archaische Griechenland. Die Stadt und das Meer, München 2015, 27 f.

6 Homer, Od., 4, 75–85; Schadewaldt, Homer, 58.

7 Cunliffe, Europe between the Oceans, 240–243; Broodbank, The Making, 445–455.

8 Cunliffe, Europe between the Oceans, 289–300.

9 C. Bonnet, Melqart. Cultes et mythes de l'Héraclès tyrien en Méditerranée, Leuven 1988.

10 Broodbank, The Making, 517.

11 W. Schuller, Das Erste Europa 1000 v. Chr.–500 n. Chr., Stuttgart 2004, 44.

12 Schuller, Europa, 53 ff.; Stein-Hölkeskamp, Griechenland, 104.

13 King, The Black Sea, 25–33.

14 D. Abulafia, Thalassocracies, in: P. Horden/S. Kinoshita (Hgg.), A Companion to Mediterranean History, Chichester, West Sussex 2014, 139–153.

15 W. Schuller, Die Herrschaft der Athener im Ersten Attischen Seebund, Berlin/New York 1974; Schuller, Europa, 65–76.

16 M. Dreher, Hegemon und Symmachoi. Untersuchungen zum Zweiten Athenischen Seebund, Berlin/New York 1995.

17 D. Abulafia, The Great Sea. A Human History of the Mediterranean, London [u. a.] 2011, 152.

18 Abulafia, The Great Sea, 162 ff.; N. K. Rauh, Merchants, Sailors and Pirates in the Roman World, Stroud 2003.
19 E. A. Alpers, The Indian Ocean in World History, Oxford [u. a.] 2014, 28.
20 Schuller, Europa, 113–121.
21 L. Payne, Seas and Civilization. A Maritime History of the World, New York 2013, 130.
22 E. Flaig, Weltgeschichte der Sklaverei, München 2009, 56–66.
23 Abulafia, The Great Sea, 191 ff.
24 Cunliffe, Europe between the Oceans, 376 ff.
25 R. Gertwagen, Nautical Technology, in: P. Horden/S. Kinoshita (Hgg.), A Companion to Mediterranean History, Chichester, West Sussex 2014, 154–169.
26 Cunliffe, Europe between the Oceans, 398.
27 L. Casson, New Light on Maritime Loans. P. Vindob G 40822, in: R. Chakravarti (Hg.), Trade in Early India, Oxford/New York 2001, 228–243.
28 Übersetzt nach dem Originaltext bei A. Franzoi, Sagezza di mercante (CLE 1533), in: Rivista di Cultura Classica e Medievale 46 (2004), 257–263. Siehe zum Meeresaspekt in antiken Grabinschriften auch B. Dunsch, «Why Do We Violate Strange Seas and Sacred Waters?» The Sea as Bridge and Boundary in Greek and Roman Poetry, in: M. Grzechnik/H. Hurskainen (Hgg.), Beyond the Sea. Reviewing the Manifold Dimensions of Water as Barrier and Bridge, Köln [u. a.] 2015, 17–42, hier 38–41.
29 Siehe zu Arrianus K. G. Brandis, Arrians Periplus Ponti Euxini, in: Rheinisches Museum für Philologie 51 (1896), 109–126.
30 Strabo (geogr. 4.5.5.) zitiert nach der Übersetzung von S. Radt, Strabons Geographika. Bd. 1: Prolegomena, Buch 1–4: Text und Übersetzung, Göttingen 2002.
31 Geminos (Einführung in die Phänomene VI.9) zitiert nach der Übersetzung von C. Manitius, Gemini Elementa Astronomiae, Leipzig 1898.
32 B. Cunliffe, The Extraordinary Voyage of Pytheas the Greek, New York 2002, 141, 148 f.
33 Flavius Arrianus übersetzt nach der englischen Ausgabe, Arrian's Voyage Round the Euxine Sea, Translated; and Accompanied with a Geographical Dissertation, and Maps, Oxford 1805, 3.
34 King, The Black Sea, 52 ff.
35 R. Chakravarti, Merchants, Merchandise and Merchantmen in the Western Sea-Board of India (c. 500 BCE–1500 CE), in: O. Prakash (Hg.), The Trading World of the Indian Ocean, 1500–1800, Delhi 2012, 53–116, hier 57 f.
36 Zitiert nach der Übersetzung von B. Fabricius, Der Periplus des Erythräischen Meeres von einem Unbekannten, Leipzig 1883, 37.
37 L. Casson, The Periplus maris Erythraei, Princeton 1989, 97–100.
38 Broodbank, The Making, 604 f.
39 Abulafia, The Great Sea, 213 f., 226–238.
40 Cunliffe, Europe between the Oceans, 472 ff.

II. Nordsee – Ostsee – Schwarzes Meer

1 Alcuini Epistolae Nr. 16, in: E. Dümmler (Hg.), MGH Epp. 4, Berlin 1895.
2 Einen guten Überblick über die verschiedenen Expansions- und Herrschaftsgebiete

der Wikinger bietet P. Sawyer (Hg.), The Oxford Illustrated History of the Vikings, Oxford/New York 1997.

3 A. Verhulst, Der frühmittelalterliche Handel der Niederlande und der Friesenhandel, in: K. Düwel/H. Jankuhn (Hgg.), Untersuchungen zu Handel und Verkehr der vor- und frühgeschichtlichen Zeit, Bd. 3: Der Handel des frühen Mittelalters. Bericht über die Kolloquien der Kommission für die Altertumskunde Mittel- und Nordeuropas in den Jahren 1980 bis 1983, Göttingen 1985, 381–391, hier 385 f.

4 Siehe zur friesischen Gilde in Birka O. Mörke, Die Geschwistermeere. Eine Geschichte des Nord- und Ostseeraums, Stuttgart 2015, 54.

5 D. Adamczyk, Friesen, Wikinger, Araber. Die Ostseewelt zwischen Dorestad und Samarkand ca. 700–1100, in: A. Komlosy/H.-H. Nolte/I. Sooman (Hgg.), Ostsee 700–2000. Gesellschaft – Wirtschaft – Kultur, Wien 2008, 32–48.

6 G. Hatz, Danegeld, in: M. North (Hg.), Von Aktie bis Zoll. Ein historisches Lexikon des Geldes, München 1995, 78.

7 F. Androshchuk, The Vikings in the East, in: S. Brink (Hg.), The Viking World, London [u. a.] 2009, 517–524.

8 Zitiert nach C. Lübke, Das östliche Europa, Berlin 2004, 109.

9 Ebd., 121 f.

10 D. Adamczyk, Silber und Macht. Fernhandel, Tribute und die piastische Herrschaftsbildung in nordosteuropäischer Perspektive (800–1100), Wiesbaden 2014, 137–141.

11 King, The Black Sea, 73 ff.

12 G. Sigurðsson, The North Atlantic Expansion, in: S. Brink (Hg.), The Viking World, London [u. a.] 2009, 562–570.

13 B. W. Cunliffe, Facing the Ocean. The Atlantic and its Peoples, 8000 BC–AD 1500, Oxford 2004, 307.

14 J. V. Sigurðsson, Iceland, in: S. Brink (Hg.), The Viking World, London [u. a.] 2009, 571–578.

15 Grönländersaga hier und im Folgenden zitiert nach F. Niedner, Grönländer und Färinger Geschichten, Jena 1912, 36 f.

16 Grönländersaga, 22.

17 G. Sigurðsson, Introduction, in: G. Sigurðsson (Hg.), The Vinland Sagas, London 2012, ix–xxxix, hier xxxvi.

18 H. Ingestad, The Norse Discovery of America, Bd. 1: Excavations of a Norse Settlement at L'Anse aux Meadows, Newfoundland 1961–1968, Oslo 1985.

19 Sigurðsson, Atlantic Expansion, 568.

20 M. North, Europa expandiert, 1250–1500, Stuttgart 2007, 285.

21 K. Brandt/M. Müller-Wille/C. Radtke (Hgg.), Haithabu und die frühe Stadtentwicklung im nördlichen Europa, Neumünster 2002.

22 Magistri Adam Bremensis Gesta Hammaburgensis Ecclesiae potificum, in: B. Schmeidler (Hg.), MGH SS rer. Gem. 2, Hannover/Leipzig 1917.

23 H. Steuer, Geldgeschäfte und Hoheitsrechte zwischen Ostseeländern und islamischer Welt, in: Zeitschrift für Archäologie 12 (1978), 255–260 sowie Ders., Gewichtsgeldwirtschaft im frühgeschichtlichen Europa – Feinwaagen und Gewichte als Quellen zur Währungsgeschichte, in: K. Düwel [u. a.] (Hgg.), Untersuchungen zu Handel und Ver-

kehr der vor- und frühgeschichtlichen Zeit in Mittel- und Nordeuropa, Bd. 4: Der Handel der Karolinger- und Wikingerzeit, Göttingen 1987, 405–527.

24 D. Adamczyk, Od dirhemów do fenigów. Reorientacja bałtyckiego systemu handlowego na przełomie X i XI wieku, in: I. Panic/J. Sperka (Hgg.), Średniowiecze polskie i powszechne 4, Katowice 2007, 15–27; Ders., Friesen, Wikinger, Araber, 32–48.

25 G. Hatz, Handel und Verkehr zwischen dem Deutschen Reich und Schweden in der späten Wikingerzeit, Lund 1974; Ders., Der Handel in der späten Wikingerzeit zwischen Nordeuropa (insbesondere Schweden) und dem Deutschen Reich nach numismatischen Quellen, in: K. Düwel [u. a.] (Hgg.), Untersuchungen zu Handel und Verkehr der vor- und frühgeschichtlichen Zeit in Mittel- und Nordeuropa, Bd. 4: Der Handel der Karolinger- und Wikingerzeit, Göttingen 1987, 86–122; Ders., Die Münzen von Alt-Lübeck, in: Offa 21/22 (1964/65), 262; I. Leimus, Millennium Breakthrough. North Goes West, in: Ajalookultuuri ajakiri TUNA (2009), Special Issue, 7–34.

26 R. Hammel-Kiesow, Novgorod und Lübeck. Siedlungsgefüge zweier Handelsstädte im Vergleich, in: N. Angermann/K. Friedland (Hgg.), Novgorod. Markt und Kontor der Hanse, Köln [u. a.] 2002, 25–68. Siehe auch unten, S. 112–114.

27 Zum Folgenden siehe M. North, Die Geschichte der Ostsee. Handel und Kulturen, München 2011, 32–38.

28 J. Peets, The Power of Iron. Iron Production and Blacksmithy in Estonia and Neighbouring Areas in Prehistoric Period and the Middle Ages, Tallinn 2003.

29 J. Herrmann, Zwischen Hradschin und Vineta. Frühe Kulturen der Westslawen, Leipzig [u. a.] [2]1976, 202 ff.

30 Ebd., 206 ff.

31 J. Herrmann, Wikinger und Slawen. Zur Frühgeschichte der Ostseevölker, Berlin 1982, 24–32. Vgl. auch H. Janson, Pagani and Christiani – Cultural Identity and Exclusion around the Baltic in the Early Middle Ages, in: J. Staecker (Hg.), The Reception of Medieval Europe in the Baltic Sea Region. Papers of the XIIth Visby Symposium, held at Gotland University Visby, Visby 2009, 171–191.

32 B. Sawyer, The Viking-Age Rune-Stones. Custom and Commemoration in Early Medieval Scandinavia, Oxford 2000; M. Klinge, Die Ostseewelt, Helsinki 1995, 14; R. Bohn, Gotland, Kronshagen 1997, 29 f.; N. Price, Dying and the Dead. Viking Age Mortuary Behaviour, in: S. Brink (Hg.), The Viking World, London/New York 2008, 257–273.

33 Herrmann, Wikinger und Slawen, 48 ff.

34 Ebd., 44–47.

35 Ebd., 138–142.

III. Rotes Meer – Arabische See – Südchinesisches Meer

1 I. Battuta, Die Wunder des Morgenlandes. Reisen durch Afrika und Asien, München 2010.

2 Alpers, The Indian Ocean, 41; K. R. Hall, A History of Early Southeast Asia. Maritime Trade and Societal Development, 100–1500, Plymouth 2011, 213 f.

3 G. C. Gunn, History without Borders. The Making of an Asian World Region 1000–1800, Hongkong 2011, 37–43.

4 B. Watson Andaya, Seas, Oceans and Cosmologies in Southeast Asia, in: Journal of Southeast Asian Studies (im Druck); Dies., Rivers, Oceans and Spirits. Water Cosmology and ‹Femaleness›, in: Journal of Southeast Asian Studies (im Druck).

5 Alpers, The Indian Ocean, 41; Hall, Early Southeast Asia, 213 f.

6 N. C. Keong, At the Crossroads of the Maritime Silk Route, in: T. T. Jong/A. Lau (Hgg.), Maritime Heritage of Singapore, Singapore 2005, 60–79, hier 60 ff.

7 R. Chakravarti, Seafaring, Ships and Ship Owners. India and the Indian Ocean (AD 700–1500), in: D. Parkin (Hg.), Ships and the Development of Maritime Technology in the Indian Ocean, London 2002, 28–61; R. Ptak, Die Maritime Seidenstraße. Küstenräume, Seefahrt und Handel in vorkolonialer Zeit, München 2007, 326–333; S. Conermann, Südasien und der Indische Ozean, in: W. Reinhard (Hg.), Geschichte der Welt. Weltreiche und Weltmeere 1350–1750, München 2014, 369–510, hier 451–459.

8 Ibn Madschids Seefahrtsbuch liegt in englischer Übersetzung vor: A. Ibn Majid al-Najdi/G. R. Tibbetts (Hgg.), Arab Navigation in the Indian Ocean before the Coming of the Portuguese. Being a Translation of Kitab al-Fawa'id fi usul al-bahr, London 1971.

9 Chakravarti, Merchants, Merchandise and Merchantmen, 89–92.

10 G. Wolfschmidt, Von Kompaß und Sextant zu Radar und GPS – Geschichte der Navigation, in: Dies. (Hg.), Navigare necesse est: Geschichte der Navigation, Hamburg 2008, 17–143, hier 34.

11 R. Chakravarti, Nakhudas and Nauvittakas. Ship-Owning-Merchants in the West Coast of India (AD 1000–1500), in: Journal of the Economic and Social History of the Orient 43 (2000), 34–64.

12 S. D. Goitein, Letters of Jewish Traders, Princeton 1973, 63.

13 Ebd., 225.

14 R. Chakravarti, India and the Indian Ocean. Issues in Trade and Politics (up to c. 1500 CE), Mumbai 2014, 3–32, hier 15–18.

15 Alpers, The Indian Ocean, 51.

16 F. Reichert, Die Erfahrung der Welt. Reisen und Kulturbegegnung im späten Mittelalter, Stuttgart [u. a.] 2001, 181–197.

17 North, Europa expandiert, 312 f.

18 L. Blussé, Visible Cities. Canton, Nagasaki, and Batavia and the Coming of the Americans, Cambridge, MA/London 2008, 9 ff.

19 R. Ptak, Ming Maritime Trade to Southeast Asia, 1368–1567: Visions of a «System», in: C. Guillot/D. Lombard/R. Ptak (Hgg.), From the Mediterranean to the China Sea. Miscellaneous Notes, Wiesbaden 1998, 157–191, hier 159–165; Ders., Die maritime Seidenstraße.

20 Wang Dayuan über Longyamen, zitiert nach der Übersetzung von W. W. Rockhill/A. Lau/L. Lau (Hgg.), Maritime Heritage of Singapore, Singapore 2005, 71.

21 Ebd., 69.

22 B. Watson Andaya/L. Y. Andaya, A History of Early Modern Southeast Asia, 1400–1830, Cambridge [u. a.] 2015, 25 f.

23 Ptak, Maritime Trade, 159–165.

24 Watson Andaya/Andaya, Early Modern Southeast Asia, 89 f.

25 Ptak, Die maritime Seidenstraße, 234–247.

26 E. L. Dreyer, Zheng He. China and the Oceans in the Early Ming Dynasty, 1405–1433, New York [u. a.] 2007, 82–91.
27 Ptak, Maritime Trade, 248 f.
28 Ptak, Die maritime Seidenstraße, 244–249; Dreyer, Zheng He, 166–171.
29 Dreyer, Zheng He, 11–38.

IV. Mittelmeer

1 Homilien über das Hexaemeron: 4.7, übersetzt nach der französischen Fassung von S. Giet, Basile de Césarée, Homélies sur l'Hexaéméron, Paris 1950, 274 f.
2 Horden/Purcell, Mediterranean and «the New Thalassology», 722–740.
3 R. Unger, The Ship in the Medieval Economy, London 1980, 176–182.
4 Abulafia, The Great Sea, 330.
5 Ebd., 344–347.
6 North, Europa expandiert, 21.
7 B. Dini, Seeversicherung, in: Lexikon des Mittelalters, Bd. 7, Stuttgart/Weimar 1999, 1691 f.; F. Melis, Origini e sviluppi delle assicurazioni in Italia (sec. XIV–XVI), Rom 1975; K. Nehlsen-von Stryk, Die venezianische Seeversicherung im 15. Jahrhundert, Ebelsbach 1986.
8 M. North, Kleine Geschichte des Geldes. Vom Mittelalter bis heute, München 2009, 19–25.
9 Siehe auch unten, S. 136 f., 176 f.
10 E. Schmitt/C. Verlinden (Hgg.), Die mittelalterlichen Ursprünge der europäischen Expansion, München 1986, 57 f.
11 North, Europa expandiert, 245 ff.
12 Abulafia, The Great Sea, 329–339.
13 G. Casale, The Ottoman Age of Exploration, Oxford 2010; M. Greene, The Early Modern Mediterranean, in: P. Horden/S. Kinoshita (Hgg.), A Companion to Mediterranean History, Chichester, West Sussex 2014, 91–106, hier 92.
14 Greene, Early Modern Mediterranean, 93.
15 Ebd., 98.
16 M. van Gelder, Trading Places. The Netherlandish Merchants in Early Modern Venice, Leiden/Boston 2009, 48–97.
17 J. I. Israel, Dutch Primacy in World Trade, 1585–1740, Oxford 1989, 55, 143, 307–313.
18 Lunban Fī 'Ahd Al-Amīr Fahkr Al-Dīn Al-Ma'ni Al-Thani, wiedergegeben bei N. Matar, Europe through Arab Eyes, 1578–1727, New York 2009, 163.
19 Vgl. E. B. Schumpeter, English Overseas Trade Statistics, 1697–1808, London 1960, Tab. 6; J. de Vries/A. van der Woude, The First Modern Economy. Success, Failure, and Perseverance of the Dutch Economy, 1500–1815, Cambridge [u. a.] 1997, 497.
20 Greene, Early Modern Mediterranean, 93.
21 Übersetzt nach der englischen Fassung von M. Letts (Hg.), Pero Tafur. Travels and Adventures, 1435–1439, London 1926, 169 f.
22 Zum Rundschiff siehe Unger, Ship in the Medieval Economy, 182–187.
23 So brachten die Galeeren im Jahre 1497 Waren und Edelmetall im Wert von 300 000 Du-

katen nach Alexandria und kamen mit Waren im Wert von 295 000 Dukaten zurück. Siehe E. Ashtor, Levant Trade in the Later Middle Ages, Princeton 1983, 477.

24 Zu den Auktionspreisen siehe ebd., 319 f., 475 f.

25 F. C. Lane, Venice. A Maritime Republic, Baltimore 1973, 337–352.

26 G. Fouquet/G. Zeilinger, Katastrophen im Spätmittelalter, Darmstadt/Mainz 2011, 48–58; L. Pezzolo, The Venetian Economy, in: E. R. Dursteler (Hg.), A Companion to Venetian History, 1400–1797, Leiden/Boston 2013, 255–290, hier 261–264.

27 S. McKee, Gli schiavi, in: F. Franceschi/R. A. Goldthwaite/R. C. Mueller (Hgg.), Commercio e cultura mercantile, Vicenza 2007, 339–368.

28 Lane, Venice, 337–352.

29 Zur Rolle solcher Agenten und ihrer wechselseitigen Beziehung zu den Genizakaufleuten siehe A. Greif, Institutions and the Path to the Modern Economy. Lessons from Medieval Trade, Cambridge [u. a.] 2006, 61–90.

30 J. L. Goldberg, Trade and Institutions in the Medieval Mediterranean. The Geniza Merchants and their Business World, Cambridge [u. a.] 2012, 247–295.

31 Ebd., 338.

32 E. Ashtor, A Social and Economic History of the Near East in the Middle Ages, London 1976, 196 f. Siehe auch oben, S. 65 f.

33 North, Europa expandiert, 319.

34 A. Orlandi, The Catalonia Company. An Almost Unexpected Success, in: G. Nigro (Hg.), Francesco di Marco Datini. The Man, the Merchant, Firenze 2010, 347–376; Dies., Mercaderies i diners: la correspondència datiniana entre València i Mallorca (1395–1398), Valencia 2008; P. Iradiel Murugarren, El comercio en el Mediterráneo catalano-aragonés. Espacios y redes, in: H. Casado Alonso/A. García-Baquero (Hgg.), Comercio y hombres de negocios en Castilla y Europa en tiempos de Isabel la Católica, Madrid 2007, 123–150.

35 M. North, Das Bild des Kaufmanns, in: M. Schwarze (Hg.), Der neue Mensch. Perspektiven der Renaissance, Regensburg 2000, 233–257.

36 M. Mollat, Der königliche Kaufmann. Jacques Coeur oder der Geist des Unternehmertums, München 1991.

37 Ebd.

38 F. Trivellato, The Familiarity of Strangers. The Sephardic Diaspora, Livorno, and Cross-Cultural Trade in the Early Modern Period, New Haven [u. a.] 2009, 224–238.

39 Ebd., 238–250.

40 S. D. Aslanian, From the Indian Ocean to the Mediterranean. The Global Trade Networks of Armenian Merchants from New Julfa, Berkeley [u. a.] 2011, 72–75, 215–234.

41 P. Curtin, Cross-Cultural Trade in World History, Cambridge [u. a.] 1984.

42 M. Fusaro, Les Anglais et les Grecs. Un réseau de coopération commercial en Méditerranée vénitienne, in: Annales: Histoire, Sciences Sociales 58:3 (2003), 605–625; G. Harlaftis, The «Eastern Invasion». Greeks in Mediterranean Trade and Shipping in the Eighteenth and Early Nineteenth Centuries, in: M. Fusaro/C. Heywood/M.-S. Omri (Hgg.), Trade and Cultural Exchange in the Early Modern Mediterranean. Braudel's Maritime Legacy, London/New York 2010, 223–252.

43 Boccaccio zitiert nach der deutschen Ausgabe von P. Brockmeier (Hg.), G. Boccaccio. Das Decameron. Mit Holzschnitten der venezianischen Ausgabe von 1492, Stuttgart 2011, 128–160. Zu den weiblichen Reisenden im Decamerone siehe R. Morosini, Penelopi in viaggo «fuori rotta» nel Decameron e altrove. «Metamorfosi» et scambi nel Mediterraneo medievale, in: California Italian Studies Journal 1 (2010), 1–32.

44 M. Greene, Catholic Pirates and Greek Merchants. A Maritime History of the Mediterranean, Princeton [u. a.] 2010, 230.

45 Ebd., 226.

46 W. Kaiser/G. Calafat, The Economy of Ransoming in the Early Modern Mediterranean. A Form of Cross-Cultural Trade between Southern Europe and the Maghreb (Sixteenth to Eighteenth Centuries), in: F. Trivellato/L. Halevi/C. Antunes (Hgg.), Religion and Trade. Cross-Cultural Exchanges in World History, 1000–1900, Oxford [u. a.] 2014, 108–130.

47 W. Kaiser, Frictions profitables. L'économie de la rançon en Mediterranée occidentale (XVIe-XVIIe siècles), in: S. Cavaciocchi (Hg.), Ricchezza del Mare, Ricchezza dal Mare Secc. XIII–XVIII, Firenze 2006, 689–701.

48 P. N. Miller, The Mediterranean and the Mediterranean World in the Age of Peiresc, in: Ders. (Hg.), The Sea. Thalassography and Historiography, Ann Arbor 2013, 251–276; Ders., Peiresc's Mediterranean World, Cambridge, MA/London 2015.

49 J. Tolbert, Ambiguity and Conversion in the Correspondence of Nicolas-Claude Fabri de Peiresc and Thomas D'Arcos, 1630–1637, in: Journal of Modern History 13 (2009), 1–24; Matar, Europe through Arab Eyes, 68, 186 ff.

50 E. R. Dursteler, Renegade Women: Gender, Identity and Boundaries in the Early Modern Mediterranean, Baltimore 2011, 1–33; S. A. Epstein, Hybridity, in: P. Horden/S. Kinoshita (Hgg.), A Companion to Mediterranean History, Chichester, West Sussex 2014, 345–358.

51 M. Ressel, Protestant Slaves in Northern Africa during the Early Modern Age, in: S. Cavaciocchi (Hg.), Serfdom and Slavery in the European Economy 11th–18th Centuries, Firenze 2014, 523–536, hier 532 f.

52 D. J. Vitkus, Piracy, Slavery, and Redemption. Barbary Captivity Narratives from Early Modern England, New York 2001, 1–54.

53 Ressel, Protestant Slaves, 532 f.

54 O. Feldbæk, Dansk Søfarts Historie, Bd. 3: 1720–1814. Storhandelens tid, Copenhagen 1997, 35–62.

V. Nord- und Ostsee

1 Stieda, Veckinchusenbriefe, Nr. 248, Hildebrand Veckinchusen in Brügge an seine Frau Margarethe in Lübeck – 1420 Juni 23.

2 Mörke, Geschwistermeere.

3 V. Henn, Was war die Hanse?, in: J. Bracker/V. Henn/R. Postel (Hgg.), Die Hanse. Lebenswirklichkeit und Mythos. Lübeck 1998, 14–23; Überblick bei R. Hammel-Kiesow, Die Hanse, München [4]2008.

4 E. Hoffmann, Lübeck im Hoch- und Spätmittelalter. Die große Zeit Lübecks, in: A. Graßmann (Hg.), Lübecks Geschichte, Lübeck 1988, 79–340, hier 134–150;

E. Groth, Das Verhältnis der livländischen Städte zum Novgoroder Hansekontor im 14. Jahrhundert, Hamburg 1999.

5 T. H. Lloyd, England and the German Hanse, 1157–1611. A Study of their Trade and Commercial Diplomacy, Cambridge [u. a.] 1991; S. Jenks, Die ‹Carta mercatoria›. Ein «Hansisches» Privileg, in: Hansische Geschichtsblätter 108 (1990), 45–86.

6 H. Wernicke, Die Städtehanse 1280–1418. Genesis – Strukturen – Funktionen, Weimar 1983.

7 N. Jörn/R.-G. Werlich/H. Wernicke (Hgg.), Der Stralsunder Frieden von 1370. Prosopographische Studien, Köln [u. a.] 1998; K. Fritze, Am Wendepunkt der Hanse, Berlin 1967.

8 P. Dollinger, Die Hanse, Stuttgart 1989, 275–340; J. Bracker/V. Henn/R. Postel (Hgg.), Die Hanse. Lebenswirklichkeit und Mythos, Lübeck 1998, 700–757; H. Samsonowicz, Die Handelsstraße Ostsee-Schwarzes Meer im 13. und 14. Jahrhundert, in: S. Jenks/M. North (Hgg.), Der hansische Sonderweg? Beiträge zur Sozial- und Wirtschaftsgeschichte der Hanse, Köln [u. a.] 1993, 23–30.

9 G. Landwehr, Das Seerecht im Ostseeraum vom Mittelalter bis zum Ausgang des 18. Jahrhunderts, in: J. Eckert/K. Å. Modéer (Hgg.), Geschichte und Perspektiven des Rechts im Ostseeraum, Frankfurt/M. [u. a.] 2002, 275–304; Ders., Seerecht (Seehandelsrecht), in: A. Erler/E. Kaufmann (Hgg.), Handwörterbuch zur Deutschen Rechtsgeschichte, Bd. 4: Protonotarius Apostolicus – Strafprozeßordnung, Berlin 1990, 1596–1614.

10 S. Jenks, England, die Hanse und Preußen. Handel und Diplomatie, 1377–1474, Köln/Wien 1992; J. D. Fudge, Cargoes, Embargoes, and Emissaries. The Commercial and Political Interaction of England and the German Hanse, 1450–1510, Toronto 1995.

11 D. Seifert, Kompagnons und Konkurrenten. Holland und die Hanse im späten Mittelalter, Köln [u. a.] 1997; J. Schildhauer, Zur Verlagerung des See- und Handelsverkehrs im nordeuropäischen Raum während des 15. und 16. Jahrhunderts. Eine Untersuchung auf der Grundlage der Danziger Pfalkammerbücher, in: Jahrbuch für Wirtschaftsgeschichte 9:4 (1968), 187–211.

12 Bracker/Henn/Postel, Die Hanse, 110–195.

13 E. Cieślak, Historia Gdańska, Bd. 2: 1454–1655, Gdańsk 1982.

14 Y. Kikuchi, Hamburgs Handel mit dem Ostseeraum und dem mitteleuropäischen Binnenland vom 17. bis zum Beginn des 19. Jahrhunderts. Warendistribution und Hinterlandsnetzwerke auf See-, Fluss- und Landwegen, Diss. Phil. Greifswald 2013.

15 M. A. Denzel, Die Errichtung der Hamburger Bank 1619. Ausbreitung einer stabilen Währung und Ausdehnung des bargeldlosen Zahlungsverkehrs, in: D. Lindenlaub/C. Burhop/J. Scholtyseck (Hgg.), Schlüsselereignisse der deutschen Bankengeschichte, Stuttgart 2013, 38–50.

16 M. North, Kommunikation, Handel, Geld und Banken in der Frühen Neuzeit, München ^{2}2014, 19 f.

17 W. Blockmans, Metropolen aan de Noordzee. De Geschiedenis van Nederland 1000–1560, Amsterdam 2010, 532–587.

18 H. Van der Wee, Structural Changes in European Long-Distance Trade, and Particularly in the Re-Export Trade from South to North, 1350–1750, in: J. D. Tracy (Hg.),

The Rise of Merchant Empires. Long Distance Trade in the Early Modern World 1350–1750, Cambridge [u. a.] 1990, 13–33.

19 H. Van der Wee, The Growth of the Antwerp Market and the European Economy (Fourteenth-Sixteenth Centuries), Louvain 1963.

20 C. Lesger, De wereld als horizon. De economie tussen 1578 en 1650, in: W. Frijhoff/M. Prak (Hgg.), Geschiedenis van Amsterdam, Bd. 2/1: Centrum van de wereld, 1578–1650, Amsterdam 2004, 103–187, hier 107–115.

21 W. P. Blockmans, Der holländische Durchbruch in die Ostsee, in: S. Jenks/M. North (Hgg.), Der hansische Sonderweg? Beiträge zur Sozial- und Wirtschaftsgeschichte der Hanse, Köln [u. a.] 1993, 49–58.

22 L. Sicking, A Wider Spread of Risk. A Key to Understanding Holland's Domination of Eastward and Westward Seafaring from the Low Countries in the Sixteenth Century, in: H. Brand/L. Müller (Hgg.), The Dynamics of Economic Culture in the North Sea- and Baltic Region in the Late Middle Ages and Early Modern Period, Hilversum 2007, 122–135.

23 D. Defoe, A Plan of the English Commerce, London 1728, 192, zitiert nach C. Wilson, The Decline of the Netherlands, in: Ders., Economic History and the Historian. Collected Essays, London 1969, 22.

24 R. W. Unger, Dutch Shipbuilding before 1800, Assen/Amsterdam 1978, 4–9, 24–40.

25 C. Wilson, Profit and Power. A Study of England and the Dutch Wars, London 1957, 111.

26 Israel, Dutch Primacy, 21 f.

27 M. van Tielhof, The «Mother of All Trades»: The Baltic Grain Trade in Amsterdam from the Late 16th to the 19th Century, Leiden 2002; Wilson, Profit and Power, 40–47; Vries/Woude, First Modern Economy, 372–379.

28 Siehe auch S. 89 f.

29 Siehe unten, S. 141–147, 186–190.

30 Hierzu grundlegend Wilson, Profit and Power.

31 D. Ormrod, The Rise of Commercial Empires. England and the Netherlands in the Age of Mercantilism, 1650–1770, Cambridge [u. a.] 2003, 276, 287–306.

32 Y. Kaukiainen, Overseas Migration and the Development of Ocean Navigation. A Europe-Outward Perspective, in: D. R. Gabaccia/D. Hoerder (Hgg.), Connecting Seas and Connected Ocean Rims. Indian, Atlantic, and Pacific Oceans and China Seas Migrations from the 1830 s to the 1930 s, Leiden/Boston 2011, 371–386.

33 Ormrod, The Rise of Commercial Empires, 276, 284–287.

34 North, Geschichte der Ostsee, 127–134, 157–165.

35 E. Kizik, Mennonici w Gdańsku, Elblągu i na Żuławach wiślanych w drugiej połowie XVII i w XVIII wieku, Gdańsk 1994.

36 M. Bogucka, Gdańskie rzemiosło tekstylne od XVI do połowy XVII wieku, Wrocław 1956; F. Gause, Geschichte der Stadt Königsberg, Bd. 1, Köln/Graz 1965, 310 ff.

37 M. Bogucka, The Baltic and Amsterdam in the First Half of the 17th Century, in: The Interactions of Amsterdam and Antwerp with the Baltic Region, 1400–1800, Leiden 1983, 55 f.; Dies., Dutch Merchants' Activities in Gdansk in the First Half of the 17th Century, in: J. P. S. Lemmink/J. S. A. M. van Koningsbrugge (Hgg.), Baltic Affairs.

Relations between the Netherlands and North-Eastern Europe 1500–1800, Nijmegen 1990, 22ff.

38 J. T. Lindblad, Louis de Geer (1587–1652). Dutch Entrepreneur and the Father of Swedish Industry, in: C. Lesger/L. Noordegraaf (Hgg.), Entrepreneurs and Entrepreneurship in Early Modern Times. Merchants and Industrialists within the Orbit of the Dutch Staple Market, Den Haag 1995, 77–84.

39 H. v. Nieuwenhuize, Die privat organisierte niederländische Hilfsflotte in schwedischem Dienst im Torstenssonkrieg (1643–1645). Aufstellung, Einsatz und ihre Bedeutung für den Export niederländischer Seefahrtstechnologie, Diss. Phil. Greifswald 2016.

40 M. Krieger, Kaufleute, Seeräuber und Diplomaten. Der dänische Handel auf dem Indischen Ozean (1620–1868), Köln [u. a.] 1998.

41 M. North, Modell Niederlande. Wissenstransfer und Strukturanpassung in Zeiten der Globalisierung, in: Deutsch-Niederländische Beziehungen in Vergangenheit, Gegenwart und Zukunft. IV. Symposium, 27./28. November 1998 in Berlin, Berlin 1999, 165–176.

42 M. North, The Hamburg Art Market and Influences on Northern and Central Europe, in: Scandinavian Journal of History 28 (2003), 253–261; Ders., The Long Way of Professionalisation in the Early Modern German Art Trade, in: S. Cavaciocchi (Hg.), Economia e arte, Secc. XIII.–XVIII., Prato 2002, 459–471.

43 J. Roding, The Myth of the Dutch Renaissance in Denmark. Dutch Influence on Danish Architecture in the 17th Century, in: J. P. S. Lemmink/J. S. A. M. van Koningsbrugge (Hgg.), Baltic Affairs. Relations between the Netherlands and North-Eastern Europe 1500–1800, Nijmegen 1990, 343–353; Dies., The North Sea Coasts, an Architectural Unity?, in: Dies./L. Heerma van Voss (Hgg.), The North Sea and Culture (1550–1800), Proceedings of the International Conference held at Leiden, 21.–22. April 1995, Hilversum 1996, 95–106.

44 M. Wardzyński, Zwischen den Niederlanden und Polen-Litauen. Danzig als Mittler niederländischer Kunst und Musterbücher, in: M. Krieger/M. North (Hgg.), Land und Meer. Kultureller Austausch zwischen Westeuropa und dem Ostseeraum in der Frühen Neuzeit, Köln [u. a.] 2004, 23–50.

VI. Indischer Ozean

1 Übersetzt nach E. G. Ravenstein (Hg.), A Journal of the First Voyage of Vasco da Gama 1497–1499, London 1898, 77ff.

2 P. E. Russell, Prince Henry the Navigator, in: Ders., Portugal, Spain and the African Atlantic, Aldershot 1995, XI, 3–30.

3 B. W. Diffie/G. D. Winius, Foundations of the Portuguese Empire. 1415–1580, Minneapolis, MA 1977, 57–106.

4 C. R. Boxer, The Portuguese Seaborne Empire 1415–1825, Harmondsworth 1970, 15–38; Diffie/Winius, Foundations of the Portuguese Empire, 144–165.

5 Zu Missverständnissen und Enttäuschungen, denen die Portugiesen in Calicut begegneten, siehe J. Sarnowsky, Die Erkundung der Welt. Die großen Entdeckungsreisen von Marco Polo bis Humboldt, München 2015, 72–77.

6 Ravenstein, Journal of the First Voyage of Vasco da Gama, 60.

7 Alpers, The Indian Ocean, 70 f.

8 Siehe auch oben, S. 72.

9 W. Reinhard, Geschichte der europäischen Expansion, Bd. 1: Die Alte Welt bis 1818, Stuttgart 1983, 50–67; Boxer, The Portuguese Seaborne Empire, 39–64.

10 C. R. Boxer, The Great Ship of Amacon. Annals of Macao and the Old Japan Trade, 1555–1640, Lisboa 1959, 15 f.

11 Reinhard, Geschichte der europäischen Expansion, Bd. 1, 50–67; Boxer, The Portuguese Seaborne Empire, 39–64.

12 S. Subrahmanyam, The Portuguese Empire in Asia 1500–1700. A Political and Economic History, Chichester [2]2012.

13 K. Zandvliet, De Nederlandse Ontmoeting met Azië 1600–1950, Zwolle 2002, 13–16.

14 F. S. Gaastra, Die Vereinigte Ostindische Compagnie der Niederlande – ein Abriß ihrer Geschichte, in: E. Schmitt/T. Schleich/T. Beck (Hgg.), Kaufleute als Kolonialherren: Die Handelswelt der Niederländer vom Kap der Guten Hoffnung bis Nagasaki 1600–1800, Bamberg 1988, 1–89, hier 3–7; Ders., De geschiedenis van de VOC, Zutphen 2002, 15–20.

15 Gaastra, Vereinigte Ostindische Compagnie der Niederlande, 7–12; Reinhard, Geschichte der europäischen Expansion, Bd. 1, 114.

16 Gaastra, Geschiedenis van de VOC, 20–23, 28–32, 66 ff., 149–164.

17 P. Borschberg, Journal, Memories and Letters of Cornelis Matelieff de Jonge. Security, Diplomacy and Commerce in 17th-Century Southeast Asia, Singapore 2015, 133–138; Gaastra, Geschiedenis van de VOC, 39 f.; P. Emmer/J. Gommans, Rijk aan de rand van de wereld. De geschiedenis van Nederland overzee, 1600–1800, Amsterdam 2012, 289 ff.

18 K. Glamann, Dutch-Asiatic Trade, Kopenhagen/Den Haag 1958, 12–21, besonders 14 (Tab. 2); Gaastra, Geschiedenis van de VOC, 43–46, 124–130; Emmer/Gommans, Rijk aan de rand, 52 f., 303–310, 320–325, 345 ff., 380–386.

19 I. Schöffer/F. S. Gaastra, The Import of Bullion and Coin into Asia by the Dutch East India Company in the Seventeenth and Eighteenth Centuries, in: M. Aymard (Hg.), Dutch Capitalism and World Capitalism, Cambridge [u. a.] 1982, 215–233; Gaastra, Vereinigte Ostindische Compagnie der Niederlande, 89 (Tab. 13); Emmer/Gommans, Rijk aan de rand, 414–419.

20 Gaastra, Vereinigte Ostindische Compagnie der Niederlande, 55; Gaastra, Geschiedenis van de VOC, 131–148; Emmer/Gommans, Rijk aan de rand, 45 ff.

21 J. G. Taylor, The Social World of Batavia. European and Eurasian in Dutch Asia, Madison 1983, 3–20; H. E. Niemeijer, Batavia. Een koloniale samenleving in de zeventiende eeuw, Amsterdam 2005.

22 H. E. Niemeijer, Calvinisme en koloniale stadscultuur, Batavia 1619–1725, Amsterdam 1996, 26.

23 P. Borschberg, Ethnicity, Language and Culture in Melaka after the Transition from Portuguese to Dutch Rule, in: Journal of the Malaysian Branch of the Royal Asiatic Society 83:2 (2010), 93–117.

24 P. J. Stern, The Company-State. Corporate Sovereignity and the Early Modern Foundations of the British Empire in India, Oxford [u. a.] 2001, 19–40.

25 O. Prakash, The Trading World of the Indian Ocean. Some Defining Features, in: Ders. (Hg.), The Trading World of the Indian Ocean, 1500–1800, Delhi 2012, 3–52, hier 24–28; P. A. Van Dyke, The Canton Trade. Life and Enterprise on the China Coast 1700–1845, Hongkong 2005.
26 Prakash, Trading World, 28–30.
27 Ebd., 36–38.
28 K. N. Chaudhuri, The Trading World of Asia and the English East India Company 1660–1760, Cambridge [u. a.] 2006, 237–312; P. Parthasarathi, Cotton Textiles in the Indian Subcontinent, 1200–1800, in: G. Riello/P. Parthasarathi (Hgg.), The Spinning World. A Global History of Cotton Textiles, 1200–1850, New York 2009, 17–42.
29 Blussé, Visible Cities, 53 ff.
30 Watson Andaya/Andaya, Early Modern Southeast Asia, 338 f.
31 G. A. Nadri, Sailing in Hazardous Waters. Maritime Merchants of Gujarat in the Second Half of the Eighteenth Century, in: O. Prakash (Hg.), The Trading World of the Indian Ocean, 1500–1800, Delhi 2012, 255–284, hier 267.
32 Siehe oben, S. 102 f.
33 S. Chaudhury, Trading Networks in a Traditional Diaspora. Armenians in India, c. 1600–1800, in: I. Baghdiantz McCabe/G. Harlaftis/I. P. Minoglou (Hgg.), Diaspora Entrepreneurial Networks. Four Centuries of History, Oxford/New York 2005, 51–72.
34 Siehe auch unten, S. 232.
35 J. K. Chin, The Hokkien Merchants in the South China Sea, 1500–1800, in: O. Prakash (Hg.), The Trading World of the Indian Ocean, 1500–1800, Delhi 2012, 433–461; Blussé, Visible Cities, 20–23.
36 Blussé, Visible Cities, 10 f.
37 Chin, The Hokkien Merchants, 433–461.
38 Watson Andaya/Andaya, Early Modern Southeast Asia, 149.
39 Chin, The Hokkien Merchants, 433–461.
40 B. Watson Andaya, ‹A People that Range into All the Kingdoms of Asia›: The Chulia Trading Network in the Malay World in the Seventeenth and Eighteenth Centuries, in: O. Prakash (Hg.), The Trading World of the Indian Ocean, 1500–1800, Delhi 2012, 353–386.
41 M. R. Fernando, Commerce in the Malay Archipelago, 1400–1800, in: O. Prakash (Hg.), The Trading World of the Indian Ocean, 1500–1800, Delhi 2012, 387–431.
42 Watson Andaya/Andaya, Early Modern Southeast Asia, 149; P. Borschberg, The Singapore and Melaka Straits. Violence, Security and Diplomacy in the 17th Century, Singapore 2010, 14, 53, 63.
43 J. Lucassen, A Multinational and its Labor Force. The Dutch East India Company, 1595–1795, in: International Labor and Working-Class History 66 (2004), 12–39, hier 12–17.
44 H. Ketting, Leven, werk en rebellie aan boord van Oost-Indiëvaarders (1595–1650), Amsterdam 2002, 29–37.
45 Ebd., 88 f.
46 J. R. Bruijn, De personeelsbehoefte van de VOC overzee en aan boord, bezien in Aziatisch en Nederlands perspectief, in: Low Countries Historical Review 91 (1976), 218–

248, hier 223; J. Lucassen, Zeevarenden, in: L. M. Akveld/S. Hart/W. J. van Hoboken (Hgg.), Maritieme geschiedenis der Nederlanden, Bd. 2: Zeventiende eeuw, van 1585 tot ca. 1680, Bussum 1977, 126–158, hier 145–150.

47 Lucassen, Multinational and its Labor Force, 16.

48 Bruijn, Personeelsbehoefte van de VOC, 218–248, hier 223; Lucassen, Zeevarenden, 145–150.

49 Lucassen, Zeevarenden, 126–158.

50 J. R. Bruijn, Schippers van de VOC in de achttiende eeuw aan de wal en op zee, Amsterdam [2]2008, 163 ff.

51 Lucassen, Multinational and its Labor Force, 19–24; M. van Rossum, Werkers van de wereld. Globalisering, arbeid en interculturele ontmoetingen tussen Aziatische en Europese zeelieden in dienst van de VOC, 1600–1800, Hilversum 2014.

52 V. W. Lunsford, Piracy and Privateering in the Golden Age Netherlands, New York [u. a.] 2005, 170–175.

53 C. Ferrão/J. P. Monteiro Soares (Hgg.), The «Thierbuch» and «Autobiography» of Zacharias Wagener, Rio de Janeiro 1997.

54 M. de Bruijn/R. Raben (Hgg.), The World of Jan Brandes, 1743–1808. Drawings of a Dutch Traveller in Batavia, Ceylon and Southern Africa, Zwolle 2004.

55 Brief van C. L. Scheitz vanuit Steinberg aan zijn broer, 23 maart 1780, hg. von A. Langendoen, in: E. van der Doe (Hg.), De dominee met het stenen hart en andere overzeese briefgeheimen, Zutphen 2008, 75 f.

56 Blussé, Visible Cities, 35, 49.

57 Zandvliet, De Nederlandse ontmoeting, 24 ff.

58 M. North, Art and Material Culture in the Cape Colony and Batavia in the Seventeenth and Eighteenth Centuries, in: T. DaCosta Kaufmann/M. North (Hgg.), Mediating Netherlandish Art and Material Culture in Asia, Amsterdam 2014, 111–128.

59 Zandvliet, De Nederlandse ontmoeting, 24 ff.

60 G. E. Rumphius, D'Amboinsche Rariteitkamer, Amsterdam 1705.

61 F. Valentyn, Oud en Nieuw Oost-Indiën, Dordrecht 1724–26.

62 Borschberg, Matelieff, 467 f.; J. Villiers, The Estado da India in South East Asia, in: P. Kratoska/P. Borschberg (Hgg.), South East Asia. Colonial History, Bd. 1: Imperialism before 1800, London [u. a.] 2001, 151–178.

63 P. Borschberg, Hugo Grotius, the Portuguese and Free Trade in the East Indies, Singapore 2011, 78–105; Ders., Singapore and Melaka Straits, 68–77; T. Brook, Mr. Selden's Map of China. Decoding Secrets of a Vanished Cartographer, New York 2013, 19–44; C. H. Alexandrowicz, An Introduction to the History of the Law of the Nations in the East Indies (16th, 17th and 18th Centuries), Oxford 1967, 61–82; Steinberg, Social Construction, 68–110.

64 Siehe oben, S. 128 f.

65 Steinberg, Social Construction, 98.

66 Watson Andaya/Andaya, Early Modern Southeast Asia, 301.

VII. Atlantik

1 Die Geschäfte einer Überseehandelsgesellschaft: Aus einem Brief eines Seniorpartners in Sevilla an den Juniorpartner in Lima (1553), Sevilla, 16. Oktober 1553, in: E. Schmitt (Hg.), Dokumente zur Geschichte der europäischen Expansion, Bd. 4: Wirtschaft und Handel der Kolonialreiche, München 1988, 52 f.

2 J. E. Chaplin, The Atlantic Ocean and its Contemporary Meanings, 1492–1808, in: J. P. Greene/P. D. Morgan (Hgg.), Atlantic History. A Critical Appraisal, Oxford 2009, 35–51.

3 F. Fernández-Armesto, Before Columbus. Exploration and Colonisation from the Mediterranean to the Atlantic, 1229–1492, London 1987; D. Abulafia, Neolithic Meets Medieval. First Encounters in the Canary Islands, in: Ders./F. Berend (Hgg.), Medieval Frontiers. Concepts and Practices, Aldershot 2002, 255–278.

4 F. Mauro, Die europäische Expansion, Stuttgart 1984, 33–41.

5 L. Martín-Merás, Fabricando la imagen del mundo. Los trabajos cartográficos de la Casa de la Contratación, in: G. de Carlos Boutet (Hg.), España y América. Un oceáno de negocios. Quinto centenario de la Casa de la Contratación, 1503–2003, Madrid 2003, 89–102; Chaplin, The Atlantic Ocean, 38 f.

6 J. K. Thornton, A Cultural History of the Atlantic World 1250–1820, Cambridge [u. a.] 2012, 9 ff.

7 I. K. Steele, The English Atlantic, 1675–1740. An Exploration of Communication and Community, New York 1986, 14 f.

8 J. H. Elliott, Atlantic History. A Circumnavigation, in: D. Armitage/M. J. Braddick (Hgg.), The British Atlantic World, 1500–1800, Houndmills 2009, 253–270, hier 254 f.

9 N. Sánchez-Albornoz, La población de América latina. Desde los tiempos precolombinos al año 2025, Madrid 1994, 80.

10 W. Stangl, Zwischen Authentizität und Fiktion. Die private Korrespondenz spanischer Emigranten aus Amerika, 1492–1824, Köln [u. a.] 2012, 99–107.

11 R. M. Serrera, La Casa de la Contratación en Sevilla (1503–1717), in: G. de Carlos Boutet (Hg.), España y América. Un oceáno de negocios. Quinto centenario de la Casa de la Contratación, 1503–2003, Madrid 2003, 47–64; H. Pohl, Die Consulados im spanischen Amerika, in: Jahrbuch für Geschichte von Staat, Wirtschaft und Gesellschaft Lateinamerikas 3 (1966), 402–415.

12 Schmitt, Dokumente zur Geschichte der europäischen Expansion, Bd. 4, 48–51, auf der Basis von P. Chaunu, Sevilla y América siglos XVI y XVII, Sevilla 1983, 204 f.

13 Siehe Pazifik.

14 M. A. Burkholder/L. A. Johnson, Colonial Latin America, New York/Oxford [8]2012, 162 f.

15 C. S. Assadourian, El sistema de la economía colonial. El mercado interior, regiones y espacio económico, Mexico-City 1983.

16 Burkholder/Johnson, Latin America, 182–185, 303.

17 A. J. R. Russell-Wood, The Portuguese Atlantic, 1415–1808, in: J. P. Greene/P. D. Morgan (Hg.), Atlantic History. A Critical Appraisal, Oxford 2009, 81–109.

18 North, Europa expandiert, 109.

19 Russell-Wood, The Portuguese Atlantic, 89–96.

20 Burkholder/Johnson, Latin America, 185 f.

21 North, Kleine Geschichte des Geldes, 121 ff.

22 H. den Heijer, De geschiedenis van de WIC, Zutphen 2002, 13–54; C. R. Boxer, The Dutch in Brazil, 1624–1654, Oxford 1957.

23 M. North, Das Goldene Zeitalter. Kunst und Kommerz in der niederländischen Malerei des 17. Jahrhunderts, Köln [u. a.] 2001, 34 ff.; Heijer, Geschiedenis van de WIC, 151–162.

24 O. A. Rink, Seafarers and Businessmen. The Growth of Dutch Commerce in the Lower Hudson River Valley, in: R. Panetta (Hg.), The Dutch New York. The Roots of Hudson Valley Culture, New York 2009, 7–34.

25 J. de Vries, The Dutch Atlantic Economies, in: P. A. Coclanis (Hg.), The Atlantic Economy during the Seventeenth and Eighteenth Centuries. Organization, Operation, Practice, and Personnel, Columbia 2005, 1–29, hier 8.

26 M. North, Geschichte der Niederlande, München ^{4}2013, 40 ff.

27 C. Schnurmann, Atlantische Welten. Engländer und Niederländer im amerikanisch-atlantischen Raum 1648–1713, Köln [u. a.] 1998, 231–234, 293–301.

28 De Vries, Atlantic Economies, 12.

29 B. Schmidt, The Dutch Atlantic. From Provincialism to Globalism, in: J. P. Greene/P. D. Morgan (Hgg.), Atlantic History. A Critical Appraisal, Oxford 2009, 163–187, hier 181 f.

30 J. Berger Hochstrasser, The Butterfly Effect. Embodied Cognition and Perceptual Knowledge in Maria Sibylla Merian's *Metamorphosis Insectorum Surinamensium*, in: S. Huigen/J. L. de Jong/E. Kolfin (Hgg.), The Dutch Trading Companies as Knowledge Networks, Leiden/Boston 2010, 59–101.

31 R. Hakluyt, Divers Voyages Touching the Discovery of America and the Islands Adjacent, London 1850, 8 f.

32 Siehe P. Mancall, Hakluyt's Promise. An Elizabethan's Obsession for an English America, New Haven 2007; K. Ordahl Kupperman, The Jamestown Project, Cambridge, MA/London 2007.

33 A. Games, Migration and the Origins of the English Atlantic World, Cambridge, MA/London 1999, 39 f.

34 A. Games, Migration, in: D. Armitage/M. J. Braddick (Hgg.), The British Atlantic World, 1500–1800, Basingstoke ^{2}2009, 33–52, hier 39 f.

35 Ebd., 32 ff. Siehe auch A. Games, Beyond the Atlantic. English Globetrotters and Transoceanic Connections, in: The William and Mary Quarterly, Third Series 66:4 (Okt., 2006), 675–692; S. M. M. Pearsall, Atlantic Families. Lives and Letters in the Later Eighteenth Century, Oxford/New York 2010.

36 N. Zahedieh, Economy, in: D. Armitage/M. J. Braddick (Hgg.), The British Atlantic World, 1500–1800, Basingstoke ^{2}2009, 53–70, hier 53.

37 P. W. Hunter, Purchasing Identity in the Atlantic World, Massachusetts Merchants, 1670–1780, Ithaca [u. a.] 2001, 48 f., 66, 78, 83 ff.

38 C. Frank, Objectifying China. Imagining America. Chinese Commodities in Early America, Chicago/London 2011, 30–34, 43–46.

39 G. Havard/C. Vidal, Histoire de L'Amérique Française, Paris ^{2}2008, 61–66.

40 L. Dubois, The French Atlantic, in: J. P. Greene/P. D. Morgan (Hgg.), Atlantic History. A Critical Appraisal, Oxford 2009, 137–161, hier 140–144. Siehe auch C. C. Bell, Revolution, Romanticism, and the Afro-Creole Protest Tradition in Louisiana, 1718–1868, Baton Rouge 1997.
41 Dubois, French Atlantic, 144ff.
42 P. Gilroy, The Black Atlantic. Modernity and Double-Consciousness, Cambridge, MA/London 1993.
43 M. Zeuske, Sklavenhändler, Negreros und Atlantikkreolen. Eine Weltgeschichte des Sklavenhandels im atlantischen Raum, Berlin 2015, 21–25.
44 P. D. Morgan, Africa and the Atlantic, c. 1450 to c. 1820, in: J. P. Greene/P. D. Morgan (Hgg.), Atlantic History. A Critical Appraisal, Oxford 2009, 223–248.
45 D. Northrup, Africa's Discovery of Europe, 1450–1850, New York 2002, 50–69.
46 C. Kriger, Mapping the History of Cotton Textile Production in Precolonial West Africa, in: African Economic History 33 (2005), 87–116.
47 Dies., The Importance of Mande Textiles in the African Side of the Atlantic Trade, ca. 1680–1710, in: Mande Studies 11 (2011), 1–21, hier 16.
48 Morgan, Africa and the Atlantic, 223f., 232, 235–240; D. Eltis, Precolonial Western Africa, and the Atlantic Economy, in: B. L. Solow (Hg.), Slavery and the Rise of the Atlantic System, New York 1991, 97–119.
49 J. A. Carney, African Plant and Animal Species in 18th-Century Tropical America, in: V. Hyden-Hanscho/R. Pieper/W. Stangl (Hgg.), Cultural Exchange and Consumption Patterns in the Age of Enlightenment. Europe and the Atlantic World, Bochum 2013, 97–116; H. S. Klein, The Atlantic Slave Trade, New York 2010, 182–187.
50 V. Carretta, Equiano the African. Biography of a Self-Made Man, Athens 2005, 1–16.
51 Vgl. ebd., 135–161.
52 Ebd., 176–201.
53 Ebd., 236–270.
54 M. Ogborn, Global Lives. Britain and the World 1550–1800, Cambridge [u. a.] 2008, 276–280; Carretta, Equiano, 330–339.
55 J. E. Chamberlin, Island. How Islands Transform the World, New York 2013, 8–13.
56 Thornton, Cultural History, 104–107.
57 J.-P. Rubiés, The Worlds of Europeans, Africans, and Americans, c. 1490, in: N. Canny/P. Morgan (Hgg.), The Oxford Handbook of the Atlantic World c. 1450–c.1850, Oxford 2011, 21–37, hier 32–36.
58 A. W. Crosby, The Columbian Exchange. Biological and Cultural Consequences of 1492, Westport 2003.
59 A. Turner Bushnell, Indigenous America and the Limits of the Atlantic World, 1493–1825, in: J. P. Greene/P. D. Morgan (Hgg.), Atlantic History. A Critical Appraisal, Oxford 2009, 191–221, hier 191–204.
60 Havard/Vidal, Histoire de L'Amérique Française, 172–176, 318–329.
61 Dubois, French Atlantic, 140–144.
62 Turner Bushnell, Indigenous America, 199.
63 J. M. Hall, Zamumo's Gifts. Indian-European Exchange in the Colonial Southeast, Philadelphia 2009, 1–11, 117–167.

64 P. Hämäläinen, The Comanche Empire, New Haven 2008, 3.

65 Grundlegend hierzu R. White, The Middle Ground. Indians, Empires, and Republics in the Great Lakes Region, 1650–1815, New York 1991; C. F. Smith, Native Borderlands. Colonialism and the Development of Native Power, in: J. W. I. Lee/M. North (Hgg.), Globalizing Borderlands Studies in Europe and North America, Lincoln 2016, 179–192.

66 Übersetzt nach B. Lubbock (Hg.), Barlow's Journal of His Life at Sea in King's Ships, East and West Indiamen and Other Ships from 1659 to 1703, London 1934, 162. Ogborn, Global Lives, 148 f.

67 Ogborn, Global Lives, 148–152.

68 P. Earle, Sailors. English Merchant Seamen 1650–1775, Methuen 2007, 145–163.

69 W. Dampier, A New Voyage Round the World, London 1697.

70 Ogborn, Global Lives, 171–177.

71 M. Rediker, The Pirate and the Gallows. An Atlantic Theater of Terror and Resistance, in: J. H. Bentley/R. Bridenthal/K. Wigen (Hgg.), Seascapes. Maritime Histories, Littoral Cultures, and Transoceanic Exchanges, Honolulu 2007, 239–250, hier 242.

72 Rediker, Outlaws of the Atlantic, 63–88.

73 Siehe oben, S. 104–109.

74 M. North, Towards a Global Material Culture. Domestic Interiors in the Atlantic and Other Worlds, in: V. Hyden-Hanscho/R. Pieper/W. Stangl (Hgg.), Cultural Exchange and Consumption Patterns in the Age of Enlightenment. Europe and the Atlantic World, Bochum 2013, 81–96, hier 92; D. L. Krohn/M. De Filippis/P. Miller (Hgg.), Dutch New York between East and West. The World of Margrieta van Varick, New Haven 2009, 356.

75 W. Monson, Advice How to Plant the Island of Madagascar, or St. Lawrence, the Greatest Island in the World, and a Part of Africa, in: M. Oppenheim (Hg.), The Naval Tracts of Sir William Monson in Six Books Edited with a Commentary Drawn from the State Papers and Other Original Sources, London 1913, 434–439, hier 437 f.

76 Siehe A. Ortelius, Theatrum Orbis Terrarum. Gedruckt zu Nuernberg durch Johann Koler Anno MDLXXII, Darmstadt 2012 (1572).

77 L. J. Waghenaer, T'eerste deel vande Spieghel der zeevaerdt, van de navigatie der Westersche zee [...] in diversche zee caerten begrepen, Leiden 1584.

78 Sobel, Longitude.

79 M. de Campos Françozo, De Olinda a Holanda. O gabinete de curiosidades de Nassau, Campinas 2014; M. North, Koloniale Kunstwelten in Ostindien. Kulturelle Kommunikation im Umkreis der Handelskompanien, in: Jahrbuch für Europäische Überseegeschichte 5 (2005), 55–72, hier 55.

80 Schmidt, Dutch Atlantic, 178. Siehe auch K. Zandvliet, Mapping for Money. Maps, Plans and Topographic Paintings and Their Role in Dutch Overseas Expansion during the Sixteenth and Seventeenth Centuries, Amsterdam 1998.

81 Chaplin, The Atlantic Ocean, 45; Dies., The First Scientific American. Benjamin Franklin and the Pursuit of Genius, New York 2006, 195–200.

82 Chaplin, The Atlantic Ocean, 45–48.

VIII. Pazifik

1 Übersetzt nach E. H. McCormick, Omai. Pacific Envoy, Auckland [u. a.] 1977, 128.

2 A. v. Chamisso, Reise um die Welt, Berlin 2001, 345.

3 R. Wendt, Einleitung. Der Pazifische Ozean und die Europäer. Ambitionen, Erfahrungen und Transfers, in: Saeculum 64:1 (2014), 1–7, hier 1.

4 D. Salesa, The Pacific in Indigenous Times, in: D. Armitage/A. Bashford (Hgg.), Pacific Histories. Ocean, Land, People, Basingstoke [u. a.] 2014, 31–52, hier 34 ff.; B. Fagan, Beyond the Blue Horizon, New York 2012, 37–41.

5 A. Giraldez, The Age of Trade, New York [u. a.] 2015, 119–144.

6 W. A. McDougall, Let the Sea Make a Noise. A History of the North Pacific from Magellan to MacArthur, New York 1993, 25 ff.

7 Zu den beiden Flottenunternehmungen siehe B. Schmidt, Innocence Abroad. The Dutch Imagination and the New World, 1570–1670, Cambridge [u. a.] 2001, 197–210.

8 R. F. Buschmann, Iberian Visions of the Pacific Ocean, Basingstoke [u. a.] 2014, 55–68.

9 J. Banks/J. Cook/J. Hawkesworth, The Unfortunate Compiler, in: J. Lamb/V. Smith/N. Thomas (Hgg.), Exploration and Exchange. A South Sea Anthology 1680–1900, Chicago 2000, 73–92, hier 84–88.

10 J. R. Forster, Observations Made during a Voyage Round the World on Physical Geography, Natural History, and Ethic Philosophy, London 1778, 513.

11 H. Guest, Empire, Barbarism, and Civilization. James Cook, William Hodges, and the Return to the Pacific, Cambridge [u. a.] 2007.

12 P. Bérard, Le voyage de La Pérouse. Itinéraires et aspects singuliers, Albi 2010, 133–142; S. R. Fischer, History of the Pacific Islands, Houndmills 2002, 92 f.

13 Buschmann, Iberian Visions, 164–169.

14 McDougall, Let the Sea, 62–71.

15 Über die Details berichtet ausführlich R. H. Dana, Two Years before the Mast. A Personal Narrative, London 2009.

16 A. J. v. Krusenstern, Reise um die Welt 1803–06, 3 Bde., Petersburg 1810–1812; Ders., Atlas de l'Océan Pacifique, 2 Bde., Petersburg 1824–1827.

17 O. v. Kotzebue, Entdeckungsreise in die Südsee und nach der Berings-Straße zur Erforschung einer nordöstlichen Durchfahrt. Unternommen in den Jahren 1815, 1816, 1817 und 1818, auf Kosten Sr. Erlaucht des Herrn Reichs-Kanzlers Grafen Rumanzoff auf dem Schiffe Rurick unter dem Befehle des Lieutenants der Russisch-Kaiserlichen Marine Otto von Kotzebue, 3 Bde., Weimar 1821.

18 Chamisso, Reise, 22.

19 Ebd., 50.

20 Ebd., 108 f.

21 C. Geertz, Dichte Beschreibung. Beiträge zum Verstehen kultureller Systeme, Frankfurt/M. 2012.

22 Chamisso, Reise, 292 f.

23 H. Liebersohn, The Traveller's World. Europe to the Pacific, Cambridge, MA/London 2006, 161 f.

24 Chamisso, Reise, 352.

25 Ebd., 355.

26 A. Moore, Harry Maitey. From Polynesia to Prussia, in: Hawaiian Journal of History 2 (1977), 125–161.

27 D. Chappell, Double Ghosts. Oceanian Voyagers on Euroamerican Ships, Armonk, New York [u.a.] 1997, 27, 118.

28 J. Barman, Leaving Paradise. Indigenous Hawaiians in the Pacific Northwest, 1787–1898, Honolulu 2008, 18–22.

29 N. Thomas, Islanders. The Pacific in the Age of Empire, New Haven [u.a.] 2010, 4; Chappell, Double Ghosts; P. D'Arcy, The People of the Sea. Environment, Identity, and History in Oceania, Honolulu 2006, 50–64.

30 N. Thomas, The Age of Empire in the Pacific, in: D. Armitage/A. Bashford (Hgg.), Pacific Histories. Ocean, Land, People, Basingstoke [u.a.] 2014, 75–96, hier 82.

31 J. M. Beurdeley, The Chinese Collector through the Centuries. From the Han to the 20th Century, Fribourg 1966, 181–185.

32 D. Igler, The Great Ocean. Pacific Worlds from Captain Cook to the Gold Rush, Oxford [u.a.] 2013, 99–111.

33 Chappell, Double Ghosts, 103 f.

34 Igler, Great Ocean, 111–115.

35 Vgl. D. Leibsohn, Made in China, Made in Mexico, in: D. Pierce/R. Y. Otsuka (Hgg.), At the Crossroads. The Arts of Spanish America and Early Global Trade, 1492–1850. Papers from the 2010 Mayer Center Symposium at the Denver Art Museum, Denver 2012, 11–40; D. Pierce (Hg.), Asia and Spanish America. Trans-Pacific Artistic and Cultural Exchange, 1500–1800, Denver 2009; R. Pieper, From Cultural Exchange to Cultural Memory. Spanish American Objects in Spanish and Austrian Households of the Early 18th Century, in: V. Hyden-Hanscho/R. Pieper/W. Stangl (Hgg.), Cultural Exchange and Consumption Patterns in the Age of Enlightenment. Europe and the Atlantic World, Bochum 2013, 213–234.

36 Chamisso, Reise, 380–384.

37 Blussé, Visible Cities, 50–55, 60–66; Matsuda, Pacific Worlds, 175–196.

38 Igler, Great Ocean, 29 f.

39 Fischer, Pacific Islands, 100 f.

40 Ebd., 101; Chappell, Double Ghosts, 94 f.

41 U. Strasser, Die Kartierung der Palaosinseln. Geographische Imagination und Wissenstransfer zwischen europäischen Jesuiten und mikronesischen Insulanern um 1700, in: Geschichte und Gesellschaft 36:2 (2010), 197–230.

42 Matsuda, Pacific Worlds, 144 ff.

43 Thomas, Islanders.

44 Chappell, Double Ghosts, 95.

45 D. Bronwen, Religion, in: D. Armitage/A. Bashford (Hgg.), Pacific Histories. Ocean, Land, People, Basingstoke [u.a.] 2014, 193–215, hier 201–205.

46 Liebersohn, Traveller's World, 245–262.

47 O. v. Kotzebue, Neue Reise um die Welt in den Jahren 1823, 24, 25 und 26. Mit 2 Kupferstichen und 3 Charten, Göttingen 1830, 88.

48 Zitiert nach Liebersohn, Traveller's World, 283.

49 Ebd., 287.

50 J. E. Chamberlin, Island. How Islands Transform the World, New York 2013, 125–162.
51 Igler, Great Ocean, 155–185.
52 Chappell, Double Ghosts, 173 f.

IX. Globalisierung der Meere

1 A. Smith, Untersuchung über Wesen und Ursachen des Reichtums der Völker, Tübingen 2012 (1776), 102 f.
2 J. Armstrong/D. Williams, An Appraisal of the Progress of the Steamship in the Nineteenth Century, in: G. Harlaftis/S. Tenold/J. M. Valdaliso (Hgg.), The World's Key Industry. History and Economics of International Shipping, Basingstoke, Hampshire [u. a.] 2012, 43–63.
3 W. Kresse, Die Fahrtgebiete der Hamburger Handelsflotte 1824–1888, Hamburg 1972, 184–189.
4 S. Palmer, The British Shipping Industry 1850–1914, in: L. R. Fischer/G. E. Panting (Hgg.), Change and Adaptation in Maritime History. The North Atlantic Fleets in the Nineteenth Century, St. Johns 1984, 87–115; L. R. Fischer/H. W. Nordvik, Maritime Transport and the Integration of the North Atlantic Economy, 1850–1914, in: W. Fischer (Hg.), The Emergence of a World Economy 1500–1914. Papers of the IX. International Congress of Economic History, Stuttgart 1986, 519–546.
5 Fischer/Nordvik, Maritime Transport, 539.
6 C. Knick Harley, Late Nineteenth Century Transportation, Trade and Settlement, in: W. Fischer (Hg.), The Emergence of a World Economy 1500–1914. Papers of the IX. International Congress of Economic History, Stuttgart 1986, 593–618.
7 A. J. H. Latham, The International Trade in Rice and Wheat since 1868. A Study in Market Integration, in: W. Fischer (Hg.), The Emergence of a World Economy 1500–1914. Papers of the IX. International Congress of Economic History, Stuttgart 1986, 645–664; A. J. H. Latham/L. Neal, The International Market in Rice and Wheat, 1868–1914, in: Economic History Review 36:2 (1983), 260–280.
8 C. Knick Harley, Shipping and Stable Economies in the Periphery, in: G. Harlaftis/S. Tenold/J. M. Valdaliso (Hgg.), The World's Key Industry. History and Economics of International Shipping, Basingstoke, Hampshire [u. a.] 2012, 29–42.
9 M. North, German Sailors, 1650–1900, in: J. R. Bruijn/J. Lucassen/P. C. van Royen (Hgg.), «Those Emblems of Hell»? European Sailors and the Maritime Labour Market, 1570–1870, St. John's 1997, 253–266, hier 258. Siehe ebenfalls Jari Ojala [u. a.], Deskilling and Decline in Skill Premiums during the Age of Sail. Swedish and Finnish Seamen, 1751–1913, in: Explorations in Economic History (im Druck).
10 Kaukiainen, Overseas Migration, 371–387.
11 R. Wenzlhuemer, Connecting the Nineteenth-Century World. The Telegraph and Globalization, Cambridge [u. a.] 2013.
12 J. Ahvenainen, The Role of Telegraphs in the 19th Century Revolution of Communications, in: M. North (Hg.), Kommunikationsrevolutionen. Die neuen Medien des 16. und 19. Jahrhunderts, Köln [u. a.] [2]2001, 73–80, hier 75 f.
13 Ahvenainen, The Role of Telegraphs, 73–80; M. North, Einleitung, in: Ders. (Hg.),

Kommunikationsrevolutionen. Die neuen Medien des 16. und 19. Jahrhunderts, Köln [u. a.] ²2001, IX–XIX.

14 C. Neutsch, Briefverkehr als Medium internationaler Kommunikation im ausgehenden 19. und beginnenden 20. Jahrhundert, in: M. North (Hg.), Kommunikationsrevolutionen. Die neuen Medien des 16. und 19. Jahrhunderts, Köln [u. a.] ²2001, 129–155.

15 S. Hensel, Latin American Perspectives on Migration in the Atlantic World, in: D. R. Gabaccia/D. Hoerder (Hgg.), Connecting Seas and Connected Ocean Rims. Indian, Atlantic, and Pacific Oceans and China Seas Migrations from the 1830s to the 1930s, Leiden/Boston 2011, 281–301, hier 289.

16 N. Sánchez-Albornoz, La población de América latina. Desde los tiempos precolombinos al año 2025, Madrid 1994, 129–142.

17 Hensel, Latin American Perspectives, 281–301.

18 Alpers, The Indian Ocean, 116ff.

19 E. Hu-Dehart, Chinese Coolie Labor in Cuba in the Nineteenth Century. Free Labor of Neoslavery, in: Contributions in Black Studies 12 (1994), 38–54.

20 R. J. Chandler/S. J. Potash, Gold, Silk, Pioneers and Mail. The Story of the Pacific Mail Steamship Company, San Francisco 2007; E. M. Tate, Trans-Pacific Steam: The Story of Steam Navigation from the Pacific Coast of North America to the Far East and the Antipodes, 1867–1941, New York 1986.

21 A. McKeown, Movement, in: D. Armitage/A. Bashford (Hgg.), Pacific Histories. Ocean, Land, People, New York 2014, 143–165, hier 152f.

22 E. Sinn, Pacific Crossing. California Gold, Chinese Migration, and the Making of Hong Kong, Hongkong 2013, 231–240.

23 McKeown, Movement, 152f.

24 Matsuda, Pacific Worlds, 216–232.

25 C. Skwiot, Migration and the Politics of Sovereignty, Settlement, and Belonging in Hawai'i, in: D. R. Gabaccia/D. Hoerder (Hgg.), Connecting Seas and Connected Ocean Rims. Indian, Atlantic, and Pacific Oceans and China Seas Migrations from the 1830s to the 1930s, Leiden/Boston 2011, 440–463.

26 W. J. Bolster, The Mortal Sea. Fishing the Atlantic in the Age of Sail, Cambridge, MA/London 2012, 158–163.

27 Ebd., 133–168.

28 Ebd., 191–197.

29 Ebd., 223–227.

30 D. H. Cushing, The Provident Sea, Cambridge [u. a.] 1988, 109–114. Siehe auch oben, S. 234f.

31 J. G. Butcher, The Closing of the Frontier. A History of the Marine Fisheries of Southeast Asia c. 1850–2000, Leiden 2004, 27–59.

32 Ebd., 60–74; siehe unten, S. 291f.

33 S. S. Amrith, Crossing the Bay of Bengal. The Furies of Nature and the Fortunes of Migrants, Cambridge, MA/London 2013, 74f.

34 Alpers, The Indian Ocean, 98–112.

35 R. F. Buschmann, Oceans in World History, Boston 2007, 104–107.

36 A. T. Mahan, The Influence of Sea Power upon History 1660–1783, Bremen 2010 (Reprint der Ausgabe von 1889).

37 Zitiert nach M. Epkenhans, Die wilhelminische Flottenrüstung 1908–1914, München 1991, 409.

38 Ebd., 31–51.

39 M. Epkenhans, Flotten und Flottenrüstung im 20. Jahrhundert, in: J. Elvert/S. Hess/H. Walle (Hgg.), Maritime Wirtschaft in Deutschland. Schifffahrt – Werften – Handel – Seemacht im 19. und 20. Jahrhundert, Stuttgart 2012, 176–189.

40 P. Hart, Gallipoli, London 2011.

41 D. Richter, Das Meer. Geschichte der ältesten Landschaft, Berlin 2014, 147ff.

42 A. Corbin, Meereslust. Das Abendland und die Entdeckung der Küste 1750–1840, Berlin 1990, 344–352.

43 W. Karge, Heiligendamm. Erstes deutsches Seebad. Gegründet 1793, Schwerin 1993. Einen guten Überblick über die Entstehung von Bad Doberan und anderer Bäder bietet die Staatsexamensarbeit von A. Brenner, «‹Wenn jemand eine Reise tut, so kann er was erzählen…›. Die Anfänge des Bädertourismus am Beispiel des ersten deutschen Seebades Doberan-Heiligendamm», Greifswald 2010.

44 O. Kurilo (Hg.), Seebäder an der Ostsee im 19. und 20. Jahrhundert, München 2009.

45 Hierzu und zum Folgenden Klinge, Die Ostseewelt, 130–133.

46 D. Bellmann, Von Höllengefährten zu schwimmenden Palästen. Die Passagierschifffahrt auf dem Atlantik (1840–1930), Frankfurt/New York 2015, 37–46.

47 A. Sugiyama, Cultural Production and Consumption in the Age of Steam. A Case on the Transmission of Western Opera in Southeast Asia, 1830s-1870s (Conference Paper, unveröffentlicht).

48 S. Bose, A Hundred Horizons. The Indian Ocean in the Age of Global Empire, Cambridge, MA/London 2006, 233–271.

49 Vgl. oben, S. 268.

X. Gefahren und Gefährdung

1 Der Fischer Mahyuddin über den Tsunami des Jahres 2004. Zitiert nach einem Artikel des Guardian [www.theguardian.com/global-development/2014/dec/25/indian-ocean-tsunami-survivors-stories-aceh; Zugriff: 16.12.2015].

2 Bose, A Hundred Horizons, 1–4.

3 Matsuda, Pacific Worlds, 275–292, 315–334; Buschmann, Oceans, 110f.

4 A. Menzel, Dynamics within the Regime Complex of Counter-Piracy. Interaction Effects between Regional Agreements (Conference Paper, unveröffentlicht).

5 W. Benz, Jüdische Flüchtlinge aus dem nationalsozialistischen Deutschland und dem von Deutschland besetzten Europa seit 1933, in: K. J. Bade [u. a.] (Hgg.), Enzyklopädie Migration in Europa. Vom 17. Jahrhundert bis zur Gegenwart, München [u. a.] ^{2}2008, 715–722.

6 J.-J. Jordi, «Pieds-Noirs» aus Algerien in Frankreich seit 1954, in: K. J. Bade [u. a.] (Hgg.), Enzyklopädie Migration in Europa. Vom 17. Jahrhundert bis zur Gegenwart, München [u. a.] ^{2}2008, 852ff.

7 P. C. Emmer, Westinder in Großbritannien, Frankreich und den Niederlanden seit

dem Ende des Zweiten Weltkriegs, in: K. J. Bade [u. a.] (Hgg.), Enzyklopädie Migration in Europa. Vom 17. Jahrhundert bis zur Gegenwart, München [u. a.] [2]2008, 1097–1103.

8 S. Rah, Asylsuchende und Migranten auf See. Staatliche Rechte und Pflichten aus völkerrechtlicher Sicht, Berlin [u. a.] 2009, 7–11.

9 United Nations Conference on Trade and Development (UNCTAD), Maritime Transport Statistics 2015 [http://unctadstat.unctad.org/wds/ReportFolders/reportFolders.aspx; Zugriff: 23.11.2015].

10 Y. Kaukiainen, The Role of Shipping in the «Second Stage of Globalisation», in: The International Journal of Maritime History 26 (2014), 64–81.

11 Ders., The Advantages of Water Carriage. Scale Economies and Shipping Technology, c. 1870–2000, in: G. Harlaftis/S. Tenold/J. M. Valdaliso (Hgg.), The World's Key Industry. History and Economics of International Shipping, Basingstoke [u. a.] 2012, 64–87.

12 Ders., Growth, Diversification and Globalization. Main Trends in International Shipping since 1850, in: L. R. Fischer/E. Lage (Hgg.), International Merchant Shipping in the Nineteenth and Twentieth Centuries. The Comparative Dimension, St. Johns 2009, 1–56, hier 41 f.

13 E. Ekberg/E. Lange/E. Merok, Building the Networks of Trade. Perspectives on Twentieth-Century Maritime History, in: G. Harlaftis/S. Tenold/J. M. Valdaliso (Hgg.), The World's Key Industry. History and Economics of International Shipping, Basingstoke [u. a.] 2012, 88–105.

14 Kein Kreuzfahrtschiff empfehlenswert [https://www.nabu.de/umwelt-und-ressourcen/verkehr/schifffahrt/kreuzschifffahrt/16042.html, Zugriff: 18.11.2015].

15 K. O'Reilly, Britische Wohlstandsmigranten an der Costa del Sol, in: K. J. Bade [u. a.] (Hgg.), Enzyklopädie Migration in Europa. Vom 17. Jahrhundert bis zur Gegenwart, München [u. a.] [2]2008, 429–433; K. Schriewer, Deutsche Senioren in Spanien seit dem späten 20. Jahrhundert, in: K. J. Bade [u. a.] (Hgg.), Enzyklopädie Migration in Europa. Vom 17. Jahrhundert bis zur Gegenwart, München [u. a.] [2]2008, 511–513.

16 Mittelmeer [www.wasser-wissen.de/abwasserlexikon/m/mittelmeer.html, Zugriff: 18.11.2015].

17 Öl und Gas aus dem Meer, in: Rohstoffe aus dem Meer – Chancen und Risiken. World Ocean Review 3 (2014), 10–15. Siehe auch www.futureocean.org/de/.

18 Welt im Wandel. Menschheitserbe Meer, hg. vom Wissenschaftlichen Beirat der Bundesregierung Globale Umweltveränderungen (WBGU), Berlin 2013, 218–241.

19 Mit den Meeren leben, World Ocean Review 1 (2010).

20 K. J. Noone, Sea-Level Rise, in: R. J. Diaz/K. J. Noone/U. R. Sumaila (Hgg.), Managing Ocean Environments in a Changing Climate. Sustainability and Economic Perspectives, Amsterdam 2013, 97–126; K. M. Wowk, Paths to Sustainable Ocean Resources, in: R. J. Diaz/K. J. Noone/U. R. Sumaila (Hgg.), Managing Ocean Environments in a Changing Climate. Sustainability and Economic Perspectives, Amsterdam 2013, 301–348, hier 312 f.

21 J. Carstensen [u. a.], Deoxygenation of the Baltic Sea during the Last Century, in: Proceedings of the National Academy of Sciences of the United States of America

111:15 (2014), 5628–5633 [www.pnas.org/content/111/15/5628.full.pdf, Zugriff: 17.11.2015]; Meer atmet auf: Neues Salzwasser für die Ostsee [http://globalmagazin.com/themen/natur/meer-atmet-auf-salzwassereinbruch-in-der-zentralen-ostsee/, Zugriff: 17.11.2015].

22 H. Eriksson-Hägg [u.a.], Marine Pollution, in: R. J. Diaz/K. J. Noone/U. R. Sumaila (Hgg.), Managing Ocean Environments in a Changing Climate. Sustainability and Economic Perspectives, Amsterdam 2013, 127–170.

23 C. Wilcox/E. van Sebille/B. D. Hardesty, Threat of Plastic Pollution to Seabirds is Global, Pervasive, and Increasing, in: Proceedings of the National Academy of Sciences of the United States of America 112:38 (2015), 11899–11904 [www.pnas.org/content/112/38/11899.full.pdf, Zugriff: 17.11.2015].

24 Siehe oben, S. 230f.

25 Cushing, Provident Sea, 234–258.

26 Pressemitteilung der Europäischen Kommission vom 10. November 2015 «Kommission schlägt Fangmöglichkeiten für 2016 für den Atlantik und die Nordsee vor» [http://europa.eu/rapid/press-release_IP-15-6016_de.htm, Zugriff: 16.11.2015].

27 W. W. L. Cheung/A. D. Rogers/U. R. Sumaila, The Potential Economic Costs of the Overuse of Marine Fish Stocks, in: R. J. Diaz/K. J. Noone/U. R. Sumaila (Hgg.), Managing Ocean Environments in a Changing Climate. Sustainability and Economic Perspectives, Amsterdam 2013, 171–192.

Auswahlbibliographie

Eine ausführlichere Bibliographie finden Sie unter
www.chbeck.de/go/Weltgeschichte-der-Meere

Abulafia, D. (2011), The Great Sea. A Human History of the Mediterranean, London [u. a.].

Alpers, E. A. (2014), The Indian Ocean in World History, Oxford [u. a.].

Armitage, D./Bashford, A. (Hgg.) (2014), Pacific Histories. Ocean, Land, People, New York.

Armitage, D./Braddick, M. J. (Hgg.) (2009), The British Atlantic World, 1500–1800, Houndmills.

Bailyn, B. (2005), Atlantic History. Concept and Contours, Cambridge, MA/London.

Battuta, I. (2010), Die Wunder des Morgenlandes. Reisen durch Afrika und Asien, München.

Bayly, C. A. (2004), The Birth of the Modern World 1780–1914. Global Connections and Comparisons, Oxford.

Bentley, J. H./Bridenthal, R./Wigen, K. (Hgg.) (2007), Seascapes. Maritime Histories, Littoral Cultures, and Transoceanic Exchanges, Honolulu 2007.

Berg, M. (Hg.) (2013), Writing the History of the Global. Challenges for the 21st Century, Oxford.

Blumenberg, H. (2011), Schiffbruch mit Zuschauer. Paradigma einer Daseinsmetapher, Frankfurt/Main.

Bolster, W. J. (2012), The Mortal Sea. Fishing the Atlantic in the Age of Sail, Cambridge, MA/London.

Borgolte, M./Jaspert, N. (Hgg.) (2016), Maritimes Mittelalter. Meere als Kommunikationsräume, Ostfildern.

Borschberg, P. (2010), The Singapore and Melaka Straits. Violence, Security and Diplomacy in the 17th Century, Singapore.

Borschberg, P./North, M. (2010), Transcending Borders: the Sea as Realm of Memory, in: Asia Europe Journal 8, 279–292.

Bose, S. (2006), A Hundred Horizons. The Indian Ocean in the Age of Global Empire, Cambridge, MA/London.

Bracker, J./North, M./Tamm, P. (1980), Maler der See. Marinemalerei in dreihundert Jahren, Herford.

Braudel, F. (1949), La Méditerranée et le monde méditeranéen à l'époque de Philippe II, Paris.

Brink, S. (Hg.), (2009), The Viking World, London/New York.

Broodbank, C. (2013), The Making of the Middle Sea. A History of the Mediterranean from the Beginning to the Emergence of the Classical World, London.

Buschmann, R. F. (2007), Oceans in World History, Boston.

Butcher, J. G. (2004), The Closing of the Frontier. A History of the Marine Fisheries of Southeast Asia c. 1850–2000, Leiden.

Butel, P. (2012), Histoire de l'Atlantique, de l'Antiquité à nos jours, Paris.

Calder, A./Lamb, J./Orr, B. (1999), Voyages and Beaches. Pacific Encounters, 1769–1840, Hawaii.

Carlos Boutet, G. de (Hg.) (2003), España y América. Un oceáno de negocios. Quinto centenario de la Casa de la Contratación, 1503–2003, Madrid.

Chakravarti, R. (2002), Seafaring, Ships and Ship Owners. India and the Indian Ocean (AD 700–1500), in: D. Parkin (Hg.), Ships and the Development of Maritime Technology in the Indian Ocean, London, 28–61.

Chamisso, A. v. (2001), Reise um die Welt, Berlin.

Chappell, D. (1997), Double Ghosts. Oceanian Voyagers on Euroamerican Ships, Armon, NY [u. a.].

Chaudhuri, K. N. (1990), Asia before Europe. Economy and Civilisation of the Indian Ocean from the Rise of Islam to 1750, Cambridge [u. a.].

Chaunu, P. (1983), Sevilla y América siglos XVI y XVII, Sevilla.

Coclanis, P. A. (Hg.) (2005), The Atlantic Economy during the Seventeenth and Eighteenth Centuries. Organization, Operation, Practice, and Personnel, Columbia.

Cunliffe, B. W. (2011), Europe between the Oceans. 9000 BC–AD 1000, New Haven [u. a.].

DaCosta Kaufmann, T./North, M. (Hgg.) (2014), Mediating Netherlandish Art and Material Culture in Asia, Amsterdam.

Diaz, R. J./Noone, K. J./Sumaila, K. J.(Hgg.) (2013), Managing Ocean Environments in a Changing Climate. Sustainability and Economic Perspectives, Amsterdam.

Emmer, P. C./Gommans, J. (2012), Rijk aan de rand van de wereld. De geschiedenis van Nederland overzee, 1600–1800, Amsterdam.

Epkenhans, M. (1991), Die wilhelminische Flottenrüstung 1908–1914, München.

Fernández-Armesto, F. (1987), Before Columbus. Exploration and Colonisation from the Mediterranean to the Atlantic, 1229–1492, London.

Fischer, L. R./Nordvik, H. W. (1986), Maritime Transport and the Integration of the North Atlantic Economy, 1850–1914, in: W. Fischer (Hg.), The Emergence of a World Economy 1500–1914. Papers of the IX. International Congress of Economic History, Stuttgart, 519–546.

Fusaro, M./Heywood, C./Omri, M.-S. (2010), Trade and Cultural Exchange in the Early Modern Mediterranean. Braudel's Maritime Legacy, London.

Gaastra, F. S. (2002), De geschiedenis van de VOC, Zutphen 2002.

Gabaccia, D. R./Hoerder, D. (Hgg.) (2011), Connecting Seas and Connected Ocean Rims. Indian, Atlantic, and Pacific Oceans and China Seas Migrations from the 1830 s to the 1930 s, Leiden/Boston.

Games, A. (1999), Migration and the Origins of the English Atlantic World, Cambridge, MA/London.

Games, A. (2006), Atlantic History. Definitions, Challenges, Opportunities, in: American History Review 111, 741–757.

Gillis, J. R. (2012), The Human Shore. Seacoasts in History, Chicago.

Gilroy, P. (1993), The Black Atlantic. Modernity and Double-Consciousness, Cambridge, MA/London.

Goitein, S. D. (1973), Letters of Jewish Traders, Princeton.

Goldberg, J. L. (2012), Trade and Institutions in the Medieval Mediterranean. The Geniza Merchants and their Business World, Cambridge [u. a.].

Gorski, R. (2012), Roles of the Sea. Views from the Shore, in: Ders. (Hg.), Roles of the Sea in Medieval England, Woodbridge, 1–24.

Greene, J. P./Morgan, P. D. (Hgg.) (2009), Atlantic History. A Critical Appraisal, Oxford.

Greene, M. (2010), Catholic Pirates and Greek Merchants. A Maritime History of the Mediterranean, Princeton [u. a.].

Grzechnik, M./Hurskainen, H. (Hgg.) (2015), Beyond the Sea. Reviewing the Manifold Dimensions of Water as Barrier and Bridge, Köln [u. a.].

Harlaftis, G./Tenold, S./Valdaliso, J. M. (Hgg.) (2012), The World's Key Industry. History and Economics of International Shipping, Basingstoke, Hampshire [u. a.].

Hausberger, B. (2015), Die Verknüpfung der Welt. Geschichte der frühen Globalisierung vom 16. bis zum 18. Jahrhundert, Wien.

Havard, G./Vidal, C. (2008), Histoire de L'Amérique Française, Paris, 2. Aufl.

Heijer, H. den (2002), De geschiedenis van de WIC, Zutphen.

Horden, P./Purcell, N. (2006), The Mediterranean and «the New Thalassology», in: American History Review 111, 722–740.

Igler, D. (2013), The Great Ocean. Pacific Worlds from Captain Cook to the Gold Rush, Oxford [u. a.].

Jaspert, N./Kolditz, S. (Hgg.) (2013), Seeraub im Mittelmeerraum. Piraterie, Korsarentum und maritime Gewalt von der Antike bis zur Neuzeit, Paderborn.

Kaiser, W. (2006), Frictions profitables. L'économie de la rançon en Mediterranée occidentale (XVIe–XVIIe siècles), in: S. Cavaciocchi (Hg.), Ricchezza del Mare, Ricchezza dal Mare Secc. XIII–XVIII, Firenze, 689–701.

Kaukiainen, Y. (2014), The Role of Shipping in the «Second Stage of Globalisation», in: The International Journal of Maritime History 26, 64–81.

King, C. (2004), The Black Sea. A History, Oxford/New York.

Klein, B./Mackenthun, G. (Hgg.) (2004), Sea Changes. Historicizing the Ocean, New York.

Kraus, A./Winkler, M. (Hgg.) (2014), Weltmeere. Wissen und Wahrnehmung im langen 19. Jahrhundert, Göttingen.

Krieger, M./North, M. (Hgg.) (2004), Land und Meer. Kultureller Austausch zwischen Westeuropa und dem Ostseeraum in der Frühen Neuzeit, Köln [u. a.].

Lane, F. C. (1973), Venice. A Maritime Republic, Baltimore 1973.

Liebersohn, H. (2006), The Traveller's World. Europe to the Pacific, Cambridge, MA/London.

Mack, J. (2011), The Sea. A Cultural History, London 2011.

Matsuda, M. K. (2006), The Pacific, in: American History Review 111, 758–780.

Matsuda, M. K. (2014), Pacific Worlds. A History of Seas, Peoples, and Cultures, Cambridge [u. a.], 3. Aufl.
Miller, P. N. (Hg.) (2013), The Sea. Thalassography and Historiography, Ann Arbor, 251–276.
Miller, P. N. (2015), Peiresc's Mediterranean World, Cambridge, MA/London.
Mörke, O. (2015), Die Geschwistermeere. Eine Geschichte des Nord- und Ostseeraums, Stuttgart.
North, M. (2001), Das Goldene Zeitalter. Kunst und Kommerz in der niederländischen Malerei des 17. Jahrhunderts, Köln [u. a.].
North, M. (2007), Europa expandiert. 1250–1500, Stuttgart.
North, M. (Hg.) (2010), Artistic and Cultural Exchanges between Europe and Asia, 1400–1900: Rethinking Markets, Workshops and Collections, Farnham.
North, M. (2011), Die Geschichte der Ostsee. Handel und Kulturen, München.
North, M. (2013), Geschichte der Niederlande, München, 4. Aufl.
North, M. (2014), Kommunikation, Handel, Geld und Banken in der Frühen Neuzeit, München, 2. Aufl.
O'Brien, P. (2006), Historiographical Traditions and Modern Imperatives for the Restoration of Global History, in: Journal of Global History 1, 3–39.
Ogborn, M. (2008), Global Lives. Britain and the World 1550–1800, Cambridge [u. a.].
Ojala, J. [u. a.] (2016), Deskilling and Decline in Skill Premiums during the Age of Sail: Swedish and Finnish Seamen, 1751–1913, in: Explorations in Economic History (im Druck).
Oliveira Marques, A. H. de (Hg.) (1995–2000), História dos Portugueses no Extremo Oriente, 3 Bde., Lisboa.
Ordahl Kupperman, K. (2012), The Atlantic in World History, Oxford.
Ormrod, D. (2003), The Rise of Commercial Empires. England and the Netherlands in the Age of Mercantilism, 1650–1770, Cambridge [u. a.].
Osterhammel, J. (2013), Die Verwandlung der Welt. Eine Geschichte des 19. Jahrhunderts, München, 2. Aufl.
Parry, J. (1974), The Discovery of the Sea, New York.
Pearson, M. N. (2006), The Indian Ocean, London.
Pieper, R. (2000), Die Vermittlung einer neuen Welt. Amerika im Kommunikationsnetz des habsburgischen Imperiums (1493–1598), Mainz.
Prakash, O. (Hg.) (2012), The Trading World of the Indian Ocean, 1500–1800, Delhi.
Ptak, R. (2007), Die maritime Seidenstraße. Küstenräume, Seefahrt und Handel in vorkolonialer Zeit, München.
Rediker, M. (2014), Outlaws of the Atlantic. Sailors, Pirates and Motley Crews in the Age of Sail, Boston, MA.
Reinhard, W. (Hg.) (2014), Geschichte der Welt. Weltreiche und Weltmeere, 1350–1750, München.
Reinhard, W. (2016), Die Unterwerfung der Welt. Globalgeschichte der europäischen Expansion 1415–2015, München.
Ressel, M. (2012), Zwischen Sklavenkassen und Türkenpässen. Nordeuropa und die Barbaresken in der Frühen Neuzeit, Berlin 2012.

Richter, D. (2014), Das Meer. Geschichte der ältesten Landschaft, Berlin.

Rossum, M. van (2014), Werkers van de wereld. Globalisering, arbeid en interculturele ontmoetingen tussen Aziatische en Europese zeelieden in dienst van de VOC, 1600–1800, Hilversum.

Sarnowsky, J. (2015), Die Erkundung der Welt. Die großen Entdeckungsreisen von Marco Polo bis Humboldt, München.

Schmidt, B. (2001), Innocence Abroad. The Dutch Imagination and the New World, 1570–1670, Cambridge [u. a.].

Schmitt, C. (1942), Land und Meer. Eine weltgeschichtliche Betrachtung, Leipzig.

Schnurmann, C. (1998), Atlantische Welten. Engländer und Niederländer im amerikanisch-atlantischen Raum 1648–1713, Köln [u. a.].

Schottenhammer, A. (Hg.) (2008), The East Asian ‹Mediterranean›. Maritime Crossroads of Culture, Commerce and Human Migration, Wiesbaden.

Sobel, D. (2005), Longitude. The True Story of a Lone Genius Who Solved the Greatest Scientific Problem of His Time, Fulham.

Stangl, W. (2012), Zwischen Authentizität und Fiktion. Die private Korrespondenz spanischer Emigranten aus Amerika, 1492–1824, Köln [u. a.].

Steinberg, P. E. (2001), The Social Construction of the Ocean, Cambridge [u. a.].

Thomas, N. (2010), Islanders. The Pacific in the Age of Empire, New Haven [u. a.].

Thornton, J. K. (2012), A Cultural History of the Atlantic World 1250–1820, Cambridge [u. a.].

Trivellato, F. (2009), The Familiarity of Strangers. The Sephardic Diaspora, Livorno, and Cross-Cultural Trade in the Early Modern Period, New Haven [u. a.]

Unger, R. W. (1978), Dutch Shipbuilding before 1800, Assen/Amsterdam.

Unger, R. W. (1980), The Ship in the Medieval Economy, 600–1600, London.

Unger, R. W. (2011), Shipping and Economic Growth 1350–1850, Leiden.

Vries, J. de/Woude, A. van der (1997), The First Modern Economy. Success, Failure, and Perseverance of the Dutch Economy, 1500–1815, Cambridge [u. a.].

Watson Andaya, B./Andaya L. Y. (2015), A History of Early Modern Southeast Asia, 1400–1830, Cambridge [u. a.].

Wendt, R. (2015), Vom Kolonialismus zur Globalisierung: Europa und die Welt seit 1500, Paderborn.

Wenzlhuemer, R. (2013), Connecting the Nineteenth-Century World: The Telegraph and Globalization, Cambridge [u. a.].

Wolf, B. (2013), Fortuna di mare. Literatur und Seefahrt, Zürich.

Wolfschmidt, G. (Hg.) (2008), Navigare necesse est. Geschichte der Navigation, Hamburg.

Zakharov, V. N./Harlaftis, G./Katsiardi-Hering, O. (2012), Merchant Colonies in the Early Modern Period, London.

Zandvliet, K. (2002), De Nederlandse ontmoeting met Azië 1600–1950. Tentoonstelling De Nederlandse ontmoeting met Azië, 1600–1950 in het Rijksmuseum te Amsterdam, van 10 oktober 2002 tot en met 9 februari 2003, Amsterdam.

Zeuske, M. (2015), Sklavenhändler, Negreros und Atlantikkreolen. Eine Weltgeschichte des Sklavenhandels im atlantischen Raum, Berlin.

Bildnachweis

Abb. 1:	© akg-images/Nimatallah
Abb. 2:	Autor
Abb. 3:	Michael J. Lowe
Abb. 4:	Wikimedia Commons
Abb. 5:	© bpk/Gemäldegalerie, SMB/Jörg P. Anders
Abb. 6, 7:	© akg-images
Abb. 8:	Aus Adelbert von Chamisso, Reise um die Welt, Berlin 2001, S. 280
Abb. 9:	The River from Monkey Bridge, Charles Dyce
Abb. 10:	© REUTERS/Yannis Behrakis
Karten:	© Peter Palm, Berlin

Register